新疆油田浅层稠油水平井钻井与完井技术

路宗羽 主编

石油工业出版社

内 容 提 要

本书主要内容包括：浅层稠油水平井钻井优化设计、稠油水平井轨迹监测与控制技术在新疆油田浅层稠油水平井钻井中的应用；热采水平井套管损坏机理，热采井套损防治技术对策；介绍了适用于稠油热采井的抗高温水泥浆体系，保障水泥环在热采高温环境下优良的密封性能；膨胀尾管悬挂器筛管完井技术、半程固井筛管完井技术在浅层稠油防砂完井中的应用；抗高温裸眼分隔器及应用于新疆浅层稠油水平井的水平井分段完井分段注汽技术。

本书可以为从事稠油开发的工程技术人员提供指导和参考，也可以作为石油院校相关专业学生以及油田技术人员的培训资料。

图书在版编目（CIP）数据

新疆油田浅层稠油水平井钻井与完井技术／路宗羽主编． — 北京：石油工业出版社，2020.5
ISBN 978-7-5183-3902-0

Ⅰ.①新… Ⅱ.①路… Ⅲ.①浅层开采-稠油开采-水平井-钻井②浅层开采-稠油开采-水平井完井 Ⅳ.①TE345

中国版本图书馆 CIP 数据核字（2020）第 036912 号

出版发行：石油工业出版社
（北京安定门外安华里 2 区 1 号楼　100011）
网　　址：www.petropub.com
编辑部：（010）64523583　图书营销中心：（010）64523633
经　　销：全国新华书店
印　　刷：北京中石油彩色印刷有限责任公司

2020 年 5 月第 1 版　2020 年 5 月第 1 次印刷
787×1092 毫米　开本：1/16　印张：12.75
字数：300 千字

定价：150.00 元
（如出现印装质量问题，我社图书营销中心负责调换）
版权所有，翻印必究

《新疆油田浅层稠油水平井钻井与完井技术》
编 写 组

主　编：路宗羽

副主编：刘颖彪　柳　海　杨志毅　王雪刚

成　员：石建刚　胡开利　吴继伟　熊　超　钟守明
　　　　张文波　关志刚　舒振辉　戎克生　杨彦东
　　　　李维轩　党文辉　孙维国　席传明　蒋振新
　　　　武兴勇　向冬梅　鞠鹏飞　张　洁　吴彦先
　　　　李世平　宋　琳　徐生江　叶　成　刘可成
　　　　孙晓瑞　于丽维　于永生　甘一风　王朝飞
　　　　邢林庄

前　言

稠油作为非常规油气资源，是 21 世纪最具前景的接替资源之一。全球稠油探明储量约为 $8150×10^8t$，占石油剩余储量的 70%。中国是世界 4 大稠油生产国之一，我国稠油主要分布于西部准噶尔盆地和东部渤海湾盆地，西部以新疆油田为代表，累计动用地质储量 $3.78×10^8t$，2015 年稠油产量 $523×10^4t$。

新疆油田稠油具有油藏埋深浅、储层疏松、原油以"半固—固态"赋存、地层非均质程度高等特点，主要采用水平井注蒸汽热采，以提高油藏动用率，增加产量。在稠油热采过程中主要存在套管损坏、水泥环密封失效、油层出砂、储层动用不均匀等问题。这些也是浅层稠油水平井钻井与完井时需要重点考虑的问题。新疆油田针对这些问题形成了一系列浅层稠油水平井钻井与完井关键技术，对保障浅层稠油安全高效开采、增加产量和提高经济效益具有重要意义。

本书介绍了浅层稠油水平井钻井优化设计、稠油水平井轨迹监测与控制技术在新疆浅层稠油水平井钻井中的应用，解决了新疆稠油由于油藏埋深较浅、垂直井段短、水平井段位移大导致的造斜率高和井眼轨迹控制难度高的问题；分析了热采水平井套管损坏机理，提出了热采井套损防治技术对策，减少热采水平井套损率；开展热采井水泥环力学分析，开发了适用于稠油热采井的抗高温水泥浆体系，保障水泥环在热采高温环境下优良的密封性能；介绍了膨胀尾管悬挂器筛管完井技术、半程固井筛管完井技术在浅层稠油防砂完井中的应用；设计了抗高温裸眼分隔器，提出了水平井分段完井分段注汽技术，应用于新疆浅层稠油水平井，提高稠油储层动用均匀性。

本书是基于浅层稠油水平井钻井与完井技术理论，对新疆油田浅层稠油开发中钻完井技术现场应用的总结。本书可以为从事稠油开发的工程技术人员开展修井作业提供指导和参考，也可以作为石油院校相关专业学生以及油田技术人员的培训资料。

本书在编写过程中参考了国内外稠油开发中钻井与完井技术方面的有关文献，采用了大量来自油田现场的宝贵资料，在此致谢！

由于编者水平有限，书中难免有错误和不足之处，敬请读者批评指正！

目 录

第1章 新疆油田浅层稠油油藏开发概况 ……………………………………………（ 1 ）
　1.1 新疆油田浅层稠油资源概况 ………………………………………………（ 1 ）
　1.2 新疆油田浅层稠油开发历程 ………………………………………………（ 2 ）
　1.3 新疆油田浅层稠油开发技术 ………………………………………………（ 3 ）
　1.4 新疆油田浅层稠油钻井与完井技术难点 …………………………………（ 4 ）

第2章 浅层稠油水平井钻井优化设计 …………………………………………（ 5 ）
　2.1 新疆油田浅层稠油水平井井眼轨道设计模型 ……………………………（ 5 ）
　　2.1.1 新疆浅层稠油水平井井眼轨迹优化设计和轨迹控制的要求 ………（ 5 ）
　　2.1.2 井眼轨迹设计基本假设 ………………………………………………（ 5 ）
　　2.1.3 井眼轨迹设计数学模型 ………………………………………………（ 6 ）
　　2.1.4 水平井轨道优化设计实例 ……………………………………………（ 10 ）
　2.2 下部钻柱组合设计及造斜能力评价优化 …………………………………（ 10 ）
　　2.2.1 弯壳体井下动力钻具造斜分析模型 …………………………………（ 11 ）
　　2.2.2 壳体动力钻具组合力学性能评价 ……………………………………（ 14 ）
　2.3 钻柱组合优化设计及摩阻/扭矩评价优化 …………………………………（ 20 ）

第3章 稠油水平井轨迹监测与控制技术 ………………………………………（ 23 ）
　3.1 SAGD水平井轨迹控制难点 ………………………………………………（ 23 ）
　3.2 磁场、磁偏角测量与校正技术 ……………………………………………（ 24 ）
　　3.2.1 研究磁偏角的必要性 …………………………………………………（ 24 ）
　　3.2.2 磁偏角随时间变化规律 ………………………………………………（ 25 ）
　　3.2.3 磁异常地区磁偏角变化规律 …………………………………………（ 26 ）
　　3.2.4 磁偏角垂直方向变化规律 ……………………………………………（ 28 ）
　　3.2.5 磁偏角测量及二维大比例尺磁场分布图的建立 ……………………（ 30 ）
　　3.2.6 磁场三要素数据库的建立 ……………………………………………（ 31 ）
　3.3 水平井陀螺测量技术 ………………………………………………………（ 35 ）
　　3.3.1 不同仪器测量误差因素分析 …………………………………………（ 35 ）
　　3.3.2 陀螺复测解决的主要问题 ……………………………………………（ 43 ）

3.3.3　陀螺轨迹复测技术 …………………………………………（43）
3.4　SAGD水平井着陆点控制技术 ……………………………………（44）
　　3.4.1　着陆控制的技术原则 …………………………………………（44）
　　3.4.2　着陆点的姿态分析 ……………………………………………（46）
　　3.4.3　着陆钻进难点分析 ……………………………………………（48）
　　3.4.4　着陆前的准备工作 ……………………………………………（48）
　　3.4.5　着陆精细控制措施 ……………………………………………（49）
　　3.4.6　着陆的精确测量与应用技术 …………………………………（52）
3.5　稠油井水平段轨迹精细控制技术 …………………………………（55）
　　3.5.1　磁导向系统工作原理 …………………………………………（55）
　　3.5.2　SAGD成对水平井磁导向钻井轨迹精细控制技术 …………（58）
　　3.5.3　SAGD注汽井纠偏轨道设计 …………………………………（61）
3.6　磁导向钻井技术应用情况 …………………………………………（67）
　　3.6.1　FHW3019P/I井组钻井施工情况 ……………………………（68）
　　3.6.2　FHW3019井钻具组合 ………………………………………（68）
　　3.6.3　FHW3019井磁定位导向 ……………………………………（69）
　　3.6.4　FHW3019P/I井组技术指标 …………………………………（69）
　　3.6.5　FHW3019P/I井组实钻轨迹效果 ……………………………（70）

第4章　热采水平井套管损坏机理及技术对策 …………………………（73）

4.1　热采水平井注汽井筒—地层温度场分析 …………………………（73）
　　4.1.1　蒸汽吞吐热采工艺 ……………………………………………（73）
　　4.1.2　蒸汽吞吐热采井井筒—地层温度场模型的建立 ……………（74）
4.2　注蒸汽井套管热应力分析 …………………………………………（85）
　　4.2.1　热采井套管载荷分析 …………………………………………（85）
　　4.2.2　套管热应力计算 ………………………………………………（87）
4.3　热采井套管残余应力分析 …………………………………………（90）
　　4.3.1　残余应力产生机理 ……………………………………………（90）
　　4.3.2　基本假设 ………………………………………………………（91）
　　4.3.3　模型的建立 ……………………………………………………（91）
　　4.3.4　任意循环周期残余应力计算 …………………………………（93）
　　4.3.5　计算实例 ………………………………………………………（93）
4.4　热采井套损防治技术对策 …………………………………………（96）
　　4.4.1　热采井套管损坏的主要原因 …………………………………（96）

4.4.2　热采井套管损坏防治方法 …………………………………………（97）
　　4.4.3　提拉预应力固井 …………………………………………………（97）
第5章　热采水平井抗高温水泥浆体系 ………………………………………（102）
　5.1　热采水平井水泥环受力分析 ……………………………………………（102）
　　5.1.1　套管内压对水泥环应力影响模型 …………………………………（102）
　　5.1.2　温度变化对水泥环应力影响模型 …………………………………（108）
　　5.1.3　套管内压和温度共同作用对水泥环应力影响模型 ………………（109）
　5.2　加砂水泥体系的抗高温性能分析 ………………………………………（109）
　　5.2.1　加砂水泥浆体系简介 ………………………………………………（109）
　　5.2.2　高温注汽条件下水泥石的强度衰退 ………………………………（110）
　　5.2.3　外加剂优选 …………………………………………………………（112）
　　5.2.4　加砂水泥浆性能实验测试研究 ……………………………………（114）
　　5.2.5　高温条件下加砂水泥石性能评价 …………………………………（114）
　5.3　热采水平井抗高温水泥浆新配方 ………………………………………（116）
　　5.3.1　耐高温水泥浆体系关键材料 ………………………………………（117）
　　5.3.2　耐高温水泥浆性能实验测试研究 …………………………………（117）
　　5.3.3　抗高温固井水泥石性能评价 ………………………………………（118）
　5.4　耐高温水泥浆体系现场应用 ……………………………………………（120）

第6章　热采水平井防砂筛管完井技术 ………………………………………（122）
　6.1　筛管完井技术在新疆油田应用条件分析 ………………………………（122）
　　6.1.1　冲缝筛管完井情况 …………………………………………………（122）
　　6.1.2　割缝筛管完井情况 …………………………………………………（124）
　　6.1.3　稠油水平井出砂情况 ………………………………………………（125）
　6.2　抗高温膨胀尾管悬挂器筛管完井技术 …………………………………（125）
　　6.2.1　膨胀尾管悬挂器工作原理 …………………………………………（125）
　　6.2.2　膨胀尾管悬挂器工作过程 …………………………………………（126）
　　6.2.3　膨胀尾管悬挂器关键系统结构评价 ………………………………（127）
　　6.2.4　新疆油田抗高温膨胀尾管悬挂器优选研究 ………………………（137）
　　6.2.5　抗高温膨胀尾管悬挂器筛管完井技术应用实例 …………………（139）
　6.3　稠油水平井半程固井筛管完井技术 ……………………………………（144）
　　6.3.1　水平井半程固井筛管完井管柱结构 ………………………………（145）
　　6.3.2　水平井半程固井筛管完井工艺 ……………………………………（146）
　　6.3.3　水平井半程固井筛管完井技术应用实例 …………………………（148）

第7章 热采水平井分段完井分段注汽技术 (154)

7.1 完井与注汽方式对吞吐效果的影响规律 (154)
7.2 稠油水平井分段完井分段注汽技术 (157)
7.2.1 稠油水平井分段完井技术 (157)
7.2.2 热采水平井分段注汽技术 (161)
7.3 抗高温裸眼封隔器设计 (165)
7.3.1 热采水平井管外封隔器工作原理及工作流程 (166)
7.3.2 热采水平井管外封隔器基本结构 (168)
7.3.3 管外封隔器密封材料性能要求、优选及改进 (172)
7.3.4 热采水平井管外封隔器特点 (177)
7.4 高温管外封隔器密封材料及样机评价试验 (178)
7.4.1 管外封隔器密封材料性能室内试验 (178)
7.4.2 管外封隔器室内试验 (185)
7.5 稠油水平井分段完井分段注汽现场试验 (188)
7.5.1 井眼准备 (188)
7.5.2 下入注汽管柱和采油管柱 (189)
7.5.3 注蒸汽顶替管柱内及油层段液体 (189)
7.5.4 胀封注汽封隔器和管外封隔器 (189)
7.5.5 注汽开发方案设计 (190)
7.5.6 现场注汽开发应用情况 (192)

参考文献 (194)

第 1 章　新疆油田浅层稠油油藏开发概况

稠油作为一项重要油气资源，它具有高黏度、高密度等特点，并且在世界油藏中占有很大比重，其地质储量高于常规油气资源之和。当今世界稠油资源储量约 $8150×10^8t$，年产量已超过 $1.27×10^8t$。加拿大稠油资源最为丰富，其次为委内瑞拉、美国、俄罗斯、中国。中国作为世界 4 大稠油生产国之一，预计稠油资源量达 $300×10^8t$ 以上。目前，我国已发现的 70 多个稠油油藏分布在辽河、新疆、胜利与河南等油田，这些稠油油藏已开展了大量试验与开发。

1.1　新疆油田浅层稠油资源概况

新疆油田稠油资源丰富，截至 2013 年底，新疆油田基本落实稠油资源 $11.11×10^8t$，其中累计探明含油面积 $348.9km^2$，地质储量 $5.96×10^8t$。新疆油田稠油年钻井 1000 多口，稠油产量约占新疆油田总产量的 30%。新疆油田稠油资源主要分布在准噶尔盆地西北缘和东部，主力油田分布在西北缘红山嘴—风城 150km 的 2 大油区 6 个油田 29 个层块，位于准噶尔盆地西北缘北端的风城油田是我国最大的整装稠油油田。新疆油田稠油资源分布情况如图 1.1 所示。

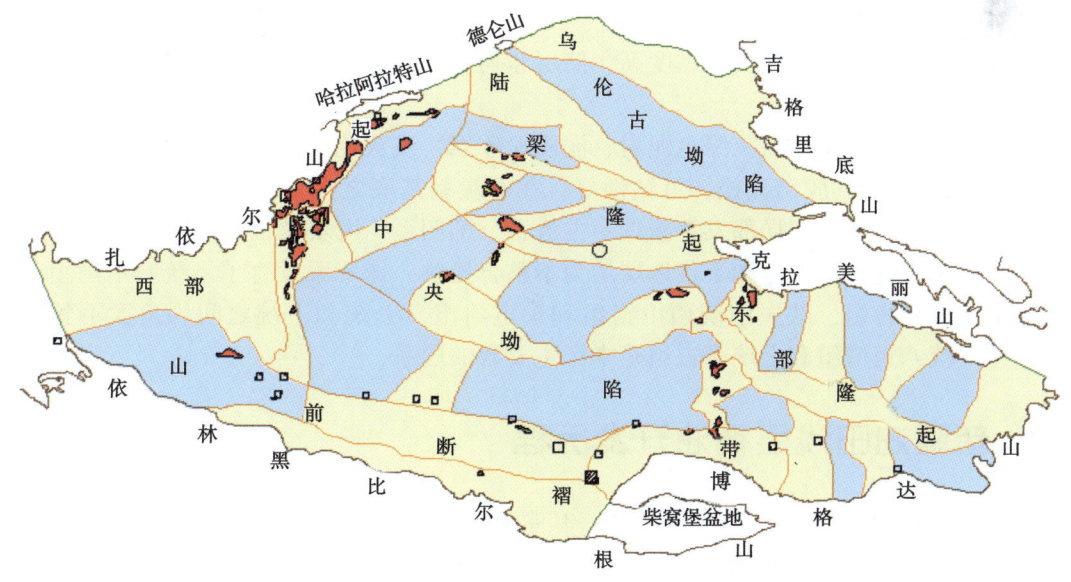

图 1.1　新疆油田稠油资源分布

风城油田位于克拉玛依市区东北、乌尔禾镇以东，准噶尔盆地西北缘断褶带的夏红北断裂上盘中生界超覆尖灭带上，地面海拔 280~530m，平均约 380m（图 1.2）。该区北以哈拉阿拉特山为界，东与夏子街接壤，西邻乌尔禾镇。油田西部、东部分别与乌尔禾油田、夏子街油田相邻，北以哈拉阿特拉山为界，因沟壑纵横的独特风蚀地貌而得名。目前风城油田已累计探明稠油含油面积 150.69km²，预计含油面积 169.2km²，稠油储量达到了 $4.2×10^8$t。

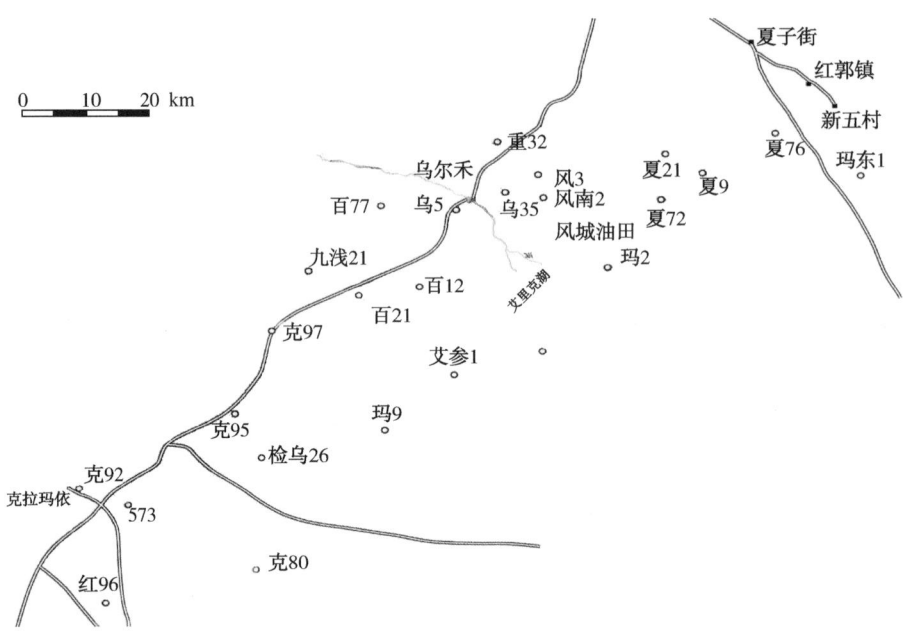

图 1.2 风城油田地理位置图

风城油田稠油具有埋藏浅、黏度高、储层非均质性强、密度高、凝固点高、低蜡、低酸值、热敏感性强的特点。

风城油田开发层位是以灰绿色泥岩、泥质粉砂岩、浅灰色细砂岩为主要岩性的齐古组（J_3q），油层埋藏浅、胶结疏松、可钻性好。在石炭系基底之上依次沉积了二叠系、三叠系、侏罗系及白垩系，在局部发育新近—古近系、第四系。区块稠油油藏主要分布在侏罗系与上覆白垩系吐谷鲁群，和下伏地层均为不整合接触，侏罗系发育了下统八道湾组、三工河组和上统齐古组，缺失中统西山窑组和头屯河组，上统和下统之间为角度不整合接触，其中下统八道湾组和上统齐古组是本区主要含油层系。

1.2 新疆油田浅层稠油开发历程

新疆油田稠油规模开发始于 1984 年，从最初的九 1 区扩展到九 9 区，从克拉玛依油田扩展到红山嘴、百口泉和风城油田，陆续开发了六区、九区、四 2 区、红浅 1 井区、克浅 10 井区、百重 7 井区和重 32 井区等多个区块，截至 2009 年已有 26 个稠油油藏投入开发。

1956—1958年，在风城油田边缘地带完钻48口构造浅井，其中18口井见到油气显示。

1981年12月，风3井获得日产72t高产油流，发现风城油田。

1983年，位于夏红断裂上盘地层超覆尖灭带的重1井在白垩系吐谷鲁群和侏罗系齐古组连续钻井取心，取出含油、饱含油岩心83.89m，揭开了风城浅层稠油大规模勘探评价的序幕。

1984年进行了小道距浅层地震勘探，并对重32井进行蒸汽吞吐试验，取得了一定效果，但限于对超稠油开发的认识和工艺技术水平，重油资源未得到开发动用。

1989—1993年，为进一步落实重1、重32井断块齐古组及重43井区八道湾组的稠油储量，验证其热采工业价值，又在重1井、重32井断块完成了10条浅层高分辨率地震测线，完钻了一批评价井。到1993年底，四个断块共钻探井、检查井及开发试验井40口。其中取心井20口，取心进尺799.1m，岩心实长689.2m，平均收获率86.2%。获富含油、饱含油岩心长345.2m，常规试油10井层，见稠油3井层。先后进行了26井层的热采试验，累计吞吐47井次，第一周期最高油汽比0.23，第二周期最高油汽比0.28，取得了大量的分析化验资料。

2007年开始对风城稠油进行整体评价，截至2012年11月底，共完钻探井、评价井203口，热采试油107层，落实齐古组J_3q_2层、J_3q_3层及八道湾组含油面积150.68km^2，石油地质储量35102×10^{4}t，其中已探明上报含油面积62.44km^2，探明稠油地质储量13771.90×10^{4}t，待探明含油面积88.25km^2，待探明稠油地质储量21330.10×10^{4}t。

1992—2010年，合计探明重1井断块齐古组、重32井断块齐古组、重43井区八道湾组、重18井区八道湾组、重检3井区齐古组含油面积40.68km^2，石油地质储量9462.44×10^{4}t。

2008—2009年，新疆油田开展风城重32井区、重37井区等先导试验，目前已形成常规SAGD配套采油工艺技术和相应的技术装备，并形成了部分自主研制产品，我国首个超稠油水平井火驱重力泄油试验在这里投入现场实施。

2012—2017年，共实施SAGD成对水平井183对，取得了较好效果，已成为风城油田超稠油有效开发的关键技术。

《新疆风城油田侏罗系超稠油油藏全生命周期开发规划方案》中明确了2011—2015年，风城稠油要建成达到年产400×10^{4}t产量并且稳产17年。

风城油田经历了早期试油、井组试采和规模试验等3个阶段，涉及试验井100多口。

1.3 新疆油田浅层稠油开发技术

自1994年起，新疆油田开始进行水平井钻井技术攻关，通过20年的不断努力研究，截至2017年末，共完钻各类稠油水平井1906口。形成了以超浅水平井、SAGD成对水平井、斜直水平井、火驱水平井为特色的系列钻井技术，为新疆油田浅层超稠油开发奠定了基础。新疆油田浅层稠油开发技术主要包括：1984—1990年吞吐工艺技术；1990—2000年普通稠油蒸汽驱工艺技术；1995—2005年水平井开采工艺技术；2005—2009年水平井开采工艺技术完善及配套;2008年至今的SAGD火驱开采试验。

1.4 新疆油田浅层稠油钻井与完井技术难点

新疆油田浅层稠油水平井钻井与完井技术难点如下:

(1) 油藏埋深较浅,目的层距离地面距离短,垂直井段短,造斜率要求较高,最大造斜率甚至达到15°/30m。因此,井段调整余地小,轨迹控制难度大,对下部钻具组合提出了更高的设计要求。

(2) 受油层厚度限制,SAGD成对水平井垂直距离仅5m,两井眼之间的间距控制要求精度非常高,且井眼之间会产生磁干扰,井眼井斜角、方位角难以精确控制。

(3) 油藏埋深120~220m,水平段长200~800m,垂深浅,水平位移大,斜井段和水平段管柱摩阻大,进入水平段后期,钻压有效传递困难,钻进难度会增大,套管、筛管安全下入的难度也增大,是浅层水平井的技术难点之一。

(4) 在浅地层中,地层较为疏松,由于井壁稳定性较差,浅井段井壁易坍塌、地层易漏失;地层软,钻速快,钻屑难以清除,可能导致复杂的钻井、完井问题。

(5) 热采井生产条件恶劣,对固井完井质量要求高。注蒸汽井在几轮蒸汽吞吐后存在套管损坏现象,其损坏机理尚未认识清楚。

(6) 在水平井的开采过程中,井眼上方的地层随着开采时间的延续可能会下沉,若选用的筛管及割缝管不能满足抗挤强度要求,会影响油井的寿命。

(7) 浅层(超)稠油储层,普遍存在地层能量低、蒸汽吞吐效果有限和油汽比(采注比)相对较低等限制,且易于出砂。

第 2 章　浅层稠油水平井钻井优化设计

2.1　新疆油田浅层稠油水平井井眼轨道设计模型

2.1.1　新疆浅层稠油水平井井眼轨迹优化设计和轨迹控制的要求

（1）满足采油工艺要求，造斜点至采油下泵位置全角变化率不超过 11°/30m。稳斜段至 A 点全角变化率不超过 13°/30m。

（2）水平井抽油泵下泵位置为一稳斜段，稳斜段井斜角不超过 60°，稳斜段长 15~20m，稳斜段全角变化率不大于 3°/30m，同时保证稳斜段距水平段垂深 25~30m。

（3）SAGD 成对水平井垂直距离 5m，目标靶窗：垂直误差±0.5m，水平误差±1.0m。

（4）使用耐热电潜泵的 SAGD 采油井，需将 ϕ244.5mm 技术套管下入水平段 20~50m。

（5）为后续完井管柱下入提供条件。

（6）缩短建井周期，提高工作效率，减小劳动强度。

2.1.2　井眼轨迹设计基本假设

风城油田超稠油油藏埋深浅，油层垂深小，井段调整余量小。受油层厚度限制，SAGD 成对水平井垂直距离近（5m），两井眼之间的间距控制要求精度非常高。水平段轨迹必须保证水平，轨迹距靶心垂向误差不超过±1.0m，平面上水平段轨迹距靶心误差不超过±2.0m；水平段长度较大，一般在 400~500m；进入水平段后期，垂深浅、钻压难以直接施加至钻头，存在上下井磁干扰问题。在疏松地层，大尺寸井眼钻具造斜率难以保证且规律难以把握，大尺寸井眼造斜率性能无法准确预测，井壁稳定性差，易塌、易漏。同时为了满足超稠油热采工艺要求，需要在距离油层顶部垂直高度 20m 处及以上井段井斜角必须控制在 60°以内，井眼轨迹控制精度要求高。为了建立切合实际的优化模型，作如下假设：

（1）井身轨迹由一系列光滑连接的圆弧曲线段和直线段构成，每个曲线段的曲率是常量。

（2）井身轨迹完全由工具的广义造斜率决定，这里"广义"是指工具的造斜率不仅体现了地层与钻头的影响，也包括了完井管柱、生产管柱及设备的影响（抗弯强度等）。

（3）轨迹设计的工程可行度取决于井身轨迹进入靶点时的正负偏差，钻井成本主要取决于井身轨迹各段的长度。

基于此种假设，把非线性不等式约束下非线性目标函数的非线性数学规划理论引入到定向井井身轨迹的最优化设计中。

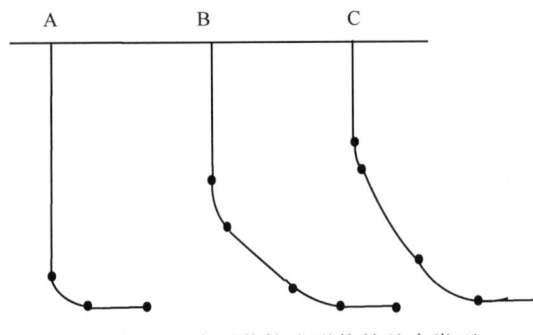

图 2.1 水平井轨迹形状的基本类型

2.1.3 井眼轨迹设计数学模型

水平井轨迹设计中,其轨迹的基本类型有三种,如图 2.1 所示。

显然,A 类轨迹从造斜点到目标点只有一个单圆弧,然后就进入了水平段。A 类轨迹适用于短半径和中短半径水平井。B 类轨迹和 C 类轨迹适用于中长半径水平井。同时这两种轨迹类型也是水平井最常见的类型。

从轨迹形状上看,B 类轨迹与二维常规轨迹中的双增轨迹很类似,所不同的仅仅是后者的目标段没有达到水平而已。C 类轨迹是在 B 类轨迹的基础上将稳斜段改变成了缓增段。由此可见,这两类轨迹设计完全可以采用双增式和缓增式轨迹设计方法和计算公式。

这里考虑到为了满足超稠油热采、便于下泵等工艺要求,需要在距离油层顶部垂直高度 20m 处及以上井段井斜角必须控制在 60°以内,必须在两个造斜井段之间保留一个稳斜段或缓增段。这里采用 B 类和 C 类井眼轨迹设计模型进行设计。此外,考虑到工程上常规定向井造斜率 K 的取值分两种:一种是井下动力钻具造斜井段的造斜率为 $(5°\sim15°)/300m$;另一种是转盘增斜井段造斜率为 $(4°\sim8°)/30m$。根据增斜井段曲率半径 R 与造斜率 K 相互依赖,其关系式为:

$$R = \frac{180 C_K}{\pi K} \tag{2.1}$$

其中,C_K 为对应 K 的系数。

井下动力钻具造斜井段:

$$\begin{cases} R_{amin} = \dfrac{180 \times 100}{16\pi} = 358.11(m) \\ R_{amax} = \dfrac{180 \times 100}{5\pi} = 1145.95(m) \end{cases} \tag{2.2}$$

转盘增斜井段:

$$\begin{cases} R_{bmin} = \dfrac{180 \times 100}{8\pi} = 716.22(m) \\ R_{bmax} = \dfrac{180 \times 100}{4\pi} = 1432.44(m) \end{cases} \tag{2.3}$$

增斜井段曲率半径 $R_a \in [358.11, 1145.95]$ [式(2.2)]或 $R_b \in [716.22, 1432.44]$ [式(2.3)],由于降斜井段的造型率 K 为 $(2°\sim6°)/100m$,由式(2.1)可得降斜井段曲率半径 $R_c \in [954.96, 2894.47]$。

由图 2.2,容易得出其已知条件为:

(1) 坐标 $O(X_O, Z_O)$;靶点坐标 (X_T, Z_T);

(2) 靶区半径 J;第一造斜点最大许用造斜率 K_{1max};

(3) 第一最大稳斜角 α_{1max};

（4）第二造斜点最大许用造斜率 K_{2max}；

（5）第二最大稳斜角 α_{2max}；工具可达造斜率 K_1，K_2；

（6）第一造斜点 A 可选垂深 D_{amin}、D_{amax}；

（7）第一层中间套管可选垂深 D_{bmin}、D_{bmax}；

（8）第二造斜点垂深 C 可选垂深 D_{cmin}、D_{cmax}；

（9）第二层中间套管可选垂深 D_{dmin}、D_{dmax}；

（10）水平位移为 S，靶点垂深为 Z。

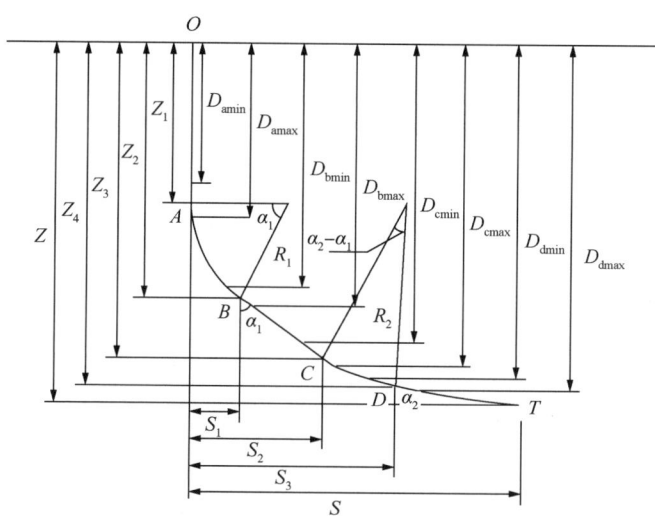

图 2.2　直—增—稳—增—稳型轨迹剖面

结合风城油田超稠油油藏 SAGD 成对水平井地质特点及采油工艺要求，选用"双增式"井身剖面。"双增"剖面又称"直—增—稳—增—平"剖面，它由直井段、第一增斜段、稳斜段、第二增斜段和水平段组成，它的突出特点是两增斜段之间有一段较短的稳斜调整段，以调整由于工具造斜率的误差造成的轨迹偏离。这种剖面井眼曲率变化平缓，施工难度小，达到的水平延伸段长，适用于水平位移大的井。"双增式"轨迹剖面具有以下特征：六个关键点、六个关键参数、九个约束条件。

轨迹关键点：

井口位置 O、第一造斜点位置 A、第一造斜点末位置 B、第二造斜点位置 C、第二造斜点末位置 D、靶点 T。

轨迹关键参数：

第一造斜点垂深 Z_1、第一造斜率大小 K_1、第一稳斜角大小 α_1、第二造斜点垂深 Z_3、第二造斜率大小 K_2、第二稳斜角大小 α_2。

轨迹设计约束条件：

（1）实际第一造斜率必须小于现场工具的最大造斜能力；

（2）第一造斜点位置必须在比较稳定的适合于造斜的地层层位；

（3）第一造斜点末位置必须在地质条件适合于下中间套管的层位；

（4）第一稳斜角必须小于地层允许的最大井斜角；

(5) 第一稳斜段井斜角必须满足超稠油热采工艺要求;
(6) 实际第二造斜率必须小于现场工具的最大造斜能力;
(7) 第二造斜点位置必须在比较稳定的适合于造斜的地层层位;
(8) 第二造斜点末位置必须在地质条件适合于下中间套管的层位;
(9) 第二稳斜角必须小于地层允许和设计要求的井斜角范围以内。

结合通用圆弧形剖面计算公式,由图容易得出井眼轨迹各个关键参数的计算公式:

(1) 第一造斜点曲率半径:

$358.11\text{m} \leq R_1 \leq 1145.95\text{m}$ [式(2.2)]; $716.22\text{m} \leq R_1 \leq 1432.44\text{m}$ [式(2.3)]

(2) 第二造斜点曲率半径:

$358.11\text{m} \leq R_1 \leq 1145.95\text{m}$ [式(2.2)]; $716.22\text{m} \leq R_1 \leq 1432.44\text{m}$ [式(2.3)]

(3) B 点的垂深为:

$$Z_1 = Z_1 + R_1 \sin\alpha_1$$

(4) B 点的水平位移为:

$$S_1 = R_1(1 - \cos\alpha_1)$$

(5) B 点的测深为:

$$L_B = Z_1 + R_1\alpha_1$$

(6) C 点的垂深为 Z_3;

(7) C 点的水平位移为:

$$S_2 = R_1(1 - \cos\alpha_1) + (Z_3 - Z_2)\tan\alpha_1 = R_1(1 - \cos\alpha_1) + (Z_3 - Z_1 - R_1\sin\alpha_1)\tan\alpha_1$$

(8) 稳斜段 BC 的长为:

$$L_{BC} = \frac{Z_3 - Z_2}{\cos\alpha_1} = \frac{Z_3 - Z_1 - R_1\cos\alpha_1}{\cos\alpha_1}$$

(9) C 点的测深为:

$$L_C = Z_1 + R_1\alpha_1 + \frac{Z_3 - Z_1 - R_1\cos\alpha_1}{\cos\alpha_1}$$

(10) 第二造斜段 CD 的垂直分量深度为:

$$L_{CDy} = R_2(\sin\alpha_2 - \sin\alpha_1)$$

(11) 第二造斜段 CD 的水平分量深度为:

$$L_{CDx} = R_2(\cos\alpha_1 - \cos\alpha_2)$$

(12) D 点的垂深为:

$$Z_4 = Z_3 + R_2(\sin\alpha_2 - \sin\alpha_1)$$

(13) D 点的水平位移为:

$$S_3 = S_2 + R_2(\cos\alpha_1 - \cos\alpha_2) = R_1(1 - \cos\alpha_1) + (Z_3 - Z_1 - R_1\sin\alpha_1)\tan\alpha_1 + R_2(\cos\alpha_1 - \cos\alpha_2)$$

(14) D 点的测深为:

$$L_D = Z_1 + R_1\alpha_1 + \frac{Z_3 - Z_1 - R_1\cos\alpha_1}{\cos\alpha_1} + R_2(\alpha_2 - \alpha_1)$$

(15) 第二稳斜段 DT 的长为:

$$L_{DT}=\frac{Z-Z_3-R_2(\sin\alpha_2-\sin\alpha_1)}{\cos\alpha_2}$$

(16) T 点的水平位移为：

$$S=R_1(1-\cos\alpha_1)+(Z_3-Z_1-R_1\sin\alpha_1)\tan\alpha_1+R_2(\cos\alpha_1-\cos\alpha_2)+[Z-Z_3-R_2(\sin\alpha_2-\sin\alpha_1)]\tan\alpha_2$$

(17) T 点的测深为：

$$L=Z_1+R_1\alpha_1+\frac{Z_3-Z_1-R_1\cos\alpha_1}{\cos\alpha_1}+R_2(\alpha_2-\alpha_1)+\frac{Z-Z_3-R_2(\sin\alpha_2-\sin\alpha_1)}{\cos\alpha_2}$$

如果考虑水平段的影响，可得风城油田超稠油 SAGD 成对水平井"直—增—稳—增—稳"型井身轨迹以井眼轨迹长度为目标的最优化数学模型：

目标函数：

$$L=\min[Z_1+R_1\alpha_1+\frac{Z_3-Z_1-R_1\cos\alpha_1}{\cos\alpha_1}+R_2(\alpha_2-\alpha_1)+\frac{Z-Z_3-R_2(\sin\alpha_2-\sin\alpha_1)}{\cos\alpha_2}] \quad (2.4)$$

约束条件：

$$0 \leqslant \alpha_1 \leqslant \alpha_{1\max}$$
$$0 \leqslant \alpha_2 \leqslant \alpha_{2\max}$$
$$\alpha_1 \leqslant \alpha_2$$
$$358.11\text{m} \leqslant R_1 \leqslant 1145.95\text{m} \text{ 或者 } 716.22\text{m} \leqslant R_1 \leqslant 1432.44\text{m}$$
$$358.11\text{m} \leqslant R_1 \leqslant 1145.95\text{m} \text{ 或者 } 716.22\text{m} \leqslant R_1 \leqslant 1432.44\text{m}$$
$$D_{a\min} \leqslant Z_1 \leqslant D_{a\max}$$
$$D_{b\min} \leqslant Z_2 \leqslant D_{b\max}$$
$$D_{c\min} \leqslant Z_3 \leqslant D_{c\max}$$
$$D_{d\min} \leqslant Z_4 \leqslant D_{d\max}$$
$$J-[S-\sqrt{(X_O-X_T)^2+(Y_O-Y_T)^2}]\geqslant 0 \quad (2.5)$$

显然，式(2.5)仅仅是井眼轨迹长度为目标的最优化数学模型，除此之外，还存在第二个优化目标为摩阻、扭矩最小的目标函数。于是可以得出第二优化目标函数表达式：

$$\left.\begin{array}{l}摩阻：\min F=\sum_i(\mu_i\times N_i)\\ 扭矩：\min M=\sum_i(R_i\times F_i)\end{array}\right\} \quad (2.6)$$

式中：μ 为摩擦系数；N 为垂直管柱的支撑力，kN；R 为力矩(矢量)，N·m。

水平井钻井管柱摩阻、扭矩计算公式比较复杂，式(2.6)的具体计算公式可以参考第 4 部分，这里不再赘述。

综合以上分析，可以得出 SAGD 成对水平井井眼轨迹最终优化设计模型为：

$$\left.\begin{array}{l}\min L=\sum_i L_i\\ \min F=\sum_i(\mu_i\times N_i)\\ \min M=\sum_i(R_i\times F_i)\\ \text{s.t.} f(D,Z,\alpha,\theta,\cdots)\geqslant 0\end{array}\right\} \quad (2.7)$$

显然,式(2.7)为一个非线性的多目标优化计算模型,需要采用特殊的计算方法进行求解。

2.1.4 水平井轨道优化设计实例

下面以较复杂的斜直水平井 FHW001 井为例,分析如何进行水平井轨道优化设计。

2.1.4.1 FHW001 井地质、油藏工程设计对水平井轨道设计的要求

靶区方位角 137.83°,靶区垂深 264m,靶区水平位移 521m,靶区倾角 90°,水平段长 200m,靶区前窗宽 5m,靶区前窗高 2m,靶区后窗宽 15m,靶区后窗高 5m。其特点一是目标区垂深浅,宜选用斜钻机钻井;其特点二是轨迹控制要求高,水平位移大,宜选用中半径水平井,这样可以加深造斜点井深,有利于克服摩阻和扭矩的不利影响,同时缩短了弯曲井段的长度,有利于在弯曲井段全面采用螺杆钻具造斜,限制了井眼方位的变化,把井眼控制问题基本上变为井斜角的控制,实现高精度中靶。

2.1.4.2 FHW001 井采用工程设计对水平井轨道设计的要求

为了提高采收率,考虑到斜井泵下入深度和液面举升能力,提出井眼轨道要满足在井筒液面距水平段垂深 30m 处,井斜角不超过 60°。在大斜度井段下入直径 244.5mm 技术套管,可实现双管注采作业,为采油方案的选择提供更多的灵活性。这就要求弯曲井段造斜率不宜过大,以便大尺寸的套管柱下入。

2.1.4.3 FHW001 井轨道的优选与造斜段设计的考虑

本地区地层疏松易坍塌易扩径,造斜钻具难以实现高造斜率,另外,考虑到水平段轨道控制需要下入刚性大的稳斜钻具,如果造斜率过高,稳斜钻具与弯曲井段不相容,下钻时在弯曲井段可能会严重遇阻,甚至会划出新井眼,与此同时,对设计出的各种轨道进行摩阻和扭矩以及钻压传递评价,最后设计出综合考虑各种影响因素的 FHW001 井轨迹见表 2.1。

表 2.1 FHW001 井轨道设计参数

井 段	垂深(m)	斜深(m)	段长(m)	水平位移(m)	造斜率[(°)/30m]	井斜(°)
斜直井段	103.92	120.00	120.00	60.00	0	30.00
第一造斜段	172.90	214.45	94.45	63.41	8.00	55.19
稳斜段	225.55	306.67	92.22	75.72	0	55.19
第二造斜段	264.00	437.22	130.55	122.66	8.00	90.00
水平段	264.00	637.22	200.00	200.00	0	90.00

2.2 下部钻柱组合设计及造斜能力评价优化

由于油藏埋深较浅,目的层距离地面距离短,垂直井段短,造斜率要求较高,最大造斜率甚至达到 15°/30m,井段调整余地小,轨迹控制难度大,因此,需要对下部钻具组合

进行优化设计,并评价其造斜能力。为了达到高造斜率的要求,目的层钻具组合普遍为"金刚石钻头+弯外壳螺杆动力钻具+钻杆+加重钻杆+钻杆"的倒装钻具组合模式。

对于弯壳体动力钻具组合,需要分析它的造斜能力,为试验井区井眼轨迹设计与控制提供理论依据。

2.2.1 弯壳体井下动力钻具造斜分析模型

钻具组合力学分析代表性的方法有 A. Lubiski 的微分方程法、K. K. Millhem 的有限元法、B. H. Walker 的能量法和白家祉的"纵横弯曲法"。在这些方法中,纵横弯曲法具有求解精确、参数地位明确、便于分析调整、求解速度快等突出优点,已经得到公认和普及。

纵横弯曲法将钻柱组合的下部弯曲看作纵横弯曲的连续梁,利用稳定器处连续条件导出三弯矩方程,以求解各稳定器处的内弯矩,进而得到钻头所受到井壁的支撑力(钻头侧向力)以及钻头倾角,计算出其力学造斜趋势。

钻柱的实际工作状态是非常复杂的,无法对钻柱的实际状态进行精确地分析,故而引入了一些假设,对造斜段导向钻进时钻柱的状态进行简化模拟,以下是基本假设:

(1) 造斜段导向钻进工况下的受力分析为二维分析,即导向钻进工况下无方位角的变化,仅分析井斜角的改变;
(2) 导向钻进工况下的井眼曲率为井斜变化率;
(3) 弯接头以下的动力钻具组合简化为等效钻铤;
(4) 钻头、钻铤和稳定器及井下工具是弹性小变形;
(5) 钻头底面中心位于井眼中心线上;
(6) 钻压为常量,作用在钻头中心处的井眼轴线的切线方向;
(7) 井壁为刚性井壁,井眼尺寸不随时间变化;
(8) 稳定器等支座处与井壁为点接触;
(9) 上切点以上的钻柱一般因自重而躺在下井壁上;
(10) 上稳定器至上切点间的钻具组合为等效钻杆;
(11) 钻具组合在变形前后,其弯接头顶点处的两条切线保持不变;
(12) 不考虑转动和振动等动态因素的影响。

根据纵横弯曲法对弯外壳螺杆钻具进行分析,造斜段导向钻力学分析是装置角 $\Omega = 0°$,井眼曲率 $K \neq 0$ 的情况。通过将钻头、稳定器同井壁的接触当作简单支座,下部钻具组合在其自重与钻压的作用下发生变形。钻具组合的上切点与下井壁相切,切点上部的钻铤与下井壁相接触,故可将其当作与井眼轴线有相同的曲率。将钻具组合自钻头、各稳定器和切点处分开,并在端部处附加内弯矩,即可得到受纵横弯曲载荷的简支梁。

纵横弯曲法其上边界条件为:

$$\begin{cases} \theta_T = \theta_{n+1}^R = \sum_{i=1}^{n+1} L_i K \\ M_T = EI_{n+1} K \end{cases} \quad (2.8)$$

式中：n 为稳定器个数；θ_T 为上切点处转角；θ_{n+1}^R 为第 $n+1$ 跨支座处右端转角；L_i 为第 i 跨梁柱长度，m；M_T 为上切点处弯矩，N·m；E 为弹性模量，2×10^{11} Pa；I_{n+1} 为第 $n+1$ 跨柱的截面惯性矩，m^4；K 为井眼曲率，(°)/30m。

连续条件

$$\theta_i^R = -\theta_{i+1}^L \tag{2.9}$$

三弯矩方程组

$$\begin{cases} \theta_i^R = \dfrac{q_i L_i^3}{24EI_i}X(u_i) + \dfrac{M_i L_i}{3EI_i}Y(u_i) + \dfrac{M_{i-1}L_i}{6EI_i}Z(u_i) + \dfrac{y_i - y_{i-1}}{L_i} + \gamma_i^R + \delta\theta_i^R \\ \theta_{i+1}^L = \dfrac{q_{i+1}L_{i+1}^3}{24EI_{i+1}}X(u_{i+1}) + \dfrac{M_i L_{i+1}}{3EI_{i+1}}Y(u_{i+1}) + \dfrac{M_{i+1}L_{i+1}}{6EI_{i+1}}Z(u_{i+1}) - \dfrac{y_{i+1} - y_i}{L_{i+1}} + \gamma_i^L + \delta\theta_i^L \\ \theta_{n+1}^R = \dfrac{q_{n+1}L_{n+1}^3}{24EI_{n+1}}X(u_{n+1}) + \dfrac{M_{n+1}L_{n+1}}{3EI_{n+1}}Y(u_{n+1}) + \dfrac{M_n L_{n+1}}{6EI_{n+1}}Z(u_{n+1}) + \dfrac{y_{n+1} - y_n}{L_{n+1}} + \gamma_{n+1}^R + \delta\theta_{n+1}^R \end{cases} \tag{2.10}$$

将(2.10)代入连续条件(2.9)和边界条件(2.8)中，得到：

$$\begin{cases} M_{i-1}Z(u_i) + 2M_i\left[Y(u_i) + \dfrac{L_{i+1}I_i}{L_i I_{i+1}}Y(u_{i+1})\right] + M_{i+1}\left[\dfrac{L_{i+1}I_i}{L_i I_{i+1}}Z(u_{i+1})\right] = -\dfrac{q_i L_i^2}{4}X(u_i) - \\ \dfrac{q_{i+1}L_{i+1}^2}{4}\left(\dfrac{L_{i+1}I_i}{L_i I_{i+1}}\right)X(u_{i+1}) - \dfrac{6EI_i}{L_i}\left[\dfrac{y_i - y_{i-1}}{L_i} - \dfrac{y_{i+1} - y_i}{L_{i+1}} - (\gamma_i^R + \gamma_{i+1}^L + \delta\theta_i^R + \delta\theta_{i+1}^L)\right] \\ q_{n+1}X(u_{n+1})L_{n+1}^4 + 4[2M_{n+1}Y(u_{n+1}) + M_n Z(u_{n+1})]L_{n+1}^2 = \\ 24EI_{n+1}\left[L_{n+1}\left(\sum_{j=1}^{n+1}L_j\right)K - y_{n+1} + y_n - L_{n+1}(\gamma_{n+1}^R + \delta\theta_{n+1}^R)\right] \end{cases}$$

(2.11)

式中：u_i 为第 i 跨梁柱稳定系数；$X(u_i)$ 为第 i 跨梁柱放大因子；$Y(u_i)$ 为第 i 跨梁柱放大因子；$Z(u_i)$ 为第 i 跨梁柱放大因子；q_i 为第 i 跨梁柱的横向重力载荷集度，N/m；y_i 为第 i 支点处纵坐标；γ_i^R 为第 i 跨梁柱结构弯角的右端等效角；γ_i^L 为第 $i+1$ 跨梁柱结构弯角的左端等效角；$\delta\theta_i^R$ 为第 i 跨梁柱弯角等效载荷产生的右端转角；$\delta\theta_i^L$ 为第 $i+1$ 跨梁柱弯角等效载荷产生的左端转角。

钻头侧向力：

$$P_\alpha = -\left(\dfrac{P_B y_1}{L_1} + \dfrac{q_1 L_1}{2} + \dfrac{M_1}{L_1}\right) \tag{2.12}$$

式中：P_B 为钻压，kN。

钻头倾角

$$A_t = \dfrac{q_1 L_1^3}{24EI_1}X(u_1) + \dfrac{M_0 L_1}{3EI_1}Y(u_1) + \dfrac{M_1 L_1}{6EI_1}Z(u_1) + \dfrac{y_1}{L_1} \tag{2.13}$$

以上各式中：

$$\begin{cases} u = \dfrac{L}{2}\sqrt{\dfrac{P}{EI}} \\ P_i = P_{i-1} - \dfrac{1}{2}W_{i-1}L_{i-1}\cos(\alpha_{i-1})_m - \dfrac{1}{2}W_i L_i \cos(\alpha_i)_m \\ I_i = \dfrac{\pi}{64}(D_{ci}^4 - d_{ci}^4) \\ X(u) = \dfrac{3}{u^3}(\tan u - u) \\ Y(u) = \dfrac{3}{2u}\left(\dfrac{1}{2u} - \dfrac{1}{\tan 2u}\right) \\ Z(u) = \dfrac{3}{u}\left(\dfrac{1}{\sin 2u} - \dfrac{1}{2u}\right) \\ q_i = W_i \sin(\alpha_i)_m \\ (\alpha_i)_m = \alpha_0 - K\sum_{j=1}^{i-1} L_j - \dfrac{K}{2}L_i \\ y_i = \dfrac{K}{2}\left(\sum_{j=1}^{i} L_j\right)^2 \pm e_i \end{cases} \quad (2.14)$$

稳定器贴靠上井壁时，e_i 前取"+"；稳定器贴靠上井壁时，e_i 前取"-"。

$$e_i = \dfrac{1}{2}(D_w - D_{si}) \quad (2.15)$$

根据初始弯角的处理方法，在弯角处 γ 等效于附加集中载荷，附加的集中载荷使弯曲梁柱的左右两端分别产生附加的转角，将 $Q_i = P\gamma_i$ 代入集中载荷引起的转角公式，可得弯壳体井下动力钻具导向钻具组合等效载荷产生的梁柱左右两端的附加转角计算如下：

$$\begin{cases} \delta\theta_1^R = 0 \\ \delta\theta_2^L = \gamma\left(\dfrac{\sin\dfrac{2m_3 u_2}{L_2}}{\sin 2u_2} - \dfrac{m_3}{L_2}\right) \\ \delta\theta_2^R = \gamma\left(\dfrac{\sin\dfrac{2m_2 u_2}{L_2}}{\sin 2u_2} - \dfrac{m_2}{L_2}\right) \\ (\delta\theta_3^R)_T = \gamma \end{cases} \quad (2.16)$$

式中：m_2 为下稳定器至弯角的距离，m；m_3 为弯角至上稳定器的距离，m。

由于机构弯角较小，一般在 3°以内，对于结构弯角的等效角，如图 2.3 所示，假定梁柱两端连线的长度等于构成结构弯角各段梁柱长度之和，由弧长的关系可以确定结构弯角在梁柱两端的等效角。

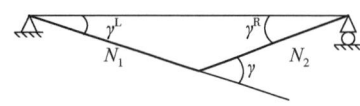

图 2.3 结构弯角的两端等效角

$$\begin{cases} \gamma^L = \gamma \dfrac{N_2}{N_1+N_2} \\ \gamma^R = \gamma \dfrac{N_1}{N_1+N_2} \end{cases} \qquad (2.17)$$

2.2.2 壳体动力钻具组合力学性能评价

以 FHW001 井造斜段钻具组合为例进行分析。FHW001 造斜段采用了常规钻具+MWD+螺杆组合,利用这套钻具组合在钻进过程中完成造斜要求。其钻具组合为:ϕ311.2mm 钻头(0.24m)+ϕ158.8mm 螺杆 1 根(8.07m)+ϕ165mm 无磁钻铤 1 根(3.99m)+ϕ165mm 无磁悬挂 MWD1 根(4.85m)+ϕ127mm 无磁加重钻杆 1 根(9.1m)+ϕ127mm 加重钻杆 52 根(475.4m)+411×4A0 接头(1.1m)+ϕ158.8mm 随钻震击器(9.88m)+4A1×410 接头(1.05m)+ϕ127mm 加重钻杆 6 根(52.86m)+127mm 钻杆+方入(2.81m)。

将其钻头以上钻具进行等效处理,见图 2.4。

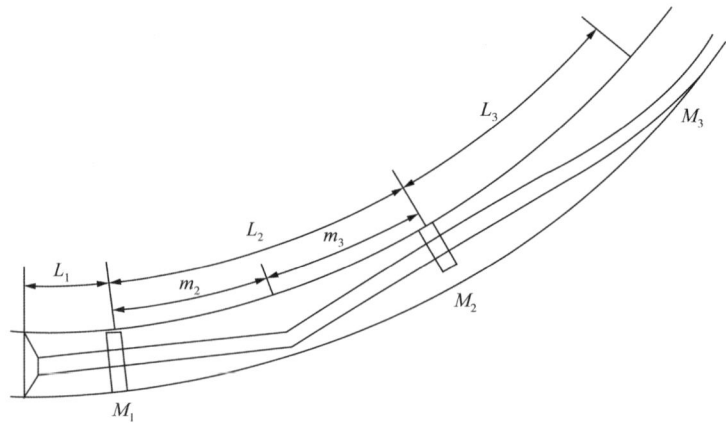

图 2.4 FHW001 井造斜段钻具等效图

其三弯矩方程组为:

$$\begin{cases} M_0 Z(u_1) + 2M_1 \left[Y(u_1) + \dfrac{L_2 I_1}{L_1 I_2} Y(u_2) \right] + M_2 \left[\dfrac{L_2 I_1}{L_1 I_2} Z(u_2) \right] \\ = -\dfrac{q_1 L_1^2}{4} X(u_1) - \dfrac{q_2 L_2^2}{4} \left(\dfrac{L_2 I_1}{L_1 I_2} \right) X(u_2) - \dfrac{6EI_1}{L_1} \left(\dfrac{y_1}{L_1} - \dfrac{y_2 - y_1}{L_2} - \gamma_2^L - \delta\theta_1^R - \delta\theta_2^L \right) \\ M_1 Z(u_2) + 2M_2 \left[Y(u_2) + \dfrac{L_3 I_2}{L_2 I_3} Y(u_3) \right] + M_3 \left[\dfrac{L_3 I_2}{L_2 I_3} Z(u_3) \right] \\ = -\dfrac{q_2 L_2^2}{4} X(u_2) - \dfrac{q_3 L_3^2}{4} \left(\dfrac{L_3 I_2}{L_2 I_3} \right) X(u_3) - \dfrac{6EI_2}{L_2} \left(\dfrac{y_2 - y_1}{L_2} - \dfrac{y_3 - y_2}{L_3} - \gamma_2^R - \delta\theta_2^R - \delta\theta_3^L \right) \\ q_3 X(u_3) L_3^4 + 4 [2M_3 Y(u_3) + M_2 Z(u_3)] L_3^2 \\ = 24EI_3 [L_3 (L_1 + L_2 + L_3) K - y_3 + y_2 - L_3 \delta\theta_3^R] \end{cases} \qquad (2.18)$$

其中:

$$\begin{cases} \gamma^L = \gamma \dfrac{m_3}{m_2+m_3} \\ \gamma^R = \gamma \dfrac{m_2}{m_2+m_3} \end{cases} \quad (2.19)$$

将式(2.16)和式(2.19)代入式(2.18),可求得单弯双稳结构钻具组合的三弯矩方程组,利用牛顿迭代法可求出上稳定器到上切点的梁柱长度 L_3,进而可求下稳定器处的弯矩 M_1,将其代入式(2.12)和式(2.13),可求得钻具组合的钻头侧向力和钻头倾角。

2.2.2.1 弯壳体动力钻具弯角对钻头侧向力和钻头倾角的影响

将钻头以上钻具视为等效钻铤,等效钻铤的外径165mm,内径132.7mm,线重1361N/m。取井斜角为60°,井眼曲率为设计曲率5.75°/30m,钻压为60kN,钻井液密度为1.34g/cm³,钻头到下稳定器距离为0.9m,下稳定器到弯角距离为1.6m,弯角到上稳定器距离为5.3m时,可得表2.2中钻头侧向力、钻头倾角与井斜角之间的关系。

表2.2 不同弯壳体动力钻具弯角下的钻头侧向力、钻头倾角数值表

曲率[(°)/30m]	钻压(kN)	弯角距上稳定器距离(m)	井斜角(°)	弯角(°)	钻头侧向力(kN)	钻头倾角(°)
5.75	60	5.3	60	1	4.98	0
5.75	60	5.3	60	1.25	11.33	-0.02
5.75	60	5.3	60	1.5	17.7	-0.03
5.75	60	5.3	60	1.75	24.07	-0.04
5.75	60	5.3	60	2	30.42	-0.05
5.75	60	5.3	60	2.25	36.79	-0.06
5.75	60	5.3	60	2.5	43.17	-0.07

钻头侧向力与弯壳体动力钻具弯角之间的关系如图2.5所示。对于弯壳体动力钻具带双稳定器钻具组合,侧向力随着弯壳体动力钻具弯角的增大而线性增大。应当注意的是,当弯壳体动力钻具弯角较小时,钻具组合由于自重产生的钟摆力对于井眼纠斜的趋势大于弯壳体动力钻具造斜的趋势,所以当弯壳体动力钻具弯角较小时钻头侧向力为负值;而当弯壳体动力钻具弯角较大,钻头侧向力已经大于了钻压时,此时的钻头侧向力已经失去了意义,这是由于在弯角与上稳定器之间钻柱与井壁产生了新的接触点,原来的计算模型已经失效。钻头倾角亦随着弯壳体动力钻具弯角的增大而增大。

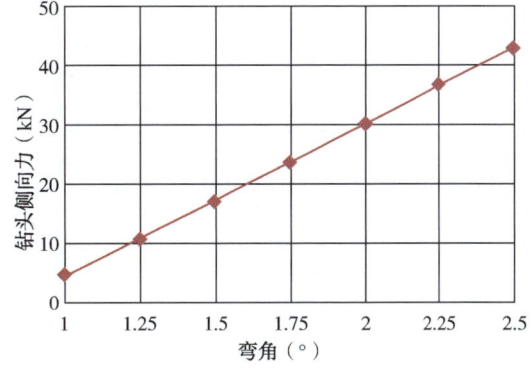

图2.5 导向钻进时弯壳体动力钻具弯角与钻头侧向力的关系图

2.2.2.2 钻头与下稳定器间距离的变化对钻头侧向力和钻头倾角的影响

取弯壳体动力钻具弯角为1.5°，钻头—下稳定器间距离取不同数值，其余数据与表2.2保持不变，可得表2.3中钻头侧向力、钻头倾角与钻头—下稳定器间距离之间的关系。

表2.3 不同钻头—下稳定器距离下的钻头侧向力、钻头倾角数值表

曲率[(°)/30m]	钻压(kN)	钻头—下稳定器距离(m)	井斜角(°)	弯角(°)	钻头侧向力(kN)	钻头倾角(°)
5.75	60	0.9	60	1.5	17.7	-0.03
5.75	60	1	60	1.5	15.56	-0.05
5.75	60	1.1	60	1.5	13.76	-0.07
5.75	60	1.2	60	1.5	12.24	-0.09
5.75	60	1.3	60	1.5	10.94	-0.1
5.75	60	1.4	60	1.5	9.77	-0.12
5.75	60	1.5	60	1.5	8.77	-0.14
5.75	60	1.6	60	1.5	7.87	-0.15
5.75	60	1.7	60	1.5	7.09	-0.16
5.75	60	1.8	60	1.5	6.37	-0.18
5.75	60	1.9	60	1.5	5.73	-0.19
5.75	60	2	60	1.5	5.14	-0.2
5.75	60	2.1	60	1.5	4.61	-0.22
5.75	60	2.2	60	1.5	4.12	-0.23
5.75	60	2.3	60	1.5	3.67	-0.24
5.75	60	2.4	60	1.5	3.27	-0.25
5.75	60	2.5	60	1.5	2.87	-0.26

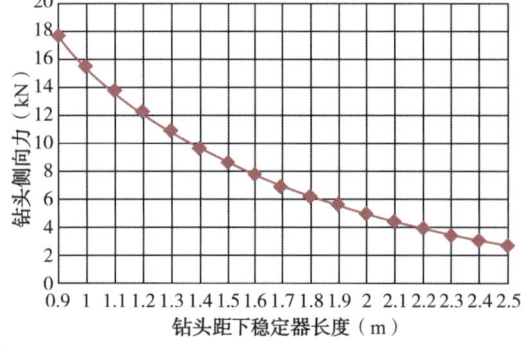

图2.6 钻头侧向力与钻头—下稳定器距离关系图

钻头侧向力与钻头—下稳定器距离之间的关系如图2.6所示。对于弯壳体动力钻具带双稳定器钻具组合，侧向力随着钻头—下稳定器距离的增大而减小，且减小的幅度较为明显。钻头倾角随着钻头—下稳定器距离的变化也遵循此规律。在设计钻具组合时，钻头—下稳定器距离应尽量小，以使钻具组合有较大的造斜能力。

2.2.2.3 弯角与上稳定器间距离的变化对钻头侧向力和钻头倾角的影响

取钻头—上稳定器距离为0.9m，弯角—

上稳定器间距离取不同数值,其余数据与表2.3保持不变,可得表2.4中钻头侧向力、钻头倾角与弯角—上稳定器间距离之间的关系。

表2.4 不同弯角—上稳定器距离下的钻头侧向力、钻头倾角数值表

曲率[(°)/30m]	钻压(kN)	弯角距上稳定器距离(m)	井斜角(°)	弯角(°)	钻头侧向力(kN)	钻头倾角(°)
5.75	60	4	60	1.5	16.86	-0.03
5.75	60	4.5	60	1.5	17.25	-0.03
5.75	60	5	60	1.5	17.55	-0.03
5.75	60	5.5	60	1.5	17.79	-0.03
5.75	60	6	60	1.5	18.08	-0.03
5.75	60	6.5	60	1.5	18.4	-0.03
5.75	60	7	60	1.5	18.79	-0.03
5.75	60	7.5	60	1.5	19.25	-0.03
5.75	60	8	60	1.5	19.79	-0.03
5.75	60	8.5	60	1.5	20.43	-0.03
5.75	60	9	60	1.5	21.14	-0.03
5.75	60	9.5	60	1.5	21.95	-0.03
5.75	60	10	60	1.5	22.87	-0.04
5.75	60	10.5	60	1.5	23.87	-0.04
5.75	60	11	60	1.5	24.99	-0.04
5.75	60	11.5	60	1.5	26.18	-0.04
5.75	60	12	60	1.5	27.5	-0.04

钻头侧向力与弯角—上稳定器距离之间的关系如图2.7所示。对于弯壳体动力钻具带双稳定器钻具组合,侧向力随着弯角—上稳定器距离的增大而增大,增大弯角—上稳定器距离可增大钻头侧向力。钻头倾角随着弯角—上稳定器距离的增大而减小。但在设计钻具组合时,弯角—上稳定器距离不宜过大,防止钻具与井壁的新的接触点的产生。

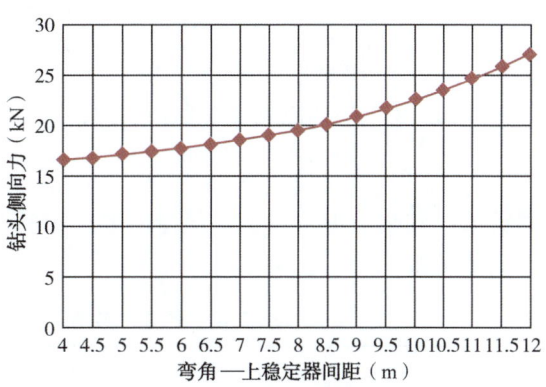

图2.7 钻头侧向力与弯角—上稳定器距离关系图

2.2.2.4 井眼曲率对钻头侧向力和钻头倾角的影响

取弯角—上稳定器距离为5.3m,井眼曲率取不同数值,其余数据与表2.4保持不变,可得表2.5中钻头侧向力、钻头倾角与井眼曲率之间的关系。

表 2.5 不同曲率下的钻头侧向力、钻头倾角数值表

曲率[(°)/30m]	钻压(kN)	弯角(°)	弯角距上稳定器距离(m)	井斜角(°)	钻头侧向力(kN)	钻头倾角(°)
1	60	1.5	5.3	60	31.03	0.02
2	60	1.5	5.3	60	28.24	0.01
3	60	1.5	5.3	60	25.43	0
4	60	1.5	5.3	60	22.62	-0.01
5	60	1.5	5.3	60	19.81	-0.02
6	60	1.5	5.3	60	17	-0.03
7	60	1.5	5.3	60	14.2	-0.04
8	60	1.5	5.3	60	11.39	-0.05
9	60	1.5	5.3	60	8.57	-0.06
10	60	1.5	5.3	60	5.76	-0.07
11	60	1.5	5.3	60	2.96	-0.08
12	60	1.5	5.3	60	0.17	-0.09
13	60	1.5	5.3	60	-2.64	-0.1

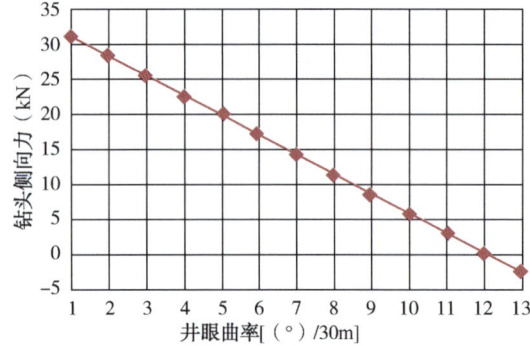

图 2.8 导向钻进时井眼曲率与钻头侧向力的关系图

钻头侧向力与井眼曲率之间的关系如图 2.8 所示。对于弯壳体动力钻具带双稳定器钻具组合,侧向力随着井眼曲率的增大而减小,当钻头侧向力为零时对应的井眼曲率为钻具组合的极限曲率。钻头倾角亦随着井眼曲率的增大而减小。此套钻具组合在钻压为 60kN,井斜角为 60°时的极限曲率为 12.01°/30m。

2.2.2.5 井斜角对钻头侧向力和钻头倾角的影响

取井眼曲率为 5.75°/30m,井斜角取不同数值,其余数据与表 2.5 保持不变,可得如表 2.6 所示钻头侧向力、钻头倾角与井斜角之间的关系。

表 2.6 不同井斜角下的钻头侧向力、钻头倾角数值表

曲率[(°)/30m]	钻压(kN)	弯角(°)	弯角距上稳定器距离(m)	井斜角(°)	钻头侧向力(kN)	钻头倾角(°)
5.75	60	1.5	5.3	10	15.61	-0.02
5.75	60	1.5	5.3	15	15.76	-0.02

续表

曲率[(°)/30m]	钻压(kN)	弯角(°)	弯角距上稳定器距离(m)	井斜角(°)	钻头侧向力(kN)	钻头倾角(°)
5.75	60	1.5	5.3	20	15.95	-0.02
5.75	60	1.5	5.3	25	16.18	-0.02
5.75	60	1.5	5.3	30	16.41	-0.02
5.75	60	1.5	5.3	35	16.65	-0.02
5.75	60	1.5	5.3	40	16.89	-0.03
5.75	60	1.5	5.3	45	17.09	-0.03
5.75	60	1.5	5.3	50	17.32	-0.03
5.75	60	1.5	5.3	55	17.51	-0.03
5.75	60	1.5	5.3	60	17.7	-0.03
5.75	60	1.5	5.3	65	17.85	-0.03
5.75	60	1.5	5.3	70	18	-0.03
5.75	60	1.5	5.3	75	18.08	-0.03
5.75	60	1.5	5.3	80	18.19	-0.03
5.75	60	1.5	5.3	85	18.23	-0.03
5.75	60	1.5	5.3	90	18.26	-0.03

钻头侧向力与井斜角之间的关系如图2.9所示。对于弯壳体动力钻具带双稳定器钻具组合，侧向力随着井斜角的增大而略有增大。井斜角的变化对钻头倾角几乎没有影响。

2.2.2.6 钻压对钻头侧向力和钻头倾角的影响

取井斜角为60°，保持钻压变化，其余数据与表2.6保持不变，可得表2.7中钻头侧向力、钻头倾角与钻压之间的关系。

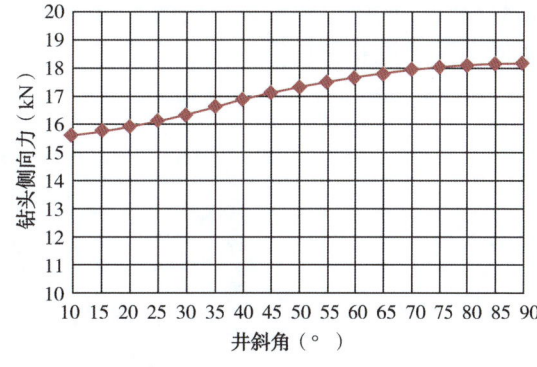

图2.9 导向钻进时井斜角与钻头侧向力的关系图

表2.7 不同钻压下的钻头侧向力、钻头倾角数值表

曲率[(°)/30m]	钻压(kN)	弯角(°)	弯角距上稳定器距离(m)	井斜角(°)	钻头侧向力(kN)	钻头倾角(°)
5.75	10	1.5	5.3	60	16.79	-0.03
5.75	15	1.5	5.3	60	16.88	-0.03
5.75	20	1.5	5.3	60	16.96	-0.03

续表

曲率[(°)/30m]	钻压(kN)	弯角(°)	弯角距上稳定器距离(m)	井斜角(°)	钻头侧向力(kN)	钻头倾角(°)
5.75	25	1.5	5.3	60	17.04	-0.03
5.75	30	1.5	5.3	60	17.15	-0.03
5.75	35	1.5	5.3	60	17.24	-0.03
5.75	40	1.5	5.3	60	17.33	-0.03
5.75	45	1.5	5.3	60	17.42	-0.03
5.75	50	1.5	5.3	60	17.52	-0.03
5.75	55	1.5	5.3	60	17.62	-0.03
5.75	60	1.5	5.3	60	17.7	-0.03
5.75	65	1.5	5.3	60	17.77	-0.03
5.75	70	1.5	5.3	60	17.9	-0.03
5.75	75	1.5	5.3	60	17.98	-0.03
5.75	80	1.5	5.3	60	18.08	-0.03
5.75	85	1.5	5.3	60	18.17	-0.03
5.75	90	1.5	5.3	60	18.27	-0.03

钻头侧向力与钻压之间的关系如图 2.10 所示。对于单弯弯壳体动力钻具带双稳定器钻具组合，侧向力随着钻压的增大而线性增大，但增大的趋势并不明显。钻压的变化对钻头倾角几乎没有影响。

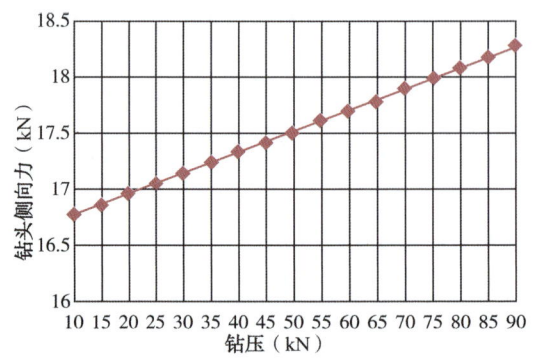

图 2.10 导向钻进时钻压与钻头侧向力的关系图

2.3 钻柱组合优化设计及摩阻/扭矩评价优化

国内外对钻柱摩阻扭矩进行了深入研究，建立了相应的力学模型，Johansick C A 提出了"软杆模型"，该模型易求解，能满足一般条件下的计算要求；何华山等考虑刚度影响，提出了"钢杆模型"，该模型提高了计算精度，但求解难度大。后来，人们建立的摩阻扭矩计算模型大都基于这两种模型。对于曲率变化较大弯曲井段和刚性较大的钻铤、加重钻杆，管柱刚性对摩阻力影响较大，利用基于软杆模型的卡点计算模型确定卡点深度会带来较大的误差。因此需推导钻柱提拉下放摩阻计算的新模型，考虑弯矩与剪力的作用，且达到易于求解的目的。

在二维弯曲井段中任取一段长度 L_i 的管柱单元体，根据弹性梁的受力与变形平衡微分方程，管柱变形采用真实圆弧曲线描述，建立了二维摩阻扭矩计算模型。对计算模型推导作如下基本假设：

(1) 管柱的变形曲线与井眼轴线重合，单元体与井壁连续接触；
(2) 不考虑井壁变形的影响，视钻柱与井壁之间的摩擦为滑动摩擦；
(3) 在单元体上，线密度相同、截面积相同。

根据图 2.11，基于上述基本假设，采用弹性梁的变形平衡微分方程以及单元体的静力平衡和力矩平衡关系，对单元体受力分析，建立了管柱单元体力学模型如下：

$$\begin{cases} (F_{i-1}-F_i)\cos\dfrac{\Delta\alpha_i}{2}=(Q_{i-1}-Q_i)\sin\dfrac{\Delta\alpha_i}{2}+q_m L_i\cos\overline{\alpha_i}+\mu N_i \\ T_{i-1}=T_i+\mu_t r_i |N_i| \end{cases} \quad (2.20)$$

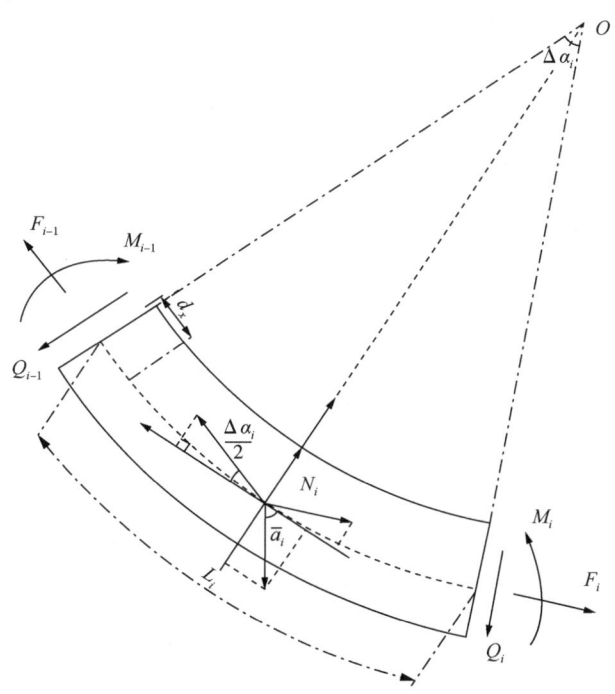

图 2.11 二维弯曲井段单元体受力分析图

第 i 段单元体所受径向支撑力为 N_i

$$N_i=\dfrac{F_{i-1}+F_i}{2\tau_i}\cos\dfrac{\Delta\alpha_i}{2}\pm q_m L_i\sin\overline{\alpha_i} \quad (2.21)$$

若弯曲井段为增斜段，则上式中的"±"项，取"−"，若为降斜段，则取"+"。单元体上下两端剪力之差：

$$Q_{i-1} - Q_i = \frac{2(M_{i-1} - M_i) + \left[(F_{i-1} - F_i)\sin\dfrac{\Delta\alpha_i}{2}\right]L_i + M_{Ni}}{L_i \cos\dfrac{\Delta\alpha_i}{2}} \quad (2.22)$$

径向支撑力 N_i 产生的剪力：

$$M_{Ni} = \frac{\mu L_i}{6\tau_i} \left| \frac{F_{i-1} + F_i}{2\tau_i} \cos\frac{\Delta\alpha_i}{2} \pm q_m \sin\bar{\alpha}_i \right| \quad (2.23)$$

若弯曲井段为增斜段，则上式中的"±"项，取"+"，若为降斜段，则取"-"。

其中：

$$\tau_i = \frac{L_i}{|\Delta\alpha_i|} \quad (2.24)$$

$$M_{i-1} = EI_{i-1} \frac{\Delta\alpha_{i-1}}{L_{i-1}} \quad (2.25)$$

$$M_i = EI_i \frac{\Delta\alpha_i}{L_i} \quad (2.26)$$

若弯曲井段为增斜段，根据式（2.24）、式（2.25）、式（2.26）可求得 F_i、T_i：

$$F_i = \frac{1-\delta}{1+\delta}F_{i-1} - \frac{1}{1+\delta}\frac{2A}{B^2 L_i}(M_{i-1} - M_i) + \frac{1}{1+\delta}\frac{q_m}{B}\left(\frac{DA}{B}\frac{\mu}{6\tau_i} - CL_i + \mu DL_i\right) \quad (2.27)$$

若弯曲井段为降斜段，同理可得：

$$F_i = \frac{1-\delta}{1+\delta}F_{i-1} - \frac{1}{1+\delta}\frac{2A}{B^2 L_i}(M_{i-1} - M_i) - \frac{1}{1+\delta}\frac{q_m}{B}\left(\frac{DA}{B}\frac{\mu}{6\tau_i} + CL_i + \mu DL_i\right) \quad (2.28)$$

式中：$A = \sin\dfrac{\Delta\alpha_i}{2}$；$B = \cos\dfrac{\Delta\alpha_i}{2}$；$C = \cos\bar{\alpha}_i$；$D = \sin\bar{\alpha}_i$；系数 $\delta = \dfrac{A^2}{B^2} + \dfrac{A}{B}\dfrac{\mu}{6\tau_i}\dfrac{1}{2\tau_i} + \dfrac{\mu L_i}{2\tau_i}$。

当卡钻事故发生后，若采用扭转法计算卡点或倒扣解卡时，其周向速度远大于轴向运动速度，井壁摩阻的影响主要体现在扭矩载荷上，故取 $\mu_t \approx \mu$。

以上各式中符号意义如下：E 为钻柱刚的弹性模量，$N \cdot m^2$；I 为单元体界面惯性矩，m^{-4}；q_m 为钻杆在钻井液中的浮重，N/m；L_i 为第 i 段单元体长度，m；F_{i-1}、F_i 为第 i 段单元体两端轴向拉力，N；T_{i-1}、T_i 为第 i 段单元体两端扭矩载荷，N；M_{i-1}、M_i 为第 i 段单元体两端弯矩，$N \cdot m$；α_i、$\Delta\alpha_i$、$\bar{\alpha}_i$ 为第 i 段单元体两端的井斜角及其增量、平均值，rad；μ 为摩阻系数，无量纲；μ_t 为周向摩阻系数，无量纲；τ_i 为第 i 段单元体弯曲曲率半径，m；r_i 为第 i 段单元体管柱半径，m。

第3章 稠油水平井轨迹监测与控制技术

提高水平井水平整体开发效益的关键是确保水平井储层的最大有效钻遇率，而确保水平井成败的关键又是井眼轨迹的精确控制。实现水平井井眼的精确控制的三个基本要素中，随钻仪器本身的精度质量、磁偏角参数、无磁钻铤的质量精度都存在较大问题，已成为制约水平井技术进一步推广应用的瓶颈问题。

3.1 SAGD 水平井轨迹控制难点

SAGD 水平井实行双井筒平行钻探模式，下部为生产井，上部为注汽井。通过"上注下采"的方式，提高稠油油藏的采收率。SAGD 水平井轨迹控制不同于常规水平井的井眼轨迹的控制要求。上下两口水平井的轨迹走向要控制在一定的相对误差之内。SAGD 水平井轨迹控制方法有别于常规水平井轨迹控制要求，主要控制难点表现为：

（1）风城油田 SAGD 水平井井深较浅，水平井造斜段造斜率大，部分井眼最大造斜率达到 15°/30m，在螺杆钻具选型上较难，对螺杆钻具造斜能力提出较高要求。浅部地层地质疏松，钻进机速快，钻进同时需要扭方位，给地层造斜带来困难。

（2）SAGD 水平井对靶区精度要求非常高，两井水平段垂向间距控制在 5±0.5m，横向偏差为±1m。另外一些客观因素的制约包括测量井斜、方位等数据信息滞后于钻头。地质因素的不确定性和螺杆钻具造斜能力的模糊性等因素使得轨迹控制难度加大。

（3）进入水平段后，两口井纵向、横向均有严格要求，两口井位置太近太远都会影响注入蒸汽的效果，减少采收率，因此需要高精度的轨迹控制才能满足地质中靶要求。

（4）在轨迹控制过程中使用常规测量手段所产生的累计误差远远超过 SAGD 的精度要求，这是由于传统的水平井井眼轨迹控制实行开环控制，误差累计放大所致。因此，对不同的井眼轨迹精度要求，使用不同精度的测量仪器。同时 SAGD 双水平井的油藏埋浅，又采用的多段制井眼轨迹，造斜率控制相对常规水平井更加严格，轨迹控制将更加困难。

利用常规测量手段所产生的累计误差远远超过 SAGD 的精度要求，这是由于传统的水平井井眼轨迹控制实行开环控制，误差累计放大所致。井眼轨迹误差源主要为传感器系统误差、测量深度误差、磁偏角误差、磁干扰、磁化纠正、钻具状态、偏心及测量状态等。而测量仪器的精度，是影响误差的主要因素。因此，对不同的井眼轨迹精度要求，使用不同精度的测量仪器。

3.2 磁场、磁偏角测量与校正技术

磁偏角在定向钻井的方位测量中具有举足轻重的重要作用。影响随钻测量精度的磁偏角参数精度是当前实现水平井的最大有效钻遇率的主要因素之一。

地磁场由基本磁场、变化磁场和磁异常三个部分组成。基本磁场由中心偶极子磁场和大陆磁场组成，来源于地球内部，占地磁场主要部分98%以上。变化磁场主要是指短期变化磁场，来源于地球外部，占地磁场1%以下。磁异常主要是指地壳浅部具有磁性的岩石或矿石所引起的局部磁场，它叠加在基本磁场之上。

在任意点地磁场有大小和方向都是可测量的，描述地磁场大小和方向的物理量称作地磁要素。在直角坐标系下地磁要素有7个：磁偏角 D、磁倾角 I、总磁场强度 T、垂直磁场强度 Z、水平磁场强度 H、H 的水平 X 分量、H 的水平 Y 分量。

磁偏角的存在根本上是由于地球自转轴与地磁轴不重合，形成一定的角度，使得任意地方指向地理北极的方向和指向地磁北极的方向偏离了一定角度。在地球上不同的地方，地磁偏角一般也不相同。

现场实测的结果表明，当前油田钻井磁导向基础磁参数精度不高，以不准确井口值延伸至钻井轨迹二维三维全程产生巨大误差，尤其受油层厚度限制，新疆稠油 SAGD 成对水平井垂直距离仅 5m，两井眼之间的间距控制要求精度非常高，因此偏靶就可能发生。本书从影响水平井高精度轨迹控制技术的各项因素的分析研究出发，通过现场实测，结合旧井和油田钻采区地下磁性边界为约束条件，求解地下钻采空间三维磁场数据库，运用新的数学模型计算，实现定向井轨迹实时高精度的有效控制。地球的磁场强度矢量及地磁要素见图3.1。

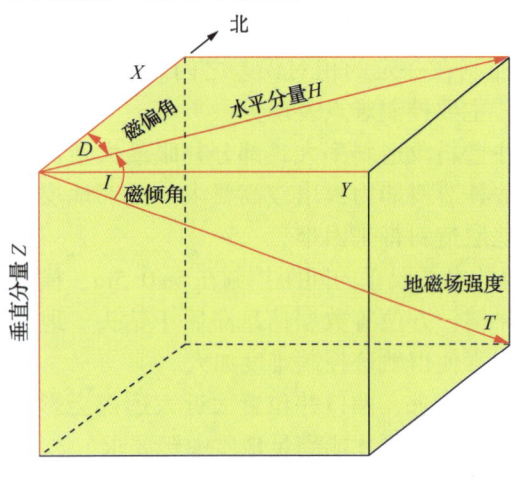

图 3.1 地球的磁场强度矢量及地磁要素

3.2.1 研究磁偏角的必要性

随着钻探技术和工具的发展，定向井、水平井技术在钻探过程中应用得越来越多，而且定向井位移的延伸也越来越大，如此大的位移在轨迹控制过程中磁偏角的误差影响就成了不能忽视的问题。假设定向井的横向位移 R 为 2000m，对于 $1'$ 的磁偏角误差，通过误差公式 $\varepsilon=2\pi R \cdot \Delta D$ 计算可得，产生的定向井距离偏差为 0.6m。实际的磁偏角随时间和空间的变化都大大超过 $1'$，油田公司如果一直沿用固定不变的磁偏角数据来指导定向井钻探，很明显是不能满足现今油田公司对定向井钻探精度的要求。

我国多数油田采用的磁偏角校正值是从中国科学院地质与地球物理研究所20世纪八九十年代绘制的中国地磁偏角图上量算的，存在精度不够的问题。随着钻探控制精度要求的不断提高，磁偏角误差成为不可忽视的问题。特别是目前新疆风城油田稠油区域已钻

SAGD井、火驱井,对轨迹的测量精度和控制精度均提出了较高的要求。通过高精度的陀螺测量和磁导向系统测量,发现MWD测量数据因受磁场和磁偏角校正影响,数据偏差较大,给轨迹精确控制带来很大困难,严重影响到开采的效果,如何消除磁场干扰、准确校正磁偏角数据已迫在眉睫。

中国地磁图的数据点分布存在不均匀的地方,特别是西部地区数据点的分布是非常稀疏的。由于全国地磁偏角图是根据测量数据点绘制而成的,缺乏数据的地区只能通过近似的方法得到磁偏角值,而它所反映的尺度也局限于数据点的分布距离。因此根据数据点的分布情况,1980年版的中国地磁偏角图的可分辨距离只能达到80~100km,小于该尺度的磁偏角数值,只能根据临近的数据点通过近似的方法得到,这样就有存在严重的偏差。

中国科学院地质与地球物理研究所绘制的中国地磁偏角图,是通过全国各地测量数据的汇集,再经过均匀的网格化插值方法绘制而成。1980年版的中国地磁偏角图选用了全国1800多个测量数据点以及近200个复测点。使用的仪器包括偏角磁力仪测量磁偏角D、石英水平磁强计(QHM)测量水平强度H、核旋仪测量总强度F,到了1990年以后,测量数据点锐减到120个。

很多定向井、水平井钻探过程中所取磁偏角数据值来自1/300万或1/600万全国地磁图,它的分辨率为几十公里到几百公里,而对于定向井、水平井靶区要求来看,完全不能满足精度要求,这就是为什么要在钻采区开展高精度、高密度磁场测量的原因。

3.2.2 磁偏角随时间变化规律

地磁场强度不是一成不变的,会随时间推移而发生缓慢变化,地磁场源于地球外核电流体系,它不受惯性系统制约,为了维护它,需消耗大量的能量。能源供给来源于地球内部放射性蜕变,高温高压等因素。电流体系是可以变化的,它的方向、强度都会随地质年龄而变化,有时强度可骤降为零,接着电流打破非稳态反向流动,引起磁极倒转,这个变化过程在南北磁极的移动轨迹中得到充分体现。

地磁场随时间的变化主要体现在两个方面:一是来源于地球外部场源的短期变化;二是由内部场源引起的缓慢的长期变化。地磁场短期变化分为两类:平静变化和扰动变化。平静变化的特征是周期性的变化,平缓有规律,太阳的日变化就属于平静变化;扰动变化的特征是偶然发生,短暂而复杂,变化幅度可以很强烈,也可以很小,磁暴则属于扰动变化。地磁场的长期变化是通过世界各地地磁台长期连续观测和通过对古地磁的研究来发现的。通过对近几百年数据的统计分析,发现地球磁矩发生衰减变化,地球磁场向西漂移。

科学家很早就发现,地球的地磁北极一直在运动,时快时慢,而在远古时候,地磁的南北极甚至发生过倒转,引起剧烈的生态和环境变化。磁偏角的存在根本上是由于地球自转轴与地磁轴不重合,形成一定的角度,使得任意地方指向地理北极的方向和指向地磁北极的方向偏离了一定角度。因此地磁北极在运动时,磁偏角就会发生改变,在地球上不同的地方,地磁偏角一般也不相同,在同一个地方,地磁偏角随着时间的推移也在不断变化。发生磁暴时和在磁力异常地区,如磁铁矿和高压线附近,地磁偏角将会产生急剧变化。最近几十年地磁极移动的速度有加快的趋势,这将直接影响地磁偏角随时间变化的情况。

各大油田公司地磁偏角年变化量在 0.25′~0.75′之间，变化似乎微乎其微，但对高精度轨迹控制来说，这种误差对轨迹控制的影响是不能忽视的。地质、工程设计中的方位均为地理方位(真北方位)，而用磁性测斜仪所测得的井斜方位角是磁方位角，并不是真方位角，所以需要对测得的磁方位角进行换算求得真方位角。真方位角=磁方位角+东磁偏角；真方位角=磁方位-西磁偏角，因此磁偏角的变化对轨迹控制会产生非常大的影响。

风城油田水平井磁偏角数据取值于 1980 年出版的 1∶300 万的中国地磁图，其测点精度完全不能满足油田小范围作业的要求，截至项目开展之前未对该区域磁场及磁偏角数据做任何测量工作，本次针对风城油田稠油区域磁偏角数据进行了测量，通过测量对比可发现 30 年之间磁偏角随时间变化的情况。但这只能表明磁偏角对比之间的变化关系，并不能说明磁偏角在 30 年之间的整体变化趋势，因为磁偏角是随时间不断变化的。风城油田区域磁偏角数据基本变化趋势为随着时间的推移逐渐变大，与现有磁偏角相比平均相差 10′，最大相差 12′。图 3.2 为风城油田测量区域磁偏角等值线分布图。

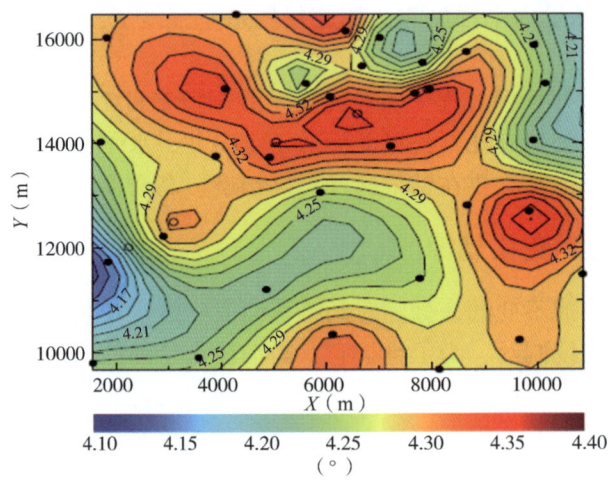

图 3.2 风城油田测量区域磁偏角等值线分布图

3.2.3 磁异常地区磁偏角变化规律

地磁场来源于地核外核层内的环形电流场，这是目前大家公认为比较合理的地磁场起源学说。地球平均半径为 6371km，从地球表面到地心分别是地壳、地幔和地核。地核分外核和内核，外核深度为 2900~5120km。厚度约 2000km 的外核球层因高温高压呈液态，剪切波 S 波用其剪切模量为零无法通过。它是以铁镍为主的良导体。由于某种能量的激发在庞大的球层中分布电流场，可以说，90%以上的地磁场起源于地球的液体外核，这就是基本场。此外还有尺度大小不等的地壳物质磁场产生的地壳磁场，称为异常场，迭加于基本磁场之上。

全球地壳厚度是非常不均的，海洋地壳仅有十几千米厚，青藏高原则达 80km，一般平均厚度为 33km，因此横向地磁场变化是很大的。从地球远处看，外核电流体系像一个环形电流线图，它对应磁场形如一根磁棒放在地心，它的磁极在地球表面的投影点即为南北磁极，北极在加拿大，南极在南极洲东南极，这个等效磁棒在地球内部和周边形成磁场。南北磁场与地球自转轴之间有一个角度并不重合,由于惯性原理,庞大的地球在宇宙中像一个陀螺,自转轴指向即地理南北极是不会轻易改变的,它是人们一般采用的惯性坐标系——经纬度,是稳定不变的,如GPS可以精确定位至厘米级,而地磁南北极依赖于外核环形电流体系指向,它受地球内部的能源分布扰动即会变化,地磁南北极位置就会跟着变化。

磁异常即地磁异常,又称磁力异常,地磁场的理论分布与实际分布是不同的,实际上测得的地球磁场强度和理论磁场强度是有区别的,这种区别称地磁异常。它主要是由地壳内磁性不同的岩石受地磁场磁化而产生的附加磁场,一般把地磁异常按面积大小分为大陆性异常、区域性异常和局部异常。

磁场对地球基本磁场的矢量叠加(或称干扰)是无序的,且无规律可言。干扰大的地方就是磁异常区,这只有现场实测才能获得,而且测点必须足够密集(几百米一个测点),才能精准地显示钻采区地磁场真实参数值。这是遵守数学上的采样定理,即任何一个由离散值组成的观测数值场的最大分辨率不可能小于观测点的最小间距。

事实表明,由于受到构造运动、风化沉积和岩浆侵入等因素的共同作用,地下浅层构造比深部存在更多的横向不均匀,导致局部小范围磁场异常,磁偏角波动较大。它对油田公司钻探将带来一定影响。海上和陆上一样,也存在局部小范围地磁异常难以圈定问题,因此凡是用磁偏角导向的丛式斜井作业更需要做现场精密磁测。

从图3.3中可以看到,主磁场的数值大多在几万纳特斯拉的量级,而磁异常场一般在几千纳特斯拉量级,相比之下磁异常场相对于主磁场而言数量级较小,可是磁异常场的空间变化复杂,同时局部的磁场值较大,足以影响磁偏角的分布。

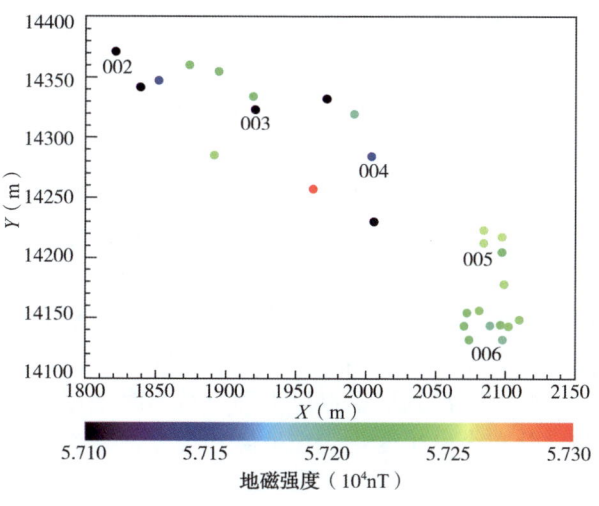

图3.3 火驱区块测点分布图

大多数油田处在磁异常区域,这时磁场在油田的分布情况就未必能够在中国地磁偏角分布图上有所反映。由于测量数据点分布的限制,全国地磁偏角分布图只能表现大尺度的,由地核引起的主磁场部分磁场。但磁异常场在小区域,小尺度地区的表现则更为复杂和剧烈。对火驱井及周边磁场进行了测量,测点分布如图3.3所示。由于本次的测量任务是考察火驱井周边的地磁场分布情况,火驱井的磁场测量主要为磁场强度的测量,分析该地区是否存在磁异常区域,测量点主要分布在已经完钻的 FHHW002-FHHW004 井以及 FHHW005-FHHW006 井附近。

从图3.3可以看出,测量的磁场强度由颜色区分,绿色表示该区域的磁场强度平均值,颜色越靠近红色和蓝色,表明越偏离平均值,而黑色的测量点为异常点,测得的磁场强度不在正常值范围内。从图3.3中可判断,FHHW005~FHHW006 井附近的磁场强度在正常的范围内,而 FHHW002~FHHW004 井分别都存在磁场异常点,其中 FHHW002 井完全被磁异常点包围。通过现场的测量情况分析,出现磁异常点的原因可能存在多个:由于 FHHW002~FHHW004 井在我们测量的时候已经属于钻采开发过的井位,周边存在储油罐、井架,虽然在测量前尽量避开类似建筑物,但该区域的地下埋有输油管道和电缆,这些都会对测量的结果造成影响,产生磁异常。另一方面,也不能排除地表以下浅层存在含磁铁的物质,影响地表磁场。如果存在含磁铁的物质,该物质的体积和磁场强度不大,因为它对地表的测量结果造成影响的区域和影响程度较含铁矿区域的影响程度小得多。另外我们也对 FHHW002 井区域进行两组磁偏角测量,这两组数据的磁偏角相差1°10′左右,表明该区域的磁异常情况比较明显。

3.2.4 磁偏角垂直方向变化规律

地磁偏角除了在水平方向上存在比较大的差异,在垂直方向也能产生偏差。水平空间(测量密度)及垂直(井深)方向、地区(磁异常地区)的变化源于地壳浅部花岗岩、玄武岩等火成岩结晶基底面的起伏,小规模火成岩侵入体甚至铁矿体,它们分布不均衡,它们是强磁性体,干扰了地球核幔正常磁场并叠加其上。地面磁场横向不均匀,小磁异常星罗棋布,而且没有规律可言,导致深部磁场与地面磁场有差异。

纵向深度上,地球呈层状结构,轻的在上面,重的在下面,从地表向下依次为风化层(土质)、沉积岩层、花岗岩层、玄武岩层、地幔层中的橄榄岩、灰原岩……直到铁镍为主的地核,这是地球形成以来长期重力差异的结果。在钻探过程中首先钻到的地层是储油盆地中砂岩、页岩、灰岩等沉积岩,下方几千米到十几千米就碰到花岗岩层,花岗岩是密度较小的火成岩,是液态岩浆凝固而成。花岗岩下面是密度稍大的玄武岩,沉积岩下方火成岩界面即结晶基底是起伏不平的,碰到沉积岩的薄弱带、断裂带还可能产生侵入,冒出地表就是火山。我国泰山、华山等就是古地质时代花岗岩浆大面积溢出地表凝固而成的,如今美国夏威夷群岛就在重复这一地质过程,火成岩的侵入导致纵向磁场不均匀。花岗岩、玄武岩都是强磁性物质,凝固降温到居里点以下即可被当时地球外核基本磁场磁化,后来的地质变动使它的产状、分布会发生变化,当地磁和现在被磁化的磁场矢量叠加于基本磁场矢量之上形成现在的三维总磁场矢量。

过去油田大多采用的磁偏角数据是从中国地磁偏角图上量算出来,由此得到的偏角值只能代表地面的磁场变化情况,而中国地磁偏角图所运用到的模型是二维的拟合方法,只能反映地面的磁偏角分布情况,因此不具备垂直方向的拓展能力。目前多数油田油气区的磁偏角使用,并没有考虑过地下磁偏角数据与地表磁偏角数据的不一致。磁偏角在垂直方向上的变化情况就不能从此方法中获得,只能在地面测量,地下垂直深度的参数仅能靠拓延计算,所选建模方式不同,误差也不同。

针对风城油田磁偏角在垂直方向的变化情况，应用三维磁偏角计算程序，针对某一点坐标，计算出该点磁偏角随着垂深的变化趋势，从表3.1可看出，最大相差0.132°。因此风城油田区域磁偏角在垂直方向上的变化趋势为磁偏角随着垂深的增加逐步变大，垂深每增加100m磁偏角增加0.0044°。

表3.1 固定点磁偏角垂直方向变化表

序号	井深(m)	坐标X(m)	坐标Y(m)	磁偏角(°)
1	0	10000	10000	4.3
4	300	10000	10000	4.319
7	600	10000	10000	4.331
10	900	10000	10000	4.344
13	1200	10000	10000	4.357
16	1500	10000	10000	4.37
19	1800	10000	10000	4.382
22	2100	10000	10000	4.395
25	2400	10000	10000	4.407
28	2700	10000	10000	4.419
31	3000	10000	10000	4.432

计算风城油田不同坐标点表层磁偏角数据和300m垂深磁偏角数据的差值，由表3.2可以看出，通过计算井深平均增加300m，磁偏角增大0.017°，对于400m水平段水平井来说，可产生最大理论偏差为0.12m，因此在风城油田区域磁偏角在垂直方向的变化可以忽略。

表3.2 不同点磁偏角垂直方向变化表

序号	井深(m)	坐标X(m)	坐标Y(m)	磁偏角值(°)	差值(°)
1	0	2000	10000	4.22	0.036
	300			4.256	
2	0	4000	12000	4.28	0.006
	300			4.286	
3	0	5000	13000	4.29	0.009
	300			4.299	
4	0	6000	14000	4.35	0.01
	300			4.36	
5	0	9000	10000	4.29	0.018
	300			4.308	

续表

序号	井深(m)	坐标 X(m)	坐标 Y(m)	磁偏角值(°)	差值(°)
6	0	10000	10000	4.3	0.019
	300			4.319	
7	0	10000	11000	4.3	0.021
	300			4.321	
平均值					0.017

3.2.5 磁偏角测量及二维大比例尺磁场分布图的建立

测量主要仪器设备有陀螺仪、高精度 GPS、质子磁力仪、DI 观测仪。进行测绘前,将仪器进行标定,形成了原始数据文件 1 个,地磁图 3 张,磁偏角模型程序 1 个。

中国地磁偏角分布图就是基于多项式和样条函数的方法绘制而成的。但是,两者均没有三维上下延拓的能力,只能运用在二维平面当中。

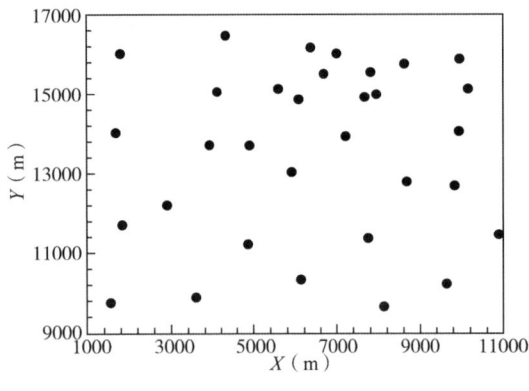

图 3.4 测量点分布图

建立磁场模型并用于计算空间任意点磁场的一般步骤是:

(1)根据所研究的区域大小、形状,以及客观的磁场空间分布规律,建立一般的数学模型方程;

(2)利用已知的测量数据磁场值,代入模型方程里面,建立方程组,求解待定系数;

(3)用求解得到的待定系数重新建立具体的模型方程;

(4)最后用建立好的模型去计算研究区域内空间上任意点的磁场值,见图 3.4。

本次风城稠油区域测量,采用小尺度地磁场勒让德多项式建模方法:

$$P_k(x) = \sum_{m=0}^{\frac{k}{2}} (-1)^m \times \frac{(2k-2m)!}{2^k m!(k-m)!(k-2m)!} x^{k-2m} \quad (3.1)$$

式中:x 为自变量;k 为勒让德多项式的阶数;m 为求和各项的序数。

把实验数据作为方程组输入,把每一个数据用同一组参数的勒让德多项式表示,然后利用最小二乘原则对系数矩阵进行求解,得到最优的参数解。若地磁的总强度为 B,则基于勒让德多项式所建立的区域磁异常基本模型方程为

$$B(\varphi, \lambda) = \sum_{i=0}^{N} \sum_{j=0}^{N} a_{ij} P_i(\Delta\varphi) P_{i-j}(\Delta\lambda) \quad (3.2)$$

其中,B 为观测数据,a_{ij} 为要求的参数,N 是勒让德多项式的截止阶数,$P_i(\Delta\varphi)$ 为 i 阶的勒让德函数,$\Delta\varphi$ 和 $\Delta\lambda$ 是归一化以后观测数据所在的纬度和经度值,需要把观测数据的经纬度坐标作归一化处理:

$$\begin{cases} \Delta\varphi = \left[\varphi - \dfrac{1}{2}(\varphi_{\max}+\varphi_{\min})\right] \Big/ \left[\dfrac{1}{2}(\varphi_{\max}-\varphi_{\min})\right] \\ \Delta\lambda = \left[\lambda - \dfrac{1}{2}(\lambda_{\max}+\lambda_{\min})\right] \Big/ \left[\dfrac{1}{2}(\lambda_{\max}-\lambda_{\min})\right] \end{cases} \quad (3.3)$$

然后把观测数据作为输入建立方程组，利用已知的 $P_i(\Delta\varphi)$ 或 $P_{i-j}(\Delta\lambda)$，简化方程组为 $B=AX$。其中 B 为观测数据序列，$B=[B_1,\cdots,B_k]^T$；A 为勒让德函数组成的矩阵。

$$A = \begin{bmatrix} P_0(\Delta\varphi_1)P_0(\Delta\lambda_1) & P_0(\Delta\varphi_1)P_1(\Delta\lambda_1) & \cdots & P_N(\Delta\varphi_1)P_0(\Delta\lambda_1) \\ \vdots & \vdots & \ddots & \vdots \\ P_0(\Delta\varphi_k)P_0(\Delta\lambda_k) & P_0(\Delta\varphi_k)P_1(\Delta\lambda_k) & \cdots & P_N(\Delta\varphi_k)P_0(\Delta\lambda_k) \end{bmatrix} \quad (3.4)$$

X 为要求参数的矩阵，$X=[X_{00},X_{01},\cdots,X_{N0}]$，利用最小二乘原则可求得参数矩阵：

$$X = (A^T C^{-1} A)^{-1} A^T C^{-1} B \quad (3.5)$$

其中，C^{-1} 为协方差矩阵，这里定义为单位矩阵。采用最小曲率法作为插值方法，有利于模型的数值拟合，使数据点分布合理，经过处理后的观测数据再经过插值得到的结果可以较好地控制边界，最后把插值以后的数据矩阵加上原始数据作为方程组的输入用于求解模型参数，从而得到模型拟合的磁场等值线分布图，见图 3.5。

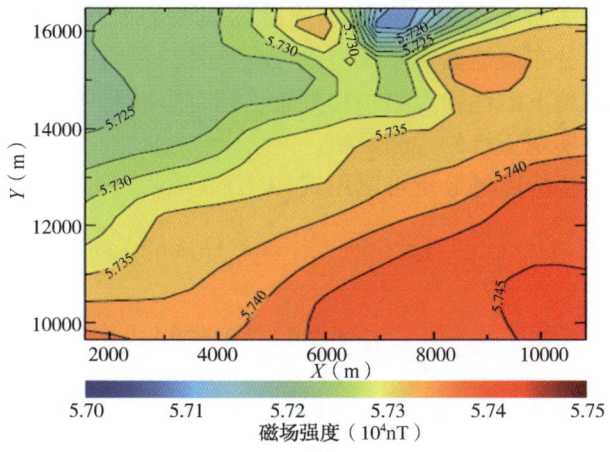

图 3.5　磁场等值线分布图

3.2.6　磁场三要素数据库的建立

地磁偏角除了在水平方向上存在比较大的差异，在垂直方向也能产生偏差。过去油田大多采用的磁偏角数据是从中国地磁偏角图上量算出来，由此得到的偏角值只能代表地面的磁场变化情况，而中国地磁偏角图所运用到的模型是二维的拟合方法，只能反映地面的磁偏角分布情况，因此不具备垂直方向的拓展能力。换句话说，目前多数油田油气区的磁偏角使用，并没有考虑过地下磁偏角数据与地表磁偏角数据的不一致。那么，到底地磁偏角在垂直方向上的变化情况就不能从此方法中获得。这种垂直方向上的空间变化会不会影响定向井导向的精度，值得做进一步的研究和探讨。

将指定油气区块内地下指定深度井的三维磁偏角数据库，按现场网格逐点高精度高密度测量，获得各点磁偏角、磁倾角、绝对磁场强度三个参数，按当地的旧井资料和下方的地质构造作为磁场反演的边界条件，进行反演计算，获得了直至地下5000m（或指定井深）任意深度的地磁参数，根据生产要求，我们每隔25m取一个水平截面上的磁偏角参数形成数据库，另外择选5个不同深度上的磁偏角分布。

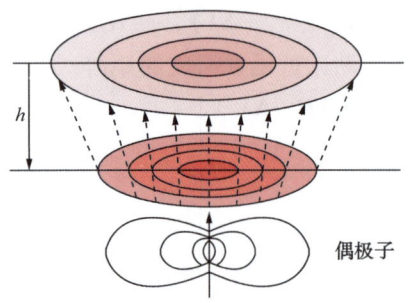

图3.6 单个偶极子所产生的磁场的空间分布示意图

由于地球磁场大部分成分来自偶极子磁场的贡献，而偶极子磁场被认为是最简单，最基本的磁场之一。因此由浅层磁性岩石所产生的磁场成分，也可以认为是偶极子场的贡献。简单的磁场分布即为单个偶极子所产生的磁场分布，而复杂的磁场分布则可以看作多个偶极子所产生磁场的共同作用。实际上所得到的观测数据很大程度上只局限于二维平面，但可以通过等效偶极源的分析方法反演出地下三维的磁场分布情况。图3.6表示单个偶极子所产生的磁场在空间上的分布等值线示意图。

所谓等效源方法，是用预先设定的磁场源去代替实际场源，由此拟合出与真实磁场分布相符的磁场模型。由于我们并非真正了解地下磁性岩石体的大小、埋深和具体位置，以及磁性的强弱。但我们可以根据由地表表现出来的实际磁场分布，推算磁性物质所处位置，并用不同磁场强度的偶极子等效代替实际的磁性岩石。当计算出来的磁场分布与地面实际观测比较吻合时，我们就认为这些等效代替的磁场源可以比较真实的还原地下磁性物质结构和分布，同时可以利用这些等效偶极子源去推算不同高度的磁场分布，实现三维的空间延拓。

由单个偶极子所产生的磁场分量可以用式（3.6）表示：

$$X = -\left(\frac{a}{r}\right)^3 [g_1^0 \sin\theta + (g_1^1 \cos\lambda + h_1^1 \sin\lambda)\cos\theta]$$

$$Y = \left(\frac{a}{r}\right)^3 (g_1^1 \sin\lambda - h_1^1 \cos\lambda)$$

$$Z = -2\left(\frac{a}{r}\right)^3 [g_1^0 \cos + (g_1^1 \cos\lambda + h_1^1 \sin\lambda)\sin\theta] \quad (3.6)$$

式中：X、Y、Z分别是磁场的北向、东向和指向地心的径向分量；g_1^0、g_1^1、h_1^1为待定系数；a是地球半径。由于磁场的三分量是标量，所以可以认为观测数据磁场值是不同的偶极子磁场成分标量值线性叠加，即：

$$\begin{Bmatrix} X \\ Y \\ Z \end{Bmatrix} = \begin{Bmatrix} X_1 \\ Y_1 \\ Z_1 \end{Bmatrix} + \begin{Bmatrix} X_2 \\ Y_2 \\ Z_2 \end{Bmatrix} + \cdots \quad (3.7)$$

运用等效偶极源分析方法进行磁场建模，可以用先设定有限个偶极子，根据磁场在地表的位形及分布估计偶极源的埋深，在求得待定系数后，进行误差分析，并不断调整等效偶极源的位置，直到误差落入预定范围内。该方法计算简单，主要工作量体现在等效源的埋深情况估计及调整，能够有效地实现三维地下的磁场延拓计算。通过数据处理和校正以后，可以建立地磁场的三维延拓模型。

通过上述分析，选择球谐模型消除原始测量数据中的主磁场和外源场成分，然后用等效偶极源的方法对磁场数据做三维延拓计算。通过编写程序，完成由地面二维地磁测量数据向下延拓计算至三维，形成地下磁场三要素数据库。通过对二维地磁场数据模拟计算，建立地下磁场三要素数据库，形成地下延拓磁偏角分布图（图3.7）。

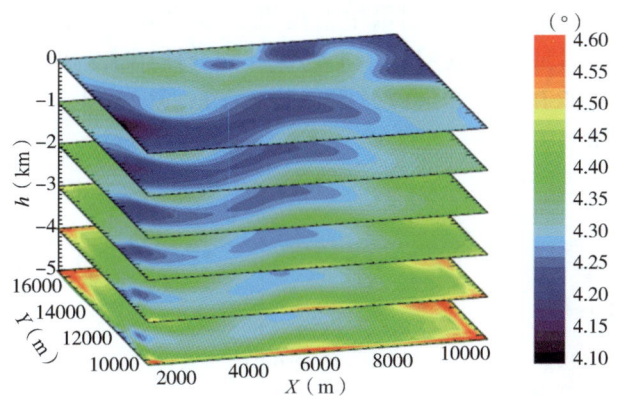

图 3.7　地下延拓磁偏角分布图

从图3.7中清晰可见，不同深度磁偏角参数是逐渐变化的，深度越大与表面测量值的差异越大，完全证实了地面磁测量参数不能代替深部参数的科学推断有了钻采区地下三维磁参数数据库，钻头每到一个特定位置，就可实时从计算机内存数据库中自动获取磁偏角值，修正钻井轨迹，它的钻井全部过程也可通过地面计算机屏幕显示出来，实现三维实时可视化石油钻探，由从全国地磁图插值的井口磁偏角值单值导向变为以钻井区地下磁偏角值三维数据库为基准的三维全程自动修正导向，是跨跃式的进步，它可以像空中巡航导弹一样，自动修正轨迹，会明显提高钻井中靶率，减少狗腿，防碰绕障目标也可轻而易举地变为现实。为了使钻井轨迹不偏离含油层，目前钻探中正采用地质导向技术，实际上它是用岩心物性控制修正轨迹的微观导向。

经过火驱试验区前期先导试验评定，影响火驱水平井轨迹精确控制的因素有多种，如仪器精确度、磁场异常、磁偏角精度等因素，近年来磁偏角误差带来的影响已成为不能忽视的问题，影响磁偏角精度的因素主要是磁偏角的测量周期、密度；磁异常地区；垂直深度的误差（磁偏角只能在地面测量，地下垂直深度的参数仅能靠拓延计算，所选建模方式不同，误差也不同）。其原因是磁偏角的存在根本上是由于地球自转轴与地磁轴不重合，形成一定的角度，使得任意地方指向地理北极的方向和指向地磁北极的方向偏离了一定角度。在地球上不同的地方，地磁偏角一般也不相同。在同一个地方，地磁偏角随着时间的推移也在不断变化。发生磁暴时和在磁力异常地区，如磁铁矿和高压线附近，地磁偏角将会产生急剧变化。

现场磁偏角在其他领域的应用已经逐步得到重视。国外，特别是在美国，磁偏角大范围、高密度的测量已经成为一项基础任务。现在美国所有的民航飞机都配备测量磁场三分量的仪器。这样对于绘制高精度，高分辨率的地磁分布图十分有利。而在油田开采和使用之前，工作人员已经根据已有的地磁图对该地区的磁偏角进行确定和修正。地磁测量工作成为常规的职业，并无时无刻地进行下去。因此美国地区油田的磁偏角使用并没有存在时间和空间变化的误差。

针对风城油田稠油区块 40km² 进行三分量高精度、高密度磁场及磁偏角测量。

本次地磁场综合测量采用的是 GSM-86 仪器与 DI 观测仪，见图 3.8。GSM-86 仪器是一种标量磁力计，具有很强的准确度(0.2nT)和很好的稳定性(漂移量为 0.05nT/a)。

DI 观测仪能够满足实验和地磁测量中对精度和多功能性的各种要求。它可以与微型的轴向或横向磁通门探针或安装在经纬仪上的探针配合使用来对地磁场进行高精度测量。

本次测量部分是火驱开发试验区以及附近的重 18、重 45 井区，其中火驱试验区块的测点分布如图 3.9 所示。

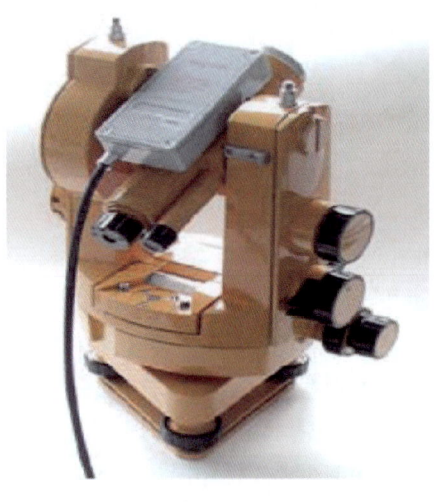

图 3.8　GSM-86 仪器与 DI 观测仪

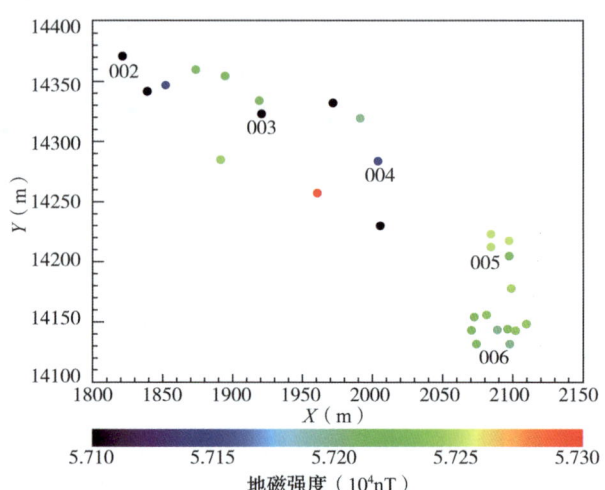

图 3.9　火驱试验区磁场强度测点分布图

水平井火驱开发试验区的磁场测量主要为磁场强度的测量，分析该地区是否存在磁异常区域。测量点主要分布在已经完成打钻的火驱 FHHW002～FHHW004 井组以及火驱 FHHW005～FHHW006 井附近。从图 3.9 可以看到，测量的磁场强度由颜色所区分，绿色表示该区域的磁场强度平均值，颜色越靠近红色和蓝色，表明越偏离平均值，而黑色的测量点为异常点，测得的磁场强度不在正常值范围，结果见表 3.3。

表 3.3　火驱试验区磁场强度及磁偏角测量数据

测点	横坐标	纵坐标	磁场强度(nT)	磁偏角
FHHW002 井组	1839	14341	56489.7	3°35′
	1852	14347	57146.4	4°67′
重 18 井	3098	12336	57318.9	4°28′
	3535	12291	57384.4	4°22′

通过本次精密测量，火驱试验区磁场强度及磁偏角处于 3°35′～4°67′范围，以 300～500m 水平段为例，磁偏角为 3°的情况下，水平段末端将偏离 15～26m。因此，对于待钻水平井靶窗要求仅为高 1m、宽 2m 的火驱试验井组，须进行实时磁偏角测量。

3.3 水平井陀螺测量技术

陀螺测斜仪作为井眼轨迹测量的专用工具,适用于没有磁干扰或磁屏蔽条件下的井眼轨迹测量。陀螺测斜仪系统由井下测量仪器总成、测量参数信号传输系统、地面数据处理打印系统和附件等部分组成。按其测量方式分为:单点陀螺测斜仪、多点陀螺测斜仪、电子陀螺测斜仪和地面记录陀螺测斜仪。陀螺测斜仪往往作为油田二次开发过程中井眼轨迹复测的主要工具,陀螺类测斜仪是利用自身的定性轴来测量的,其优点是测量精度高、不受磁干扰影响,可用于套管内、丛式井或没有无磁钻铤的情况下使用。

第一代陀螺测斜仪测量的方位是相对的,仪器下入井眼之前,需要在地面确定对准一个方向,然后启动机械陀螺,这个陀螺是安装在有三自由度的万向框架上,让它达到稳定的高速旋转状态,这时陀螺就有了定向性。下井测量时,仪器自转和钻孔倾斜方向的偏转在理想情况下都不能改变陀螺转子的起始指向,测量和记录仪器相对起始指向所转过的角度,就能计算出钻孔的倾向,井眼倾向是在陀螺起始方向上起算的,测量结果称作相对方位。

风城油田轨迹复测选用的是自寻北速率陀螺仪器,具有自动寻北,测量速度快,精度高,适用范围广,运行稳定等特点,可以用来定向及井眼轨迹的测量。由于速率陀螺是利用测量地球自转的矢度来直接测量地理方位,可以有效地提高井眼轨迹测量结果的准确性,成为目前广泛应用的井眼轨迹复测手段。

3.3.1 不同仪器测量误差因素分析

3.3.1.1 以陀螺为方位测量敏感元件的测量模式下的已定误差分析

如果测斜仪中的井斜角测量敏感元件为加速度计,方位角测量敏感元件为陀螺,那么测斜仪一般的已定系统误差源有:测量核心元件(加速度计、陀螺)本身的误差、仪器安装误差、刻度因数的影响。鉴于很多前人已经对陀螺和加速度计的运动方程和其数学误差模型进行了相当多的讨论,因此,对于各项误差源的分析将直接引用相关的结论。

(1)陀螺、加速度计的误差。

先建立如图 3.10 所示的坐标系,其中 $Ox_3y_3z_3$ 为壳体坐标系即仪器坐标系,$Oxyz$ 为陀螺转子坐标系。转子坐标系与陀螺转子固连但不参与转子自转。转子坐标系中 Oz 轴与自转轴重合,于是 Ox 和 Oy 轴就在转子的赤道平面内。如果自转轴相对于壳体坐标系无偏角时,三个坐标轴相互重合。如果存在偏角,那么可以按照先绕 Ox_3 轴旋转 x_θ 角到坐标系 $Ox_1y_1z_1$,在绕 Oy_1 轴旋转 y_θ 到坐标系 $Oxyz$。于是角 x_θ 和 y_θ 就可以表示自转轴相对壳体系的角位置,如果它们比较小,那么可以看作是陀螺转子自转轴相对壳体系的偏角在 Ox_3 和 Oy_3 轴上的分量,

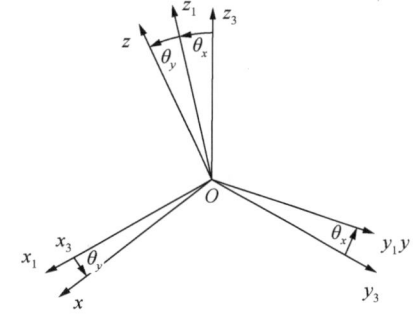

图 3.10 仪器坐标系与陀螺转子坐标系

表示陀螺输出角速度。

$$\omega_{dx_1}(0) = -\frac{\lambda}{H}\theta_x(0) - \frac{k}{H}\theta_y(0)$$

$$\omega_{dy_1}(0) = -\frac{\lambda}{H}\theta_y(0) - \frac{k}{H}\theta_x(0) \tag{3.8}$$

式中：ω_d 为漂移角速度；λ 为阻尼弹性系数；k 为陀螺剩余弹性系数；H 为转子的动量矩。

① 动力调谐陀螺的静态误差。

a. 弹性约束项引起的漂移误差。

当陀螺具有剩余弹性系数 ∇k、阻尼弹性系数 λ，而忽略章动项 $J_e\ddot{\theta}_x$、$J_e\ddot{\theta}_y$ 和阻尼项 $\delta\theta_x$、$\delta\theta_y$ 以及二次谐波力矩项 M_x^*、$M_3^3 M_y^*$ 时，且外力矩 $M_{x_0} = M_{y_0} = 0$，则可得在 x，y 方向上的漂移角速度为

$$\omega_{dx_1}(0) = -\frac{\lambda}{H}\theta_x(0) - \frac{\nabla k}{H}\theta_y(0)$$

$$\omega_{dy_4}(0) = -\frac{\lambda}{H}\theta_y(0) - \frac{\nabla k}{H}\theta_x(0) \tag{3.9}$$

设 $\frac{1}{\tau} = \frac{\lambda}{H}$，$\omega_k = \frac{\nabla k}{H}$，其中 τ 表示陀螺时间常数，ω_k 表示锥形进动角频率，则合成的漂移角速度为：

$$\omega_d = \sqrt{\omega_{dx_1}^2(0) + \omega_{dy_1}^2(0)} = \sqrt{\theta_x^2(0) + \theta_y^2(0)}\sqrt{\frac{1}{\tau} + \omega_k^2} \tag{3.10}$$

可见合成的漂移角速度 ω_d 与陀螺转子相对于壳体坐标系的角偏移量 $\sqrt{\theta_x^2(0) + \theta_y^2(0)}$ 成正比。

b. 驱动轴具有双倍旋转频率的角振动引起的漂移误差。

$$\omega_{dx_2} = \frac{N\psi_{y0}}{4F_m}$$

$$\omega_{dy_2} = -\frac{N\psi_{x0}}{4F_m} \tag{3.11}$$

其中，F_m 为陀螺品质因数，取决于转子与平衡环等效转动惯量的比值；ψ_{x0}、ψ_{y0} 是角振动的振幅在仪器坐标系上的分量。

c. 静不平衡力矩引起的漂移误差。

挠性陀螺由于其转子质心于平衡环质心不可能精确的处在挠性支承中心上，内、外挠性轴也不可能恰好交于一点，因此，当质心沿轴线偏离时，引起的漂移误差为：

$$\omega_{dx_3} = \omega_{dy_3} = \frac{1}{H}\left[m_g z_g + \frac{1}{2}(m_p z_p - m_g d_z)\right] \tag{3.12}$$

式中：m_g、m_p 为转子和平衡环的质量；z_g、z_p 为转子和平衡环质心沿轴向偏移的距离；d_z 为内、外挠性轴线的偏移距离。

d. 陀螺静态漂移误差合成模型。

根据实际的钻井作业情况和上面分析的三方面的陀螺静态漂移误差项，可得陀螺仪静态误差模型为：

$$\begin{bmatrix} \omega_{dx} \\ \omega_{dy} \end{bmatrix} = \begin{bmatrix} \omega_{dx_1} + \omega_{dx_2} + \omega_{dx_3} \\ \omega_{dy_1} + \omega_{dy_2} + \omega_{dy_3} \end{bmatrix} \tag{3.13}$$

② 陀螺的动态漂移误差分析。

如果陀螺测斜仪采用捷联编排方式，在连续测量模式下，陀螺的章动惯性项会引起动态误差。而且当测斜仪在井眼作连续运动时，角运动直接作用于陀螺，也会产生动态误差。

a. 章动惯性项引起的动态误差。

测量元件壳体沿测量轴的角加速度和转子的横向转动惯量形成章动惯性力矩，引起角速度误差为：

$$\begin{bmatrix} \omega_{cx_1} \\ \omega_{cy_1} \end{bmatrix} = \frac{I_e}{H} \begin{bmatrix} \dot{\omega}_y \\ -\dot{\omega}_x \end{bmatrix} \tag{3.14}$$

式中：H 为转子的动量矩。

b. 不等惯量误差。

转子的极转动惯量 I_z 一般不等于其横向转动惯量 I_e，在角运动条件下形成不等惯性力矩，因此引起不等惯性误差：

$$\begin{bmatrix} \omega_{cx_2} \\ \omega_{cy_2} \end{bmatrix} = \frac{I_z - I_e}{H} \begin{bmatrix} \omega_x \omega_z \\ \omega_y \omega_z \end{bmatrix} \tag{3.15}$$

c. 不等惯性耦合误差。

此项误差也是由于转子的极转动惯量不等于其横向转动惯量，并且通过于转子转角 θ_x 或 θ_y 耦合而引起的非等惯性耦合误差。表达式为

$$\begin{bmatrix} \omega_{cx_3} \\ \omega_{cy_3} \end{bmatrix} = \frac{I_z - I_e}{H} \begin{bmatrix} \omega_x \dot{\omega}_z - \omega_y \omega_z^2 \\ \omega_y \dot{\omega}_z + \omega_x \omega_z^2 \end{bmatrix} \tag{3.16}$$

d. 交叉耦合误差。

转子相对于测量装置壳体出现转角 θ_x 或 θ_y 时，测量装置壳体坐标系中与测量轴正交的 $3z$ 轴角速度将被耦合而引起交叉耦合误差，表达式为：

$$\begin{bmatrix} \omega_{cx_4} \\ \omega_{cy_5} \end{bmatrix} = \frac{H}{k} \begin{bmatrix} -\omega_y \omega_z \\ \omega_x \omega_z \end{bmatrix} \tag{3.17}$$

式中：k 指的是力矩再平衡回路增益。

e. 动力调谐式速率陀螺仪的动态漂移数学模型。

由上面几项误差项，得到动态漂移数学模型为：

$$\omega_{cx} = \frac{I_e}{H} \dot{\omega}_y - \frac{I_z - I_e}{H} \omega_x \omega_z - \frac{H}{k} \omega_y \omega_z - \frac{I_z - I_e}{2H} \omega_a^2 \varphi_{x_0} \varphi_{z_0} \cos\delta$$

$$\omega_{cy}=-\frac{I_e}{H}\dot\omega_x-\frac{I_z-I_e}{H}\omega_y\omega_z+\frac{H}{k}\omega_x\omega_z-\frac{I_z-I_e}{2H}\omega_a^2\varphi_{y0}\varphi_{z0}\cos\delta \quad (3.18)$$

式中：φ_{x0}、φ_{y0}、φ_{z0} 为绕壳体坐标系各坐标轴角振动的振幅；ω_a 为角振动的角频率；δ 为相位差。

③ 动力调谐式速率陀螺的误差模型。

综合上述各项陀螺误差，得到稳态时动力调谐式速率陀螺的角速度测量的绝对误差为：

$$\begin{bmatrix}\Delta\omega_x\\ \Delta\omega_y\end{bmatrix}=\begin{bmatrix}\omega_{dx}+\omega_{cx}\\ \omega_{dy}+\omega_{cy}\end{bmatrix} \quad (3.19)$$

式中：ω_d 表示各项静态误差的和；ω_c 表示各项动态误差的和。

④ 加速度计的误差模型。

先建立加速度计坐标系与壳体坐标系，如图 3.11 所示，$Ox_3y_3z_3$ 为加速度计壳体坐标系，而 $Oxyz$ 为加速度计摆组件坐标系。摆组件坐标系中 Ox 轴为加速度计的输入轴，Oy 轴为加速度计的输出轴。规定当摆组件坐标系对壳体坐标系无偏角时，Ox 轴和 Oy 轴分别与 Ox_3 和 Oy_3 轴重合。当摆组件坐标系相对于壳体坐标系有偏角时，该偏角可表示为图中的 θ 角，见图 3.11。

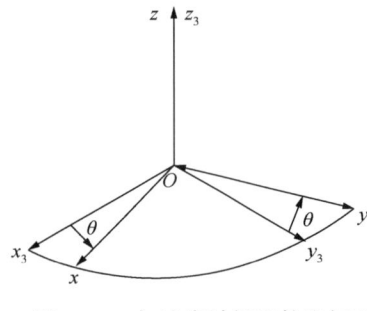

图 3.11 加速度计摆组件坐标系与壳体坐标系

a. 加速度计的静态误差模型。

设加速度计所敏感到的外界的加速度在壳体坐标系 $Ox_3y_3z_3$ 中的分量为 a_{x_3}、a_{y_3}、a_{z_3}，在摆组件坐标系上的分量为 a_x、a_y、a_z，那么通过两坐标系之间的变换矩阵可得：

$$\begin{aligned}a_x&=a_{x3}\cos\theta-a_{z3}\sin\theta\\ a_y&=a_{y3}\end{aligned} \quad (3.20)$$

在实际的钻井作业中，加速度计的输出主要是由 K_0、K_1 决定。如果在罗盘测量模式中，没有采用对转消差的方法消除掉加速度计的偏差项 K_0，那么实际上挠性摆式加速度计的静态误差模型为：

$$\begin{cases}\Delta a_{sx}=K_o+K_1a_x\\ \Delta a_{sy}=K_o+K_1a\end{cases} \quad (3.21)$$

式中：K_1 为加速度计的刻度因数。

b. 加速度计的动态误差模型。

由于在连续测量模式中，测量装置将相对于井眼轨迹作连续运动，其中包含着角运动。理想状态下加速度计不应当敏感角运动，但是由于摆式加速度计结构的物理特点，角运动会产生绕加速度计组件输出轴的误差力矩，从而引起测量误差，可表达为：

$$\Delta a_{dx}=\Delta a_{dy}=K_1\dot\omega_x+K_2\dot\omega_y+K_3\omega_x\omega_z \quad (3.22)$$

式中：$\dot\omega_x$、$\dot\omega_y$ 表示沿 Ox 轴、Oy 轴的角速度变化率；K_1、K_2、K_3 为加速度计每单位输出值（单位 V）的再平衡力矩。

（2）陀螺、加速度计的安装误差。

① 陀螺仪输出轴非严格正交。

理想状态下的动力调谐式陀螺的两个输出轴与其自转轴之间应该是两两正交的，但是，由于机械精度的限制，不可能做到三者之间的严格正交，它们之间存在着一定的夹角（正交偏角）。于是假设 Oz 轴为陀螺转子的自转轴且与壳体坐标系中的 Oz_3 轴重合，Ox 轴和 Oy 轴为陀螺的输出轴，θ_{yx}、θ_{yz} 和 θ_{xz} 分别为 Oy 轴对 Ox 轴、Oy 轴对 Oz 轴、Ox 轴对 Oz 轴的正交偏角，转动方向为绕各轴的正向转动为正方向，见图 3.12。

设 ω_x、ω_y 为沿陀螺输出轴严格正交的角速度分量，ω_{gx}、ω_{gy} 为沿加速度计输出轴非严格正交的角速度分量，于是陀螺输出轴的正交偏角所引起的测量绝对误差为：

$$\begin{cases} \Delta\omega_x = -\theta_{xz}\omega_z \\ \Delta\omega_y = -\theta_{yx}\omega_x - \theta_{yz}\omega_z \end{cases} \tag{3.23}$$

由以上两式可以看出，陀螺输出轴间的正交偏角将引起同名轴上的角速度测量误差。如果是罗盘测量模式，那么由于测量装置在测量点上相对静止，输出轴之间的正交偏角将由于沿自身轴线的自转角速度为 0 而可以忽略不计；但是如果是采用陀螺连续测量模式，那么测量装置沿自身轴线的自转角速度可能会很大，此时由于正交偏角引起的测量误差将会明显增大，应当作为误差项加以考虑。

② 陀螺仪安装误差角的影响。

前面讨论的是假设陀螺转子自转轴 Oz 与壳体坐标系的 Oz_3 相重合的情况，但是当二者之间也存在夹角（此角被称为安装误差角）时，那么采用此时陀螺仪输出测量值代入各项测斜基本参数的计算公式，必然会引起误差，见图 3.13。

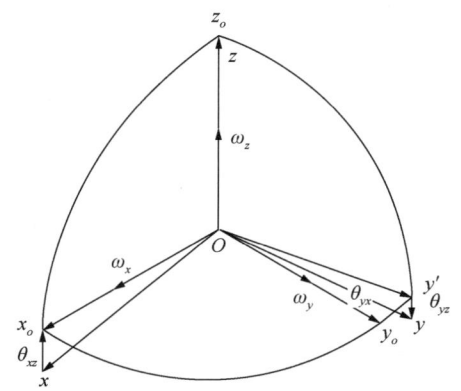

图 3.12 陀螺输出轴非严格正交

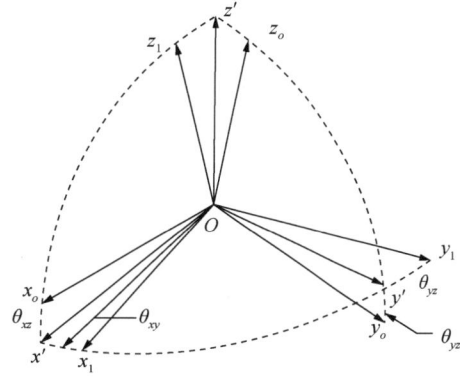

图 3.13 陀螺安装角误差

其中，$Ox_0y_0z_0$ 为动力调谐式陀螺仪的理想安装位置，那么所敏感到的角速度分量为 ω_{x_0}、ω_{y_0}、ω_{z_0}；$Ox_1y_1z_1$ 坐标系为有安装误差角的陀螺仪位置，这里假定三个坐标轴之间是相互垂直的，实际测量得到的也就是外界角速度在 $Ox_1y_1z_1$ 上的分量，为 ω_{gx}、ω_{gy}。图中 θ_{xy}、θ_{xz} 为实际陀螺仪中的测量轴 Ox_1 敏感到的 ω_{y_0}、ω_{z_0} 的安装误差角，而 θ_{yx}、θ_{yz} 为实际陀螺仪中的测量轴 Oy_1 敏感到的 ω_{x_0}、ω_{z_0} 的安装误差角，可得存在陀螺安装误差角时的绝对误差为：

$$\begin{cases} \Delta\omega'_x = \theta_{xy}\omega_{y_0} - \theta_{xz}\omega_{z_0} \\ \Delta\omega'_y = -\theta_{yx}\omega_{x_0} + \theta_{yz}\omega_{z_0} \end{cases} \quad (3.24)$$

③ 加速度计测量组件输出轴非严格正交。

当加速度计的三个轴之间也存在正交偏角时，与陀螺转子三轴非正交的情况类似，由于存在的正交偏角 θ_{yx}、θ_{yz}、θ_{xz}，因此引起的加速度测量的绝对误差为：

$$\begin{cases} \Delta a_x = -\theta_{xz}a_{z_0} \\ \Delta a_y = -\theta_{yx}a_{x_0} + \theta_{yz}a_{z_0} \end{cases} \quad (3.25)$$

式中：θ_{xz} 表示 Ox_1 轴对 Oz_0 轴的正交偏角；θ_{yz} 表示 Oy_1 轴对 Oz_0 轴的正交偏角；θ_{yx} 表示 Oy_1 轴对 Ox_0 轴的正交偏角。

④ 加速度计测量组件安装误差。

与陀螺仪中的安装误差相类似，加速度计测量组件的安装误差是指加速度计的输出平面与壳体坐标系的轴线不垂直，即加速度计组件的 Oz_1 轴与壳体坐标系中的 Oz_0 轴不重合。假设加速度计中的输出轴 Ox_1 轴敏感的外界加速度分量 a_{y_0}、a_{z_0} 的安装误差角为 θ_{xy}、θ_{xz}，输出轴 Oy_1 敏感的 a_{x_0}、a_{z_0} 的安装误差角为 θ_{yz}、θ_{yz}，那么得到的加速度计安装误差角所引起的测量误差为：

$$\begin{cases} \Delta a'_x = \theta_{xy}a_{y_0} - \theta_{xz}a_{z_0} \\ \Delta a'_y = -\theta_{yx}a_{x_0} + \theta_{yz}a_{z_0} \end{cases} \quad (3.26)$$

式中：a_{x_0}、a_{y_0}、a_{z_0} 为无安装误差角时的加速度计坐标系各轴上敏感到的外界加速度分量。

（3）刻度因数的误差。

动力调谐速率陀螺是利用施加在力矩器上的电流来测量输入的角速度，可表示为：

$$\begin{cases} I_x = \dfrac{H}{k_{mx}}(\omega_y + \omega_{dy} + \omega_{cy}) \\ I_y = \dfrac{H}{k_{my}}(\omega_x + \omega_{dx} + \omega_{cx}) \end{cases} \quad (3.27)$$

式中：I_x、I_y 表示陀螺仪的输出电流；ω_x、ω_y 表示陀螺仪的输入角速度；k_{mx}、k_{my} 表示力矩器的刻度因数；ω_{dx}、ω_{dy} 表示陀螺仪的动态漂移误差；ω_{cx}、ω_{cy} 表示陀螺仪的静态漂移误差。

如果刻度因数存在误差，即刻度因数的实际值为 K_x、K_y，而其标称值为 K_{x_0}、K_{y_0}，则因刻度因数变化引起的误差设为 ΔK_x、ΔK_y，于是有：

$$\begin{cases} K_x = K_{x_0} + \Delta K_x \\ K_y = K_{y_0} + \Delta K_y \end{cases} \quad (3.28)$$

于是动力调谐速率陀螺输出的角速度表达式为：

$$\begin{cases} w_{mx} = \dfrac{\omega_x - \omega_{dx} - \omega_{cx}}{1 + \Delta K_y/K_{y_0}} = \left(1 - \dfrac{\Delta K_y}{K_{y_0}}\right)(\omega_x + \omega_{dx} + \omega_{cx}) \\ \omega_{my} = \dfrac{\omega_y - \omega_{dy} - \omega_{cy}}{1 + \Delta K_x/K_{x_0}} = \left(1 - \dfrac{\Delta K_x}{K_{x_0}}\right)(\omega_y + \omega_{dy} + \omega_{cy}) \end{cases} \quad (3.29)$$

因此，考虑了静态漂移误差、动态漂移误差、刻度因数误差的动力调谐速率陀螺仪的测量绝对误差为：

$$\begin{cases} \Delta\omega_x'' = \left(1 - \dfrac{\Delta K_y}{K_{y0}}\right)(\omega_{dx} + \omega_{cx}) - \dfrac{\Delta K_y}{K_{y0}}\omega_x \\ \Delta\omega_y'' = \left(1 - \dfrac{\Delta K_x}{K_{x0}}\right)(\omega_{dy} + \omega_{cy}) - \dfrac{\Delta K_x}{K_{x0}}\omega_y \end{cases} \quad (3.30)$$

如果是陀螺罗盘测量模式，那么此项误差应为：

$$\begin{cases} \Delta\omega_x'' = \left(1 - \dfrac{\Delta K_y}{K_{y0}}\right)\omega_{dx} - \dfrac{\Delta K_y}{K_{y0}}\omega_x \\ \Delta\omega_y'' = \left(1 - \dfrac{\Delta K_x}{K_{x0}}\right)\omega_{dy} - \dfrac{\Delta K_x}{K_{x0}}\omega_y \end{cases} \quad (3.31)$$

3.3.1.2 以磁通门为方位测量敏感元件的测量模式下的已定误差分析

由于以磁通门为方位角测量敏感元件的测斜仪中，依然是以加速度计作为井斜角测量的敏感元件，因此，对于有关加速度计的安装误差和漂移误差与前面的在陀螺测量中的分析结果是一致的。因此，有关的结果将直接列出。

（1）加速度计本身的误差模型。

① 加速度计的静态误差模型。

设加速度计所敏感到的外界的加速度在壳体坐标系 $Ox_3y_3z_3$ 中的分量为 a_{x3}、a_{y3}、a_{z3}，在摆组件坐标系 $Oxyz$ 上的分量为 a_x、a_y、a_z，那么通过两坐标系之间的变换矩阵可得：

$$\begin{aligned} a_x &= a_{x3}\cos\theta - a_{z3}\sin\theta \\ a_y &= a_{y3} \end{aligned} \quad (3.32)$$

式中：θ 表示从 $Ox_3y_3z_3$ 坐标系绕轴 Oz_3 旋转到 $Oxyz$ 坐标系的偏角。

在实际的钻井作业中，加速度计的输出主要是由 K_0、K_1 决定，于是，挠性摆式加速度计的静态误差模型为：

$$\begin{cases} \Delta a_{sx} = K_o + K_1 a_x \\ \Delta a_{sy} = K_o + K_1 a \end{cases} \quad (3.33)$$

式中：K_1 为加速度计的刻度因数。

② 加速度计的动态误差模型。

由于在连续测量模式中，测量装置将相对于井眼轨迹作连续运动，其中包含着角运动。理想状态下加速度计不应当敏感角运动，但是由于摆式加速度计结构的物理特点，角运动会产生绕加速度计组件输出轴的误差力矩，从而引起测量误差，和可表达为：

$$\Delta a_{dx} = \Delta a_{dy} = K_1\dot{\omega}_x + K_2\dot{\omega}_y + K_3\omega_x\omega_z \quad (3.34)$$

式中：$\dot{\omega}_x$、$\dot{\omega}_y$ 表示沿 Ox 轴、Oy 轴的角速度变化率；K_1、K_2、K_3 为加速度计每单位输出值（单位 V）的再平衡力矩。

（2）磁通门与加速度计的安装误差。

① 磁通门传感器组件输出轴非严格正交。

无论是双轴磁通门还是三轴磁通门，安装时都应该保证输出轴之间彼此保持正交，但是，由于机械精度的限制，一般情况下，各个输出轴之间都不是完全正交的。与陀螺中的正交偏角相同。这里假设磁通门的 Oz 轴与壳体坐标系中的 Oz_3 轴重合，Ox 轴和 Oy 轴为磁通门的输出轴，θ_{yx}、θ_{yz} 和 θ_{xz} 分别为 Oy 轴对 Ox 轴、Oy 轴对 Oz 轴、Ox 轴对 Oz 轴的正交偏角，转动方向为绕各轴的正向转动为正方向。那么设 f_x、f_y、f_z 为严格正交的磁通门传感器上输出的单位地磁力分量，f_{nx}、f_{ny} 为非严格正交磁通门传感器输出的单位地磁力分量。那么有坐标系之间的变换矩阵得：

$$\begin{cases} f_{nx} = f_x - \theta_{xz} f_z \\ f_{ny} = f_y - \theta_{yx} f_x - \theta_{yz} f_z \end{cases} \tag{3.35}$$

于是磁通门输出轴的正交偏角引起的测量绝对误差为：

$$\begin{cases} \Delta f_x = -\theta_{xz} f_z \\ \Delta f_y = -\theta_{yx} f_x - \theta_{yz} f_z \end{cases} \tag{3.36}$$

② 磁通门传感器组件的安装误差。

如果磁通门那输出轴 Oz 轴与壳体坐标系的 Oz_3 不重合，但是其自身的各个输出轴之间正交，那么，与陀螺测斜中的情况相类似，也会产生由于安装误差角的出现所引起的误差。设 θ_{xy}、θ_{xz} 为磁通门测量轴 Ox_1 敏感到的 f_y、f_z 的安装误差角，θ_{yx}、θ_{yz} 为测量轴 Oy_1 敏感到的 f_x、f_z 的安装误差角。示意图可以参见图 3.10，其中的坐标系 $Oxyz$ 代表没有安装误差角的磁通门坐标系，$Ox_1 y_1 z_1$ 代表存在磁通门安装误差角的坐标系。那么十分类似的可以得到安装绝对误差为：

$$\begin{cases} \Delta f'_x = \theta_{xy} f_y - \theta_{xz} f_z \\ \Delta f'_y = -\theta_{yx} f_x + \theta_{yz} f_z \end{cases} \tag{3.37}$$

③ 加速度计测量组件输出轴非严格正交。

当加速度计的三个轴之间也存在正交偏角时，与陀螺转子三轴非正交的情况类似，由于存在的正交偏角 θ_{yx}、θ_{yz}、θ_{xz}，因此引起的加速度测量的绝对误差为：

$$\begin{cases} \Delta a_x = -\theta_{xz} a_{z_0} \\ \Delta a_y = -\theta_{yx} a_{x_0} + \theta_{yz} a_{z_0} \end{cases} \tag{3.38}$$

式中：θ_{xz} 表示 Ox_1 轴对 Oz_0 轴的正交偏角；θ_{yz} 表示 Oy_1 轴对 Oz_0 轴的正交偏角；θ_{yx} 表示 Oy_1 轴对 Ox_0 轴的正交偏角。

④ 加速度计测量组件安装误差。

与陀螺仪中的安装误差相类似，加速度计测量组件的安装误差是指加速度计的输出平面与壳体坐标系的轴线不垂直，即加速度计组件的 Oz_1 轴与壳体坐标系中的 Oz_0 轴不重合。假设加速度计中的输出轴 Ox_1 轴敏感的外界加速度分量 a_{y_0}、a_{z_0} 的安装误差角为 θ_{xy}、θ_{xz}，输出轴 Oy_1 敏感的 a_{x_0}、a_{z_0} 的安装误差角为 θ_{yz}、θ_{yz}，那么得到的加速度计安装误差角所引起的测量误差为：

$$\begin{cases} \Delta a'_x = \theta_{xy} a_{y_0} - \theta_{xz} a_{z_0} \\ \Delta a'_y = -\theta_{yx} a_{x_0} + \theta_{yz} a_{z_0} \end{cases} \tag{3.39}$$

式中：a_{x_0}、a_{y_0}、a_{z_0} 为无安装误差角时的加速度计坐标系各轴上敏感到的外界加速度分量。

3.3.2 陀螺复测解决的主要问题

(1) 认识清楚区块的局部构造。

通过区块构造分析时发现有一批井斜有问题,造成区块内小断层位置难以确定,影响了一批更新井、调整井位的确定和各区块调整部署。通过井斜验证老井井斜后,就可以更清楚的认识构造特点,落实断层的产状。

(2) 帮助研究剩余油分布。

由于井斜有误的影响,造成局部注采井网上水驱动用面积的错误的标定,井位校正后,重新标定水驱动用面积,可以形成剩余油分布的重新认识。在油田开发进入中后期,搞清楚剩余油分布是搞好区块综合治理的基础,在许多区块局部位置都存在由于井斜影响而导致剩余油认识上的偏差,所以验证一些老井井斜后,可以更进一步明确平面水淹范围,寻找剩余油潜力区。

(3) 指导侧钻井设计及定向。

随着油田开发的不断深入,套管损坏、变形、漏失严重,致使一些井不能正常生产,一类井由于井斜数据的偏差,造成没有钻遇设计地层,因此,随着油田开发战略的调整,老井侧钻以其少投入、多产出、见效快的优点,成为挖掘老井潜力和油田上产的主要措施之一。侧钻前要进行方位井斜复测,修正原井眼轨迹和井斜方位数据,确定开窗侧钻点的位置,指导侧钻设计,进行斜向器定向测试,用于确定开窗侧钻的方位,因此陀螺测量在开窗侧钻中具有重要作用。

(4) 为油田开发中后期有磁环境下的井斜复测提供手段。

目前,测量井眼轨迹方法有两种:一种是利用磁通门作为方位传感器的有磁环境下的测试;另一种是利用陀螺作为方位传感器的有磁干扰环境测试。但是,油水井投产以后,对井斜、方位的检测环境处于套管井等有磁环境下,因此,应用于完井前无磁环境下的磁性测斜仪已无法应用于完井后的有磁环境下的井斜、方位测试,而陀螺井斜测试为有磁环境下开发井的井斜复测提供了手段。

3.3.3 陀螺轨迹复测技术

3.3.3.1 技术简介

风城油田 SAGD 水平井组和火驱井组采用 KEEPER 高精度连续测量陀螺仪进行井眼轨迹复测。该仪器以地球的自传角速率方向和重力为参考,应用国际上先进的挠性速率陀螺仪和挠性石英加速度构成捷联式数学平台,通过测量被测点地球自传角速度在三维坐标轴上的分量,参照被测点的空间参数来计算被测点的参数,并将测量信号传送到地面仪器,经地面仪器处理后,实施运算出井斜角、方位角、工具面角等定向参数,通过相关的解释软件计算出水平位移、垂深、闭合距、闭合方位、狗腿度等参数,绘制井深水平投影图、垂直投影图、立体图以及钻井设计参数的方位差、视平移和靶心距等,可以用于套管内井深轨迹(方位、井斜)测量、老井侧钻、套管开窗等有磁性干扰环境下的定向测量。

KEEPER 测量精度较高,具有自寻北优势、自漂移校正检查功能,能满足复杂井、深井对精度的要求。在垂直情况下,有较高的陀螺工具面和方位精度,确保直井方位测量精度和侧钻定向效果。具有抗震功能，独特减震结构，可泵冲作业；可用于深井套管开窗作业中，满足大难度井、水平井测量需要；适用于全尺寸套管、油管、钻杆测量。KEEPER 井下系统最高工作温度为 204℃（带保温筒），系统无需井口预热，可高速测量、动态取数，最高测量速度达 150m/min。配合其他短节，可变化为存储式 KEEPER、投测式 KEEPER、地面参照物式 KEEPER，适合于不同的生产需要，如在生产井上、批钻作业中、自浮式平台等，连接简单、环节少，大大减少连接问题故障率。仪器具有可扩展、模块化设计，可扩展 CCL 和伽马模块，校正井深。KEEPER 地面设备，如司钻阅读器、电缆接头都按照国际标准进行了防水、防腐处理。仪器整体抗震性好，且接口箱、电源、司钻阅读器、井下电子设备均配有专用减振密封运输箱，适合海上、山区丘陵和沙漠公路运输；井下仪器本体和密封 O 圈，在生产过程中都进行了特殊化学工艺处理。

3.3.3.3.2 技术指标

（1）测量参数：井斜角、方位角、高边工具面、北向工具面和井底温度。

（2）测量精度：方位角 0°~360°，误差：±0.2°；井斜角 0°~70°，误差：±0.05°；井斜 70°~90°，误差：±0.1°。

3.3.3.3 技术特点

（1）采用国际上先进的挠性速率陀螺和挠性石英加速度计，惯性传感器作为测量探头，测量速度快，数据准确；

（2）采用了数字自动寻北技术，实时测量，不需要任何地面参照物；

（3）采用了自动飘移修正技术；

（4）可以提供定向座键测量，测量工具面角；

（5）可以选测任意深度点的井斜数据，可以上下测量和复测；

（6）井下信号采用曼码传输技术，传输稳定，抗干扰能力强；

（7）配备便携式数控和专用操作软件与解释软件，操作方便。

SAGD 水平井和火驱井为高精度轨迹控制井组，在井组完井后需要对井眼轨迹进行复测，校验所钻水平井轨迹控制情况。

3.4 SAGD 水平井着陆点控制技术

3.4.1 着陆控制的技术原则

着陆控制的技术要点可以概括为"略高勿低、先高后低、寸高必争、早扭方位、稳斜探顶、矢量进靶。"

（1）略高勿低。

"略高勿低"集中体现了选择工具造斜率的指导思想，即为了保证实钻造斜率不低于井段设计造斜率，不低于井段设计的理论预测值，而按比理论预测值高出 10%~20% 的造斜率来选择或设计造斜工具。当然也不能使造斜率高出太多，否则会给后续的钻进工作带来麻烦。

(2) 先高后低。

在着陆控制中，实钻造斜率若高于井段设计造斜率，可以通过导向钻进或更换造斜率低一档次的动力钻具组合。但是，若实钻造斜率低于井段设计造斜率，则不敢保证一定可以把下一段的造斜率增上去，尤其是在着陆控制的后一阶段。这是因为所需要调整的造斜率值可能很高，而当前的造斜工具无法实现。除了极少数实钻造斜率基本等于井段设计造斜率这种理想情况外，定向井工程师通常遵循"先高后低"的控制原则，该原则有着重要的实际意义。

(3) 寸高必争。

"寸高必争"是控制人员在水平着陆中必须确立的观念，它集中体现了着陆控制过程的特点。高指的是垂深，从某种意义上来说，着陆控制就是对垂深和井斜角进行组合的控制，而垂深往往对井斜角起着误差放大作用，尤其是着陆控制的前期和后期，因此要严格控制着陆点的垂深。

(4) 早扭方位。

在着陆控制中，方位控制也很重要，否则很难使钻头进入靶窗。由于中曲率半径水平井井斜角增加较快，晚扭方位将会增加扭方位的难度，极易造成井眼狗腿度过大，导致套管下入困难。在着陆控制的初始阶段一般都采用螺杆动力钻具使其造斜率略高于井眼曲率的设计值，这就为"早扭方位"提供了条件和机会。因此"早扭方位"应作为着陆控制的一项原则，在钻进过程中，通过调整井下动力钻具的工具面角可以加强对井斜方位的动态监控。

(5) 稳斜探顶。

"稳斜探顶"是控制方案的核心内容。在中、长半径水平井中，采用稳斜探顶的总控制方案设计，可以克服因地质地层认识不清楚、目的层层位提前或推后带来的不确定因素，保证准确地探知油顶位置，同时保证进靶钻进按预定的技术方案进行，提高控制的成功率。"稳斜探顶"的前提是入靶前要在预定的垂深高度上达到预定的稳斜角值，这实际上是给前期的着陆控制设置一个阶段性控制指标。

(6) 矢量进靶。

"矢量进靶"是指在着陆钻进中不仅要控制钻头与靶窗平面的交点位置，而且还要控制钻头进靶时的方向。"矢量进靶"直观地给出对着陆点位置、井斜角、井斜方位角等状态参数的综合控制要求，形象地表示为靶窗内的一个位置矢量。进靶不仅是着陆控制的结束，同时也是水平控制的开始。为了在水平段内能高效地钻出优质的井眼，就要按要求控制好着陆点位置和进靶方向，避免出现入靶后被迫地调整井斜角和方位角的情况，影响井身质量和钻进速度。

(7) 动态监控、轨迹预测。

无论多么精确的控制都会存在偏差，没有偏差即不存在控制，井眼轨迹控制也是这样。动态监控是贯穿着陆控制全过程的最重要的技术手段，它包括对已钻井眼轨迹的计算描述、与设计井眼轨道参数的对比和偏差认定；对已钻井眼动力钻具造斜率的分析和误差计算；对钻头处状态参数的预测；对待钻井眼所需造斜率的计算；对当前在用工具和技术方案的评价和决策，看是否需要调整相关参数（钻压、工具面角、钻进状态、起钻时机的选择）。动态监控一般是用定向井设计软件在计算机上实施，但是定向井工程师有必要对着陆控制过程进行实时监测。

3.4.2 着陆点的姿态分析

3.4.2.1 计算工具造斜率

设 MWD 给出的第 i、$i+1$ 两测点处的井深、井斜角和方位角分别用 L_i、α_i、ϕ_i 和 L_{i+1}、α_{i+1}、ϕ_{i+1} 表示,则造斜工具在该测段的实际造斜率 K_{Ta} 也是两点间的井眼实际造斜率 $K_{i,i+1}$ 为:

$$K_{Ta}=K_{i,i+1}=\frac{30(\alpha_{i+1}-\alpha_i)}{L_{i+1}-L_i} \tag{3.40}$$

式中:K_{Ta} 为实际造斜率,(°)/30m。

若在该井段钻进时存在方位角的变化或主动扭方位,应按照全角变化来计算工具的造斜能力 K_T,即:

$$K_T=\frac{30}{L_{i+1}-L_i}[\cos\alpha_i\cos\alpha_{i+1}+\sin\alpha_i\sin\alpha_{i+1}\cos(\phi_{i+1}-\phi_i)] \tag{3.41}$$

3.4.2.2 预测着陆点的井斜角和方位角

设 MWD 的方向传感器距钻头距离为 L_d,α_{i+1}、ϕ_{i+1} 是 MWD 处的井斜角和方位角实测值,T 为着陆井段的起始点,由于随钻 MWD 仪器存在零长,因此在着陆时钻头处的参数是不能实时测得的,对应的钻头参数 $(\alpha_B)_{i+1}$ 和 $(\phi_B)_{i+1}$ 要由预测来确定。

$$(\alpha_B)_{i+1}=\alpha_i+\frac{L_d}{30}K_{Ta} \tag{3.42}$$

$$(\phi_B)_{i+1}=\phi_i+\frac{(\phi_{i+1}-\phi_i)L_d}{L_{i+1}-L_i} \tag{3.43}$$

3.4.2.3 计算两点间的垂增与平增

设测点 i,$i+1$ 处的垂深分别为 D_i、D_{i+1},该两点间的垂增为 $\Delta D_{i,i+1}$,平增为 $\Delta S_{i,i+1}$,则:

$$(\Delta D)_{i,i+1}=\frac{1719}{K_{i,i+1}}(\sin\alpha_{i+1}-\sin\alpha_i) \tag{3.44}$$

$$(\Delta S)_{i,i+1}=\frac{1719}{K_{i,i+1}}(\cos\alpha_i-\cos\alpha_{i+1}) \tag{3.45}$$

与 $i+1$ 测点对应的钻头垂深值 $(D_B)_{i+1}$:

$$(D_B)_{i+1}=D_{i+1}+\frac{1719}{K_{i,i+1}}[\sin(\alpha_B)_{i+1}-\sin\alpha_{i+1}] \tag{3.46}$$

3.4.2.4 确定待钻井段的造斜率

设待钻井段的目标点 M 处的井斜角、方位角、井深、垂深分别为 α_M、ϕ_M、L_M、D_M,则从与 $i+1$ 测点对应的钻头位置的垂深值为 $(D_B)_{i+1}$,钻至 M 点所需的井段造斜率 $(K)_{B-M}$ 为:

$$(K)_{B-M} = \frac{1719}{D_M - (D_B)_{i+1}} [\sin\alpha_M - \sin(\alpha_B)_{i+1}] \quad (3.47)$$

式中：$(K)_{B-M}$ 为 BM 井段的造斜率，(°)/30m。可根据 $(K)_{B-M}$ 的大小选择待钻井段的造斜工具。

3.4.2.5 着陆控制过程的决策

着陆控制过程的决策内容包括：操作参数是否需要调整，如何调整；是否需要停钻更换钻具组合，何时更换；要换入的新钻具组合的造斜率的估算，如何保证达到估算值。需要调整的操作参数有钻压、工具面角和钻进状态。

钻压变化不但会影响机械钻速，而且会影响造斜率。一般来说，降低钻压会使钻具组合的造斜率略有下降，增加钻压可使其造斜率有相应的提高。在钻进过程中如果要对造斜率作调整时可通过适当增减钻压来实现。

工具面的调整一般是在扭方位时进行，但有时也可利用改变工具面位置来调整造斜率。但是，由于井眼曲率，摩阻和钻柱反扭矩的影响，致使工具面很不稳定，常在较大范围内左右摆动。在这种情况下，应把预定的工具面选为变化范围的中间值。

钻井状态的调整是指钻井方式的改变，分滑动钻进和复合钻进两种。滑动钻进是指在锁定转盘的情况下用井下动力钻具定向的工作过程；复合钻进是指开动转盘带动钻柱和井下动力钻具一起旋转钻进的工作过程。当钻遇稳斜段或造斜率过大欲降低造斜率时，可采用复合状态钻进。

在钻进过程中要不断地预测下部待钻井段的造斜率 $(K)_{B-M}$。所预测的造斜率 $(K)_{B-M}$ 决定了停钻更换钻具组合的时间以及换入何种新的钻具组合，即要作如下的判断和决策。

（1）当前的工具造斜率 $K_{Ta} = (K)_{B-M}$ 时，不需要起钻，继续钻进。

（2）若 $K_{Ta} < (K)_{B-M}$ 时，则表示应停钻更新组合。在现场的工具储备中选择造斜率与 $(K)_{B-M}$ 相近的工具，并立即停钻更换；若新工具的造斜能力大于 $(K)_{B-M}$，则应继续钻进，直至 $K_{Ta} = (K)_{B-M}$ 停钻，更换。

（3）若 $K_{Ta} > (K)_{B-M}$，也表示需要停钻更换新的钻具组合。若入选的新组合的造斜率低于 $(K)_{B-M}$，应使用原钻具组合继续钻进一段长度，直至二者相等时起钻，再更换入选的新钻具。总之，是否需要停钻更换钻具组合的决策原则可概括为：如果当前在用的钻具组合的造斜率与待钻井眼所需的造斜率不相等，就表示需要停钻、更换新的钻具组合（更换时机是继续用它钻进一段长度，直至入选的新工具的造斜率与待钻井眼的曲率值相等时为止）。此决策原则不适用于稳斜探顶井段。

（4）在稳斜探顶井段，基本上维持稳斜钻进，此时控制的目标是找到油顶，避免增加进靶钻进的造斜率。在稳斜探顶段，特别是在薄油层水平井中，要采用带有自然伽马传感器的随钻测量仪器来辨识油顶，此时的钻进要寸高必争，放慢机械钻速，同时地质工程师也要监测钻井液中返出的砂样，判断是否探得油顶。当发现油顶后就要停钻（若钻头尚未到达原设计位置也可缓慢钻进使其到位），准备起钻，更换进靶钻进所用的钻具组合；若稳斜探顶所用的钻具在定向钻进方式下的造斜率可以保证钻入靶窗，则不必起钻而只是改变钻进状态即可。

3.4.3 着陆钻进难点分析

着陆钻进是着陆控制过程的最后一个阶段,也是该过程最关键,甚至难度最大的一个阶段,其难度主要表现在以下几点:

(1) 着陆钻进时的井斜角、井斜方位角不能直接测得,而要靠预测来确定,因此,会存在一些误差。

(2) 目前国内使用的 MWD 或者 LWD 仪器大都没有实现近钻头测量,都存在一个零长,短的有十几米,长的有二十多米。而入靶钻进的增斜井段往往很短,可能造成在入靶井段内很少能有测点的信息,甚至无测点。

(3) 工具造斜率存在一定误差。

(4) 在较短的着陆进尺内因信息缺乏,很难进行有效的动态监控,因而增加了对计算机和井眼轨迹控制方案设计的依赖程度。

(5) 当靶窗较小时对造斜率精度要求较高,若不能中靶则意味着陆控制失败,给后续工作带来困难。

综上所述,在进靶钻进前要做好充分的准备工作,精心设计井眼轨迹控制方案、工艺措施和轨迹预测,及时分析误差和调整钻具组合,使工作人员对造斜率掌握的更为准确。

3.4.4 着陆前的准备工作

3.4.4.1 确定进靶段起始点的井斜角和方位角

根据矢量进靶的原则,在稳斜探顶过程中或稳斜探顶之前,就应使井眼轨迹的井斜方位符合要求。在进靶钻进过程中要保持井斜方位角不发生变化,不要在进靶钻进过程中再去调整方位。

校核进靶,着陆起始点处的井斜角值,它是决定着陆井段长度的关键参数。为了更准确得到起始点处的井斜角值,可根据钻进过程中的一些实际情况,进行必要的修正。

3.4.4.2 确定着陆钻进的长度和所需要的造斜率

设着陆井段的起始点 T 的井斜角为 α_T,靶窗高度为 $2d$,着陆点 A 的井斜角位 α_D,T 点至靶心平面的垂增为 ΔD_{TA},则着陆井段的长度 ΔL_{TA}、造斜率 K_{Ta} 和平差 ΔS_{TA} 为:

$$K_{Ta} = \frac{1719}{\Delta D_{TA}}(\sin\alpha_D - \sin\alpha_T)$$

$$\Delta L_{TA} = \frac{30(\alpha_D - \alpha_T)}{K_{Ta}} \quad (3.48)$$

$$\Delta S_{TA} = \frac{1719}{K_{Ta}}(\cos\alpha_T - \cos\alpha_D)$$

3.4.4.3 确定着陆点的纵距、平差和造斜率

由式(3.48)所求得的造斜率 K_{Ta} 理论上可钻至靶中线,着陆点纵距为零。但实际上由

于使用的工具的造斜率会产生误差，使得实际的着陆点纵距不可能等于零。对于高度为 $2d(\pm d)$ 的靶窗，设着陆点纵距分别为 A、A_3、A_4、A_1 及 A_2，相应的垂增分别为 ΔD_{TA}、ΔD_{TA3}、ΔD_{TA4}、ΔD_{TA1} 和 ΔD_{TA2}（图 3.14）。

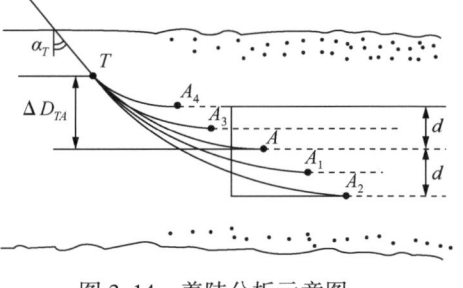

图 3.14 着陆分析示意图

$$\Delta D_{TA3} = \Delta D_{TA} - \frac{d}{2}$$
$$\Delta D_{TA4} = \Delta D_{TA} - d$$
$$\Delta D_{TA1} = \Delta D_{TA} + \frac{d}{2}$$
$$\Delta D_{TA2} = \Delta D_{TA} + d$$

(3.49)

将其分别代入式中，可求出相应的造斜率、进靶长度和平差值。

根据靶窗上、下边界，可求出保证不脱靶的造斜率取值范围，并根据实际工具的造斜率及其误差，推算实际着陆点所在位置的区域。平差是指实际靶前位移与设计靶前位移间的差值，常用 ΔS 表示，它表示实际靶窗与设计靶窗位置关系的参数。

3.4.5 着陆精细控制措施

2013 年对 SAGD 井眼轨迹的要求较 2012 年有所调整，2012 年每组 SAGD 水平井的 P 井和 I 井，中完要求水平位移到 A 点后继续钻进 10m 左右完钻，这样使得在下入技术套管后，井眼姿态不会出现太大的变化，有利于三开水平段的施工。2013 年取消了该要求，中完水平位移至 A 点即完钻，下入技术套管后三开时 A 点井斜会大幅度下降。按照 SAGD 开发工艺要求，P 井水平段走中下靶窗，I 井走中上靶窗，尽量拉开两井垂向间距，利于 SAGD 井后期采油作业。为了给三开水平段的钻进创造有利条件，根据各区块总结的降斜幅度，现场工程师要自行优化轨迹剖面，实现提前 5m 左右着陆，使得二开入 A 靶井斜均较设计大 2°~3°，这样下入技术套管后 A 点井斜降至 90°左右，这样就能避免水平段轨迹出现较大幅度波动，保证整个井眼的轨迹质量，表 3.4 为 2013 年施工的部分井组 SAGD 井降斜数据。

表 3.4 2013 年统计部分 SAGD 井组中完井斜下降情况

井号	A 点井深(m)	中完井深(m)	中完预测数据		三开复测数据		降斜量
			井斜(°)	方位(°)	井斜(°)	方位(°)	(°)
FHW3019P	389.73	391	91.47	283.21	89.69	283.23	1.78
FHW3019I	369.83	371	91.33	283.15	89.24	283	2.09
FHW3021P	436.32	439	91.29	283.03	89.5	283.03	1.79
FHW3021I	418.46	421	91.55	283.24	89.87	283.58	1.68
FHW3014P	390.92	393	90.56	102.85	88.15	102.7	2.41
FHW3014I	372.17	374	91.05	103.25	88.67	103.15	2.38

续表

井号	A点井深(m)	中完井深(m)	中完预测数据 井斜(°)	中完预测数据 方位(°)	三开复测数据 井斜(°)	三开复测数据 方位(°)	降斜量(°)
FHW3003P	396.78	399	91.68	103.12	89.55	103.18	2.13
FHW3003I	378.74	380	91.88	103	89.48	103.09	2.4
FHW337P	499.89	502	91.5	85.25	89.53	85.25	1.97
FHW337I	480.52	480	91.6	86	89.44	85.95	2.16
FHW326P	464.49	468	91.88	265.33	89.55	265.15	2.33
FHW326I	447.72	450	92.14	265.07	89.6	265.14	2.54
FHW21002P	357.11	358	92.5	60.51	90.19	60.32	2.31
FHW21002I	339.19	337	92.12	60.38	89.04	60.16	3.08
FHW3125P	593.7	593	92.8	265.14	90.5	265.5	2.3
FHW3125I	575.67	576	91.6	265.01	88.82	265.18	2.78
FHW325UP	438.41	441	93	265	91.17	264.74	1.83
FHW325UI	417.63	421	93	264.84	91.07	264.5	1.93
FHW331P	443.28	443	92.1	85.65	88.89	85.6	3.21
FHW331I	421.52	422	93	85.56	90.2	85.34	2.8
FHW331UP	414.11	416	92.6	86.32	90.85	86.08	1.75
FHW331UI	396.74	398	92.75	86.57	90.5	86.4	2.25
FHW332UP	468.88	471	91.8	85.94	89.03	85.65	2.77
FHW332UI	450.8	454	92	86.27	89.97	86.46	2.03
FHW334P	472.75	473	91.5	85.89	88.69	86.03	2.81
FHW334I	449.99	451	92.1	86.35	89.53	86.09	2.63
FHW21018P	336.8	337	92.5	59.5	88.83	59.87	3.67
FHW21018I	318.64	319	93	60	89.83	60.5	3.17

3.4.5.1 SAGD水平井P井轨迹精细控制措施

（1）直井段充分利用防斜打直技术，严格将造斜点前的直井段井眼轨迹控制在允许范围之内，快速优质地钻完直井段。

（2）做好螺杆钻具的井口测试工作，螺杆钻具入井前不接钻头，井口接方钻杆开泵先试运转，正常后再接钻头下钻。使用高精度随钻测量仪器保证测量的精确和仪器使用的可靠性，每次入井前均做好仪器地面、井口、中途测试，确保下入井底仪器正常工作。

（3）造斜段施工以螺杆动力钻具为主要钻进方式，灵活应用随钻测量仪器，及时跟踪、实时调整井眼轨迹。在施工中，做到仪器测量与工程的有效结合，更好地进行轨迹控制，一趟钻钻完造斜段。

(4) 优选钻具组合和钻井参数，控制井斜角 60°以上井段造斜率小于 10°/30m，井眼曲率变化不超过 13°/30m。

(5) 及时把握好复合钻进工况的造斜率，以便准确有效的采用滑动钻进来做调整，避免水平段轨迹上下波动的幅度过大，保证平稳运行。

(6) 在水平段施工中优化钻具组合，钻进过程中保证泥浆排量和携岩能力，结合定期短程提下钻、分段洗井等技术措施，保证钻井工作的安全进行。水平段钻进以微调为主，尽量减少对井眼轨迹做较大幅度的调整，在数据不清晰，判断不准确时，加密测量点。

(7) 尽可能在水平段大多井段采用"转盘+动力钻具"的复合钻进方式，有利于提速，减少储层浸泡时间，降低储层伤害程度。

(8) 为利于三开水平段的钻进，根据邻井资料总结的降斜幅度，二开入靶井斜均较设计大 2°~3°，中完钻进至 A 点即完钻，下入套管后 A 点井斜会相应降低至 90°左右，这样水平段轨迹控制不会出现较大幅度波动。

(9) 施工期间，选择具备 SAGD 水平井作业经历和经验的技术人员指导施工，确保技术服务质量，加强与各施工单位的协调和相互配合，有助于施工作业的顺利实施。水平段要求生产组织和施工技术的各个环节协同配合，精心施工科学组织，技术上设法提高钻井速度和单只钻头进尺，减小非生产时间，加强录井和轨迹控制随钻监测，提高油层钻遇率。

3.4.5.2 SAGD 水平井 I 井轨迹精细控制措施

(1) 在 P 井钻完后，陀螺测量校正轨迹数据，并依据 P 井水平段实钻轨迹对 I 井进行校正，保持 P 井和 I 井水平段的平行，I 井着陆入靶轨迹保持与 P 井入靶同姿态。

(2) 使用高精度随钻测量仪器跟踪测量，每次入井前均做好地面及井口测试，确保下入井底正常工作，并且使用与 P 井的同一套仪器，减少因仪器不同而造成的系统误差。

(3) 因两口井的补心高不同，对 P 井所下入的油管长度和井口高度准确丈量和记录，保证两口井仪器在下入井下后，测量距离的准确性。在 P 井下入油管过程中，油管和钻杆有区别，注意人身安全，防止对信号线和仪器的损坏。

(4) 为保证 SAGD 水平井 I 井在水平段开始就能与已完钻的 P 井的轨迹平行，垂向距离始终控制在 5±0.5m，I 井在钻进至井斜 60°以前把方位调整好，并且调整好钻具入靶姿态，避免因钻近 A 靶时，受到 P 井套管的影响，而无法调整方位。

(5) 为了避免受 P 井套管影响，造成 I 井轨迹误差，磁导向探管提前下入到 P 井井斜 50°~60°位置，I 井钻具组合中接入磁接头，通过磁导向仪器测得的两井间距，验证 MWD 仪器测量轨迹。

(6) 随时做好待钻井眼设计，控制好工具面，避免出现较大的全角变化率。确保井眼圆滑，并始终贴近设计轨迹运行，井斜角在 60°前，方位等数据调整到与设计吻合，之后工具面控制在高边左右，距离靶点 A 约 60m 井段，只增加井斜而不再调整方位，避免了该井段方位因受 P 井技套的干扰而给施工带来的误导，确保 I 井着陆后方位的准确性。

(7) 确保 I 井的钻具丈量准确，磁源所在钻具的位置，以及仪器探管的送入位置准确。

(8) 通过磁定位仪器，计算 I 井和 P 井空间距离，指引 I 井施工，以及对井斜和方位的校验，确保两口井保持垂向平行，空间距离控制在 5±0.5m。

（9）合理选择水平段螺杆钻具，既要保证定向调整轨迹工具的能力，也要在复合钻进时，具有良好的稳斜效果，使轨迹平滑顺畅，和 P 井保持同一方向。在测量时，根据轨迹需要，为保障两口井的轨迹平滑，加密测量，必要时每钻进 3m 测量一次。

3.4.6 着陆的精确测量与应用技术

3.4.6.1 着陆控制的精确测量

SAGD 水平井要达到预期的高采收率，必须对注汽井和生产井有严格的控制要求，要求 2 口井的距离误差满足工程设计的要求，并且尽可能使 2 口井的水平段始端距离最大。如果两口井的水平段始端距离过近，高温蒸汽从井口注入注汽井后，首先通过水平段始端，此时温度最高，最容易发生气窜，注采井容易过早形成热联通，影响采收率。一般采用"P 下 I 上"的入靶原则，尽量扩大注采井垂向距离。要确保两口井的控制距离，就需要采用高精度的随钻测量仪器，确保在没有磁干扰情况下的井斜和方位的精度。

普通的油气水平井井眼轨迹控制不能有效的消除误差，由于误差的累积测量仪器无法满足这样的精度要求，随着井眼的加深，误差放大，故根本原因在于轨迹是实行开环控制，误差累计放大所致。所有的仪器都存在自身允许的精度误差，这主要受仪器加工制造工艺技术和材料等诸多因素影响，制造工艺越先进、材料性能越完善，仪器的测量误差也越小。

表 3.5 列出了不同测量仪器的测量精度，因此在 SAGD 水平井施工过程中要选用高精度的随钻测量仪器对井眼轨迹进行实时监测。要不断计算分析已钻井眼造斜率，看现用造斜工具是否满足井眼造斜要求；测量数据时要及时预测井底数据，判断井眼轨迹走向；要根据已钻井眼轨迹设计待钻井眼，保证待钻井眼轨迹能够顺利中靶；钻进过程中要选择合适的钻进方式，多复合少定向，加快机械钻速；钻井过程中根据井下情况不断调整钻井参数。

表 3.5 不同测量仪器测量精度

序号	仪器类型	井斜角	方位角	工具面角
1	海蓝 YST-48R	±0.1°	±1°	±1°
2	电磁波 ZTS-42AP	±0.2°	±1.5°	±2°
3	GE-MWD	±0.1°	±0.25°	±0.25°
4	普利门 P-MWD	±0.5°	±1°	±1.5°
5	COMPASSEM-MWD	±0.1°	±1°	±0.5°
6	哈里伯顿 FEWD	±0.2°	±1°	±1.5°
7	恒泰 MWD	±0.2°	±1°	±1.5°

由于 SAGD 水平井的井口距离为 20m 左右，因此在井口位置两井眼之间的磁干扰较小，但随着井深的增加，在 I 井井斜为 60°左右时，两井眼空间距离仅为 6~7m，此时 P 井的套管产生的磁场会对 I 井随钻测量仪器产生影响，因此在造斜段引入磁导向系统，通过

测量安装在钻头附近随钻头旋转的永磁体产生的磁场矢量,来计算确定两井的相对空间位置,将井眼轨迹控制在设计目标靶窗范围内,从而有效地解决在稠油水平钻井施工中的轨迹偏移问题。

3.4.6.2 造斜段磁导向技术

磁导向技术造斜段介入过程主要是 SAGD 水平井 I 井钻进至井斜 60°左右,此时在钻具组合中接入磁导向系统,在 I 井套管内测量 P 井空间距离,实时引导 I 井钻进,在造斜段 ϕ311.2mm 井眼中下入 ϕ203mm 强磁接头,配合磁导向仪器,实现造斜段套管内磁导向引导钻进。在造斜段磁导向施工中预先将磁导向探管下入到 P 井井斜约 60°的位置,I 井钻进至对应井深后,此时两井中心距约为 7~8m,仪器探管接收强磁接头旋转产生的交变磁场信号,通过计算得出两井平面偏差,从而做出及时的方位调整,使两井在 A 点处平面偏差在 1m 以内,三开进行水平段钻进时避免了长井段的调整方位,微调控制垂距和平面偏移即可,提高轨迹精度和工作效率。2013 年有 13 组 SAGD 水平井组均使用了该技术,效果良好,大大地减少了三开水平段的方位调整,从而进一步缩短了钻井周期。

在 FHW325P/I 井组中应用了造斜段磁导向技术,在 FHW325UI 井内下入磁源,钻具组合为:ϕ311.2mm 钻头+ϕ203mm 强磁接头+5LZ197mm 弯螺杆(2°)+ϕ165mmMWD 短节+ϕ127mm 无磁钻杆(2 根)+ϕ127mm 加重钻杆(37 根)+ϕ127mm 斜坡钻杆。

MGWD 磁导向探管提前下入到 FHW325UP 井井深 314m 位置等候磁源,井斜 55.57°,方位 264.09°,垂深 287.28m,位移 79.74m。I 井井深钻进至 275m(磁接头位置),预测井斜 39.47°,方位 263.75°,垂深 262.69m,位移 52.39m。初步检测到磁接头信号,信号幅度逐渐加强,通过 MWD 数据计算,此时磁接头与探管距离为 24.65m。I 井井深钻进至 289m,预测井斜 42.07°,方位 263.10°,垂深 273.69m,位移 61.01m。磁信号强度增大至约 500nT(图 3.15),此时磁接头已接近探管正上方,通过 MWD 数据计算距离约为 14m。

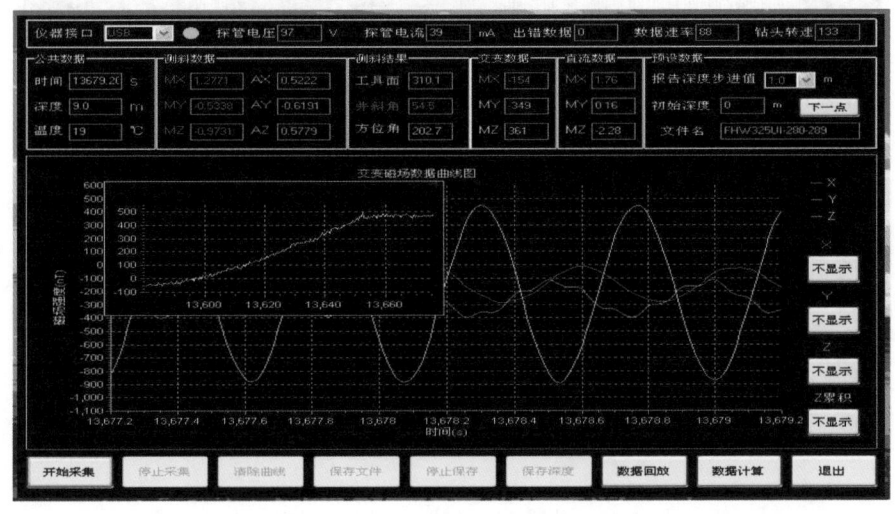

图 3.15　井段 280~289m 数据采集图

I井井深钻进至298m,钻进过程中,MGWD仪器数据采集出现一个波峰和一个波谷(图3.17),证明磁接头在井段289~298m穿过探管上方,信号强度值500~600nT。预测295m,井斜43.84°,方位263.19°,垂深278.1m,位移65.06m,MWD数据计算距离约为9.18m。实际计算结果为中心距8.9m,垂距8.88m,平面偏移+0.5m(即I井在P井的左侧,图3.19)。

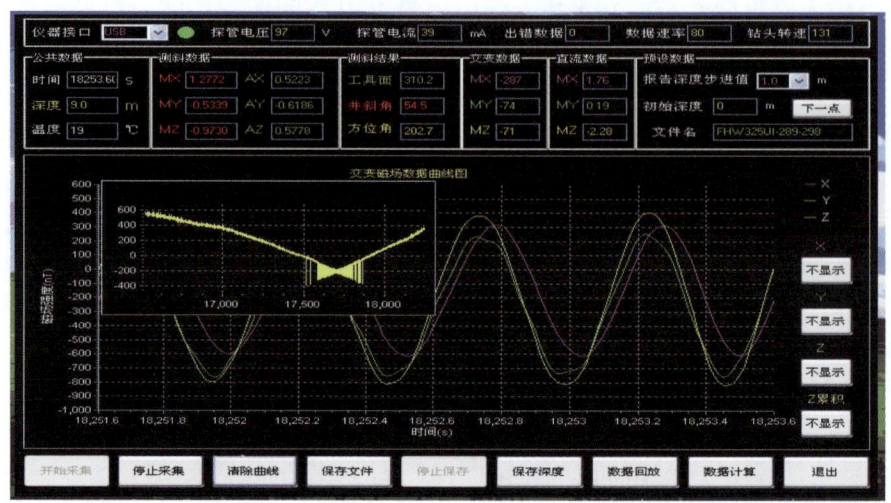

图3.16 井段289~298m钻进中数据采集图

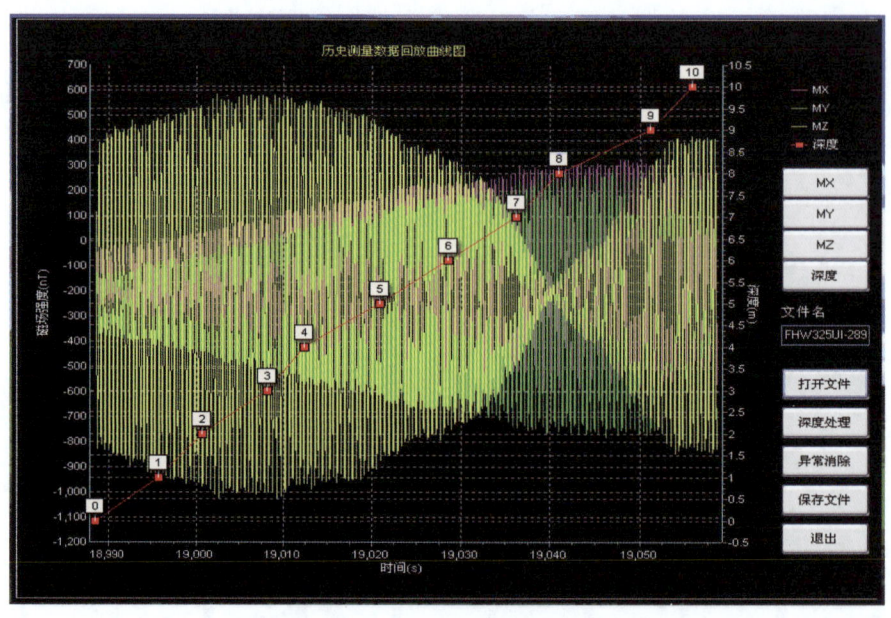

图3.17 井段289~298m测量数据图回放

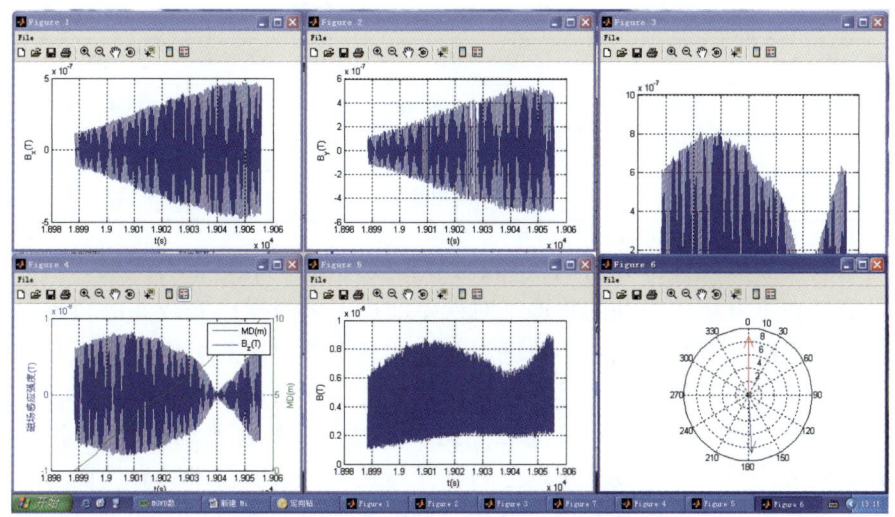

图 3.18　井段 289~298m 计算结果图

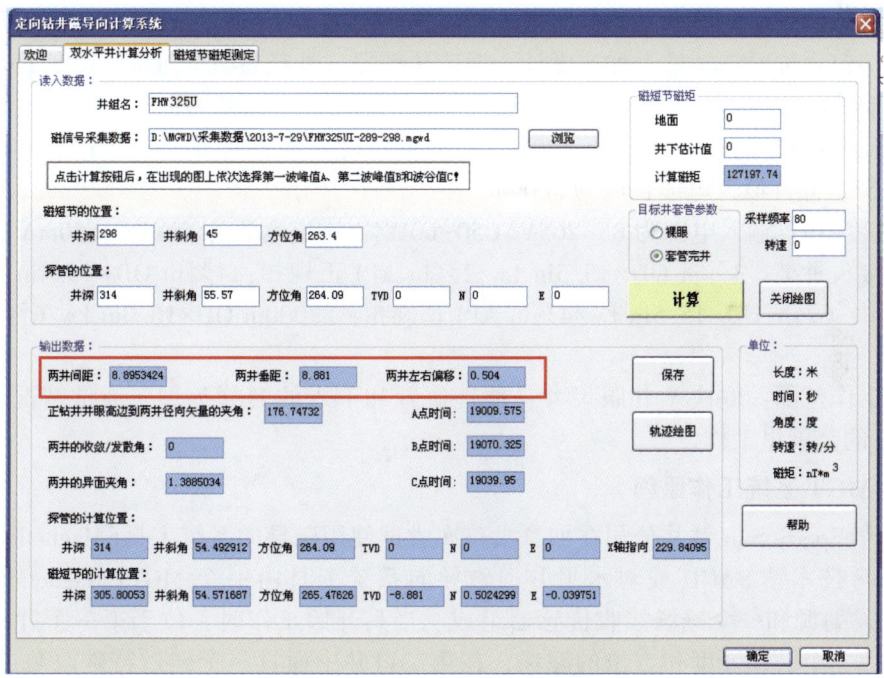

图 3.19　井段 289~298m 计算数据

3.5　稠油井水平段轨迹精细控制技术

3.5.1　磁导向系统工作原理

目前，投入现场使用的磁导向系统有 MGT 和 RMRS（Rotating Magnet Ranging System）两种，其使用精度见表 3.6。

表 3.6 MGT/RMRS 磁导向系统精度表

测量距离(m)	MGT	RMRS
5~10	2%(0.1~0.2m)	5%(0.25~0.5m)
10~25	5%(0.5~1.25m)	5%(0.5~1.25m)
25~50	超出测量范围	5%(1.25~2.50m)

磁导向系统主要由硬件部分(探管、磁短节和接口箱)和软件部分组成。磁导向测量系统的优点是能够在不考虑完成井的轨迹绝对误差前提下,根据已完成井的轨迹,对待钻井的轨迹实行闭环控制,以有效地减小轨迹误差,达到设计要求。可以直接探测钻头到邻井的距离和方位,避免了传统测斜工具的累积误差;适用于已钻井测量段存在套管或筛管的井;系统探测数据干扰小,计算精度高磁导向系统对水平井轨迹的精确测量、控制技术,是在传统井眼轨迹测量、控制技术基础上的延伸与发展,这项技术具有性能可靠、高效率等特点。该系统在测量过程中既不存在累计误差也不受磁干扰环境的影响,因此测量数据相对较准确。

目前常用的磁导向技术主要仪器规范为:

探管:包含抗振三轴重力加速度计、温度传感器、外径 $\phi44.45mm$,长度 1.4m,通过电缆传输信号。

工作温度:85°C;工作压力:1200bar;测量精度:井斜为 0.15°,方位为 0.40°,工具面为 0.5°,允许最大电缆长度为 5000m。

地面接口箱:输入电源为 85-265VAC50-60HZ;输出电源为 48VDC,50mA。

磁性接头种类:$3\frac{7}{8}$in OD×15.5in Lw/$2\frac{7}{8}$in API 正规扣;$4\frac{3}{4}$in OD×15.4in Lw/$3\frac{1}{2}$in API 正规扣;$6\frac{3}{4}$in OD×15.5in Lw/$4\frac{1}{2}$in API 正规扣;8.000in OD×16.0in Lw/$6\frac{5}{8}$in API 正规扣。

系统工作范围:取决于井眼尺寸、地理位置和下入的套管类型,通常情况下可以在 100~250ft 的范围里工作。

3.5.1.1 MGT 系统工作原理

1993 年 Sperry Sun 钻井公司在加拿大首次尝试使用磁导向系统工具(Magnetic Guidance System Tool)技术钻 SAGD 成对水平井。磁导向系统工具由一个 MGT(Magnetic Guidance Tool)磁场发射源和一个磁场接收传感器组成。当其开始工作时,位于第一个井中的 MGT 磁场源产生一个已知强度和方位的磁场,在第二口井中通过一个经过特殊改装过的 MWD (Measure While Drilling)传感器来检测这个电磁场强度和方位,进而确定 MGT 磁场源和 MWD 接受传感器之间的距离和方位。如图 3.20 所示为位于第二口井中的 MGT 磁场源产生的磁力线和第一口井中的 MWD 接受传感器。通过 MGT 工具和 MWD 传感器之间的相对方位,而根据 MWD 测得的磁场径向和轴向强度值,能够计算出这两者之间的相对距离。

和任何测量工具一样,MGT 在实际测量中不可避免存在误差。如 MGT 电磁场总会受到套管、油管和大地磁场的轻微影响,不过这种影响可以通过地面标定进行消除。试验表明,由于 MGT 系统控制双水平井轨迹实行闭环控制,只要两井之间的距离保持在 10m 以内,精度已经达到足够要求。另一方面,由于磁场强度与距离成三次方关系,所以 MGT

测量距离的上限大约为30m。

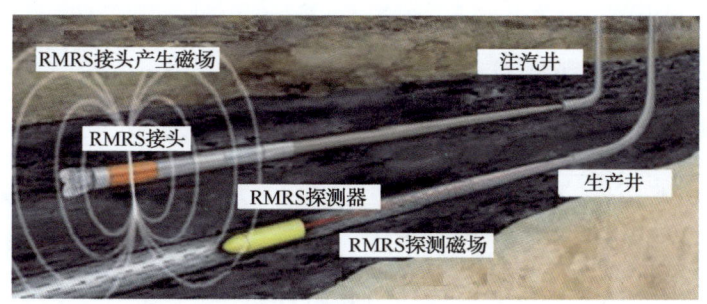

图 3.20　MGT 磁性导向工具的测量原理

3.5.1.2　RMRS 系统工作原理

RMRS 这一概念是在 1995 年提出的，随着市场的需求，RMRS 系统应运而生并且得到推广应用。该系统主要包含三部分：强磁短节、探管和计算软件。1999 年该技术得到了进一步发展并逐渐走向成熟。目前 RMRS 技术在煤层气开采、SAGD 超稠油开采、地下可溶性矿物开采、救援井等领域得到了广泛应用。

RMRS 技术的硬件包括强磁短节和探管。强磁短节的长度约为 40cm，由横行排列的多个强磁体组成，它主要用来提供一个交变的待测磁场，磁场信号的有效传播距离为 50m。探管由扶正器、传感器组件、加重杆组成，其长度约为 3m。当旋转的强磁短节通过目标井附近区域时，探管可采集强磁短节产生的磁场信号，最后通过相关软件准确计算信号源和测量仪器之间的矢量距离。RMRS 系统的最大测量范围是 70m，测量误差随着距离越近，误差越小，10m 以内的距离误差为 0.1m。RMRS 可以直接探测钻头到目标井的距离和方位，随着井深的增加不会产生累积误差，可用于 SAGD 成对水平井和连通井的井眼轨迹控制中。

无论磁性导向仪器是静态的交变磁场还是动态的旋转磁场，其原理都是将磁场信号发生源与信号测量位置耦合为一个闭环系统，通过对磁场信号的采集与处理，分析磁场信号的空间分布规律，建立数学模型进行求解运算，得出磁场信号源与测量位置的空间矢量距离，从而引导控制井眼轨迹按设计要求钻进（图 3.21）。

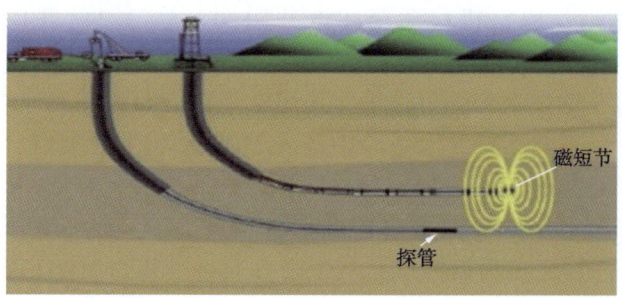

图 3.21　RMRS 在 SAGD 成对水平井中的工作原理示意图

国内研究机构对磁性导向仪器的相关工作原理进行了理论研究，2012—2013 年，西部钻探钻井工程技术研究院自主研发了磁导向仪器，西部钻探定向井技术服务公司研究了有线随钻测量仪器的相关配套工具。RMRS 探测的三轴磁场强度见图 3.22。

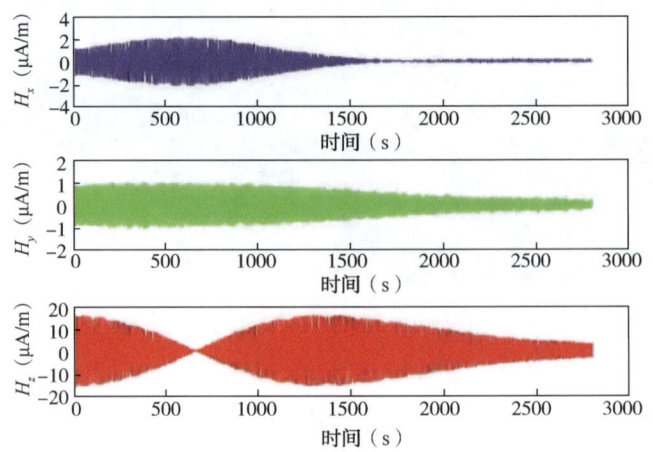

图 3.22　RMRS 探测的三轴磁场强度

3.5.2　SAGD 成对水平井磁导向钻井轨迹精细控制技术

3.5.2.1　MGT 磁导向技术

由于新疆油田 SAGD 成对水平井油层垂深小、曲率大，SAGD 成对水平井水平段垂直距离仅 5m 左右，其轨迹控制不同于常规水平井的井眼轨迹的技术要求。两井眼之间的间距精确控制须采用 MGT 等磁导向技术，以满足井眼轨迹控制精度要求。采用 MGT 轨迹控制系统，在完成上或下水平井施工后，不考虑完成井的轨迹绝对误差，根据已完成井的轨迹，对待钻井的轨迹实行闭环控制，以有效地减小轨迹误差。

为减少仪器误差和人为误差，要求一对 SAGD 水平井同钻机、同仪器、同操作人员。水平井段轨迹准确可靠、两套测量仪器互动。一般的，常规 SAGD 成对水平井磁导向钻井施工程序如下：

（1）使用 MWD 仪器进行轨迹测量和控制技术，钻位于下方的生产井（P 井，图 3.23）。

（2）生产井完钻后，原钻机移动至注汽井（I 井，图 3.24）井口坐标位置进行钻进作业。

（3）注汽井只需要钻技术套管附件等，采用常规钻机即可完成。

（4）采用小尺寸钻杆在生产井水平段中送入 MGT 磁场发射装置，每隔一定距离（20~40m）设置靶点一个（记为靶点 1#、2#、3#、…）。

（5）注汽井水平段采用磁导向轨迹控制技术钻进。下入钻具带 MGT 探测器（电缆连接），首先以生产井的 1#靶点为目标点，从生产井通过改装的 MWD 传感器获取 MGT 磁场数据，引导注汽井的钻进。

（6）注汽井钻进时，当注汽井钻进跨过生产井某个靶点时，仪器检测到的磁场强度呈纺锤形、垂向分量变化趋势呈 V 形时，注汽井停止钻进。再以 2#靶点为目标点，引导注汽井眼的钻进，完成轨迹的精细控制。

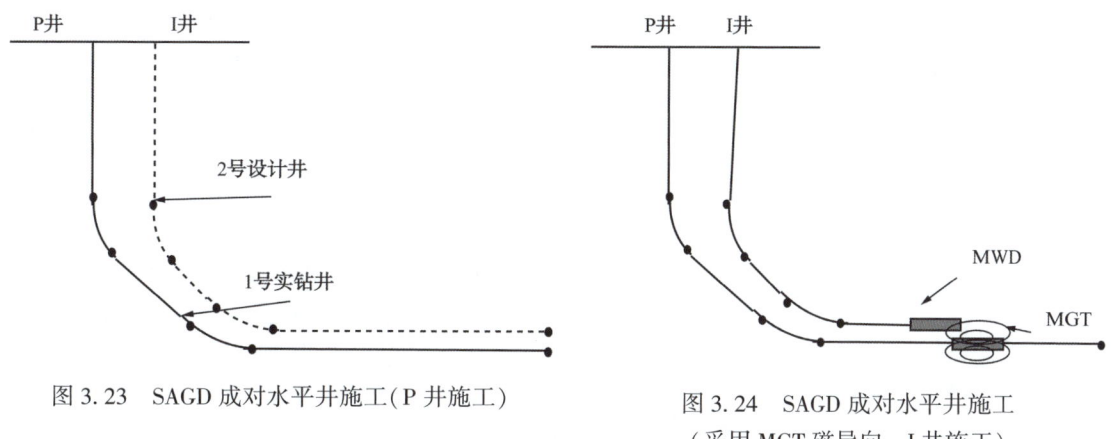

图 3.23 SAGD 成对水平井施工(P 井施工)

图 3.24 SAGD 成对水平井施工
(采用 MGT 磁导向,I 井施工)

(7) 重复上述过程,直至完成注汽井水平段的钻进。

轨迹需要调整时,利用 MWD 的工具面参数,通过滑动钻进的方式,实时的纠正,以调整生产井的井斜角及方位角,实现注汽井跟随生产井钻进。在完成一个目标点的跟踪监测校验后,再依次往前推进,以此完成注汽井水平段的钻进。这样,传统的水平井地质靶窗要求在注汽井的水平段钻进就显得不重要了,只要控制两井井眼轨迹的相对误差在一定范围内即可。可见,SAGD 成对水平井轨迹的精确测量、控制技术,是在传统井眼轨迹测量、控制技术基础上的延伸与发展(图 3.25)。

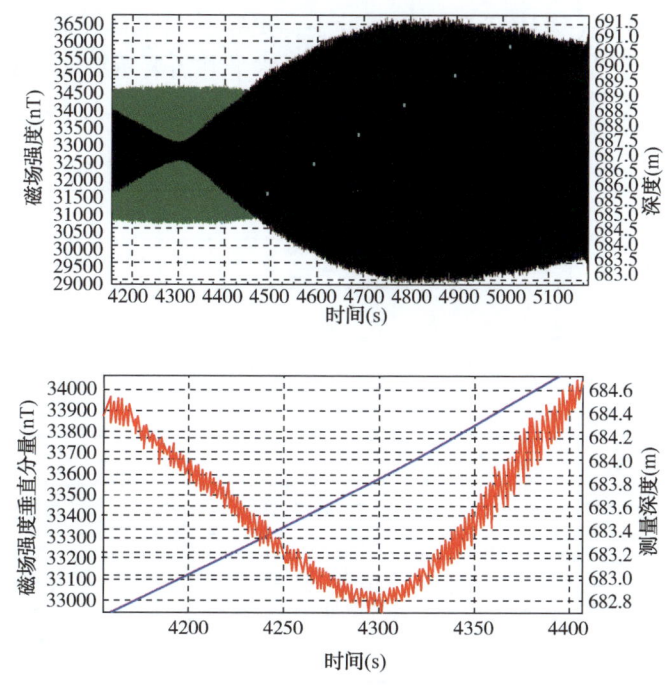

图 3.25 SAGD 成对水平井磁导向施工关键技术原理

3.5.2.2 RMRS 磁导向技术

检测 RMRS 信号的探管放置在已钻井中,随着钻头和磁短节开始旋转钻进,探管实时记录由旋转磁短节产生的三轴变化磁场强度。当旋转磁短节经过探管时，磁场强度轴向分量(Hz)的振幅会出现1个最小值和2个最大值。2个轴向磁场强度分量振幅最大值间的距离等于正钻井到已钻井的间距。2个振幅最大值的相对大小也是正钻井钻向已钻井或钻离已钻井的指示器。当前一时刻轴向磁场强度分量振幅最大值大于后一时刻的振幅最大值时，表明钻头钻离已钻井；反之，当前一时刻轴向磁场强度分量振幅最大值小于后一时刻的振幅最大值时，表明钻头钻向已钻井。理想测距结果的获得需要测得包含2个完整振幅最大值的数据。图3.26为SAGD成对水平井施工(采用RMRS磁导向，I井施工)。

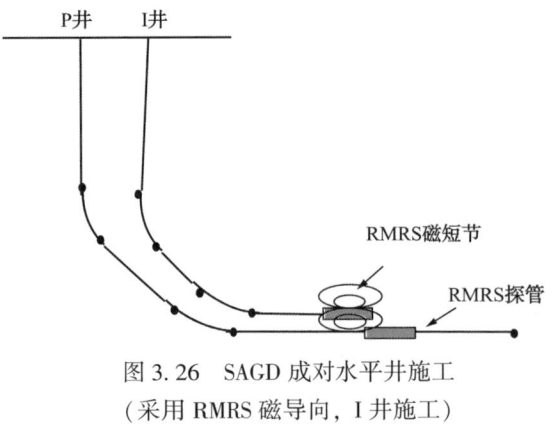

图3.26 SAGD成对水平井施工
（采用RMRS磁导向，I井施工）

3.5.2.3 两种磁导向探测工具的优点

目前，用于SAGD成对水平井间距探测的工具有MGT和RMRS，技术规范见表3.7。MGT和RMRS都可以直接探测钻头到目标井的距离和方位，不会产生传统测斜工具的累积误差。虽然国外有95%的SAGD成对水平井都采用MGT来控制注入井与生产井的间距，而且MGT还具有以下技术优势：(1)应用MGT可以很方便地探测正钻井水平段任意一点到已钻井水平段的间距；(2)MGT探测数据量小，更容易与电磁传输技术相结合；(3)需要重复测量时，MGT更方便；(4)如果SAGD成对水平井需要重钻时，MGT可以在注过蒸汽的地层正常工作。

表3.7 RMRS和MGT的技术规范

项目	RMRS	MGT
工具外径(mm)	44.5	50.8
长度(m)	4.9	2.5
适用井眼直径(mm)	—	>98.4
极限工作温度(℃)	140	85
最大工作压力(MPa)	103	103
5~15m的测量精度(%)	2~4	5
15~25m的测量精度(%)	5	5
25m以上的测量精度(%)	超出测量范围	5
最大测量距离(m)	25	80

但是，RMRS有MGT无法取代的以下几个技术优势：(1)RMRS磁短节直接与钻头相接，而MGT探测磁信号的工具距钻头10m以上，因此RMRS的测量结果能更精确地反映钻头相对已钻井的位置；(2)RMRS测量过程中无需停钻，节省了综合钻井时间；

(3) RMRS 不仅可以探测 2 口平行水平井的间距和方位，而且还可以探测钻头到靶点的距离和方位(即 RMRS 不仅可以用于 SAGD 成对水平井井眼轨迹控制，而且还可以用于连通井的井眼轨迹控制)。

3.5.3 SAGD 注汽井纠偏轨道设计

事实上，在钻进上部注汽井水平段的过程中，磁导向系统和 MWD 是同时使用的。当前井底坐标是根据磁导向系统测量结果计算获得，而当前井底的井斜角和方位角依旧由 MWD 测量获得。MWD 测量的井斜角可以作为准确值使用，但是由于磁短节和下部生产井套管的存在，MWD 测量受到很强的磁干扰，使得该工具测量的方位角偏差严重，不能直接用于指导钻进。这就要求我们通过其他方法获取尽可能准确地正钻井井斜方位数据，指导井眼正常钻进。

3.5.3.1 注汽井当前井底参数计算

(1) 当前测点处两井偏移的拟合。

理论上，在获得多个井深处的垂直距离和左右偏移之后，可以插值计算出近似准确的当前井底处井斜和方位；但事实上，由于旋转磁场测距导向系统测量的垂直距离及左右偏移都存在一定的误差，不能将其当作准确值进行插值计算。更为合适的做法是用多项式分别拟合垂直距离和左右偏移与磁短节测深的关系式。在进行多项式拟合时，首要的问题是确定拟合多项式的阶数。拟合多项式的阶数与拟合数据的数量及分布形态紧密相关，这就要求我们选择合适数量的拟合数据，以期得到尽可能准确的拟合结果。当拟合数据比较多并且趋势线上出现多个极值时，拟合多项式的阶数随之增大。这时候，即便高次的拟合多项式也难以准确拟合整个数据系列，导致对最后一个磁短节测深处的拟合可能出现很大偏差。事实上，当数据量较大时，能否准确获取目标井深处，也就是最后一个磁短节测深处的井眼位置和方向主要取决于对靠近该井深处的测量数据的拟合是否精确，而远离该井深处的测量数据对其影响有限。这种情况下，如果舍弃远离目标井深的测量数据，只对靠近目标井深处的测量数据进行拟合，不仅能降低拟合阶数，而且能提高拟合精度。

在选择合适的拟合数据数量之后，还要人为改变拟合阶数，以确定较为合适的拟合阶数。另外，在选择的拟合数据之中，有时候会出现一些远离总体变化趋势的数据点，应该将这些数据点排除之后再进行拟合计算。

得到拟合多项式之后，代入最后一个磁短节测深得到该深度下下方生产井相对于上方注汽井的垂直距离和左右偏移，在最后一个磁短节测深处分别将垂直距离和左右偏移对磁短节测深求导，得到该磁短节测深下下方生产井相对于上方注汽井的汇聚/发散角(生产井井斜与注汽井井斜的差值，大于零时为收敛，小于零时为发散)和异面角(以注汽井方位为始边，顺时针转到生产井方位所转过的角度)。

(2) 注汽井测点参数计算。

上面拟合得到了最后一个磁短节测深处的两井的垂直偏差、水平偏移、汇聚/发散角以及异面角。探管处，即下方生产井的三维坐标、井斜和方位都是已知的，因此可以由以上数据得到注汽井测点处的坐标、井斜和方位。图 3.27 为 RMRS 测量偏差示意图。

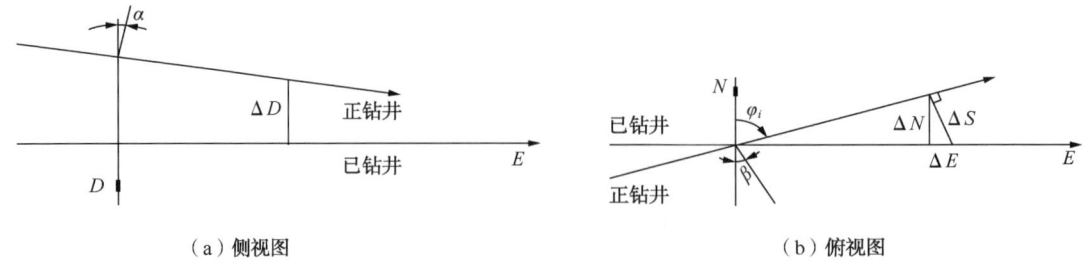

（a）侧视图　　　　　　　　　　　　（b）俯视图

图 3.27　RMRS 测量偏差示意图

图 3.27 中，α 为汇聚角；β 为异面角；ΔD 为垂直偏差；ΔS 为水平偏差。以下为由探管井斜、方位和坐标求注汽井上最后一个测点处井斜、方位和坐标的计算过程：

$$\alpha_i = \alpha_P - \alpha \tag{3.50}$$

$$\varphi_i = \varphi_P - \beta \tag{3.51}$$

$$\Delta N = -\Delta S \times \sin\varphi_i \tag{3.52}$$

$$\Delta E = \Delta S \times \cos\varphi_i \tag{3.53}$$

$$D_{vi} = D_{vP} - \Delta D_v \tag{3.54}$$

$$N_i = N_P - \Delta N \tag{3.55}$$

$$E_i = E_P - \Delta E \tag{3.56}$$

式中：α_P 为最近一次测量时生产井探管处的井斜；α 为汇聚/发散角；α_i 为注汽井磁短节测点处的井斜角；φ_P 为最近一次测量时探管处的方位角；β 为异面角；φ_i 为生产井探管处的方位角；ΔS 为生产井探管测点相对于注汽井磁短节测点的水平偏移；ΔN 为注汽井磁短节测点相对于生产井探管测点的北偏移；ΔE 为注汽井磁短节测点相对于生产井探管测点的东偏移；D_{vP} 为生产井探管测点处的垂直深度；ΔD_v 为生产井探管测点相对于注汽井磁短节测点的垂直偏差；D_{vi} 为注汽井磁短节测点处的垂直深度；N_P 为生产井探管测点的北坐标；N_i 为注汽井磁短节测点的北坐标；E_P 为生产井探管测点的东坐标；E_i 为注汽井磁短节测点的东坐标。

（3）注汽井井底参数计算。

由于磁短节距离钻头有一段距离，且在生产井中探管保持静止的情况下，磁短节随钻头以近似均匀的速度前进一段距离，使得生产井中的探管至少探测到一个完整波形的磁场强度数据，而计算得出的距离参数是探管对应于波形中点的注汽井井深的距离，故磁短节的实际井深要比磁短节测点井深深半个波形对应的井眼长度，该注汽井磁短节测点离井底仍有一定距离，需要外推到井底处的坐标、井斜和方位。以下为外推得到注汽井当前井底坐标、井斜和方位的算法。

$$\Delta\varphi = \arctan\left(\frac{\sin\gamma\sin\omega}{\sin\alpha_i\cos\gamma + \cos\alpha_i\sin\gamma\cos\omega}\right) \tag{3.57}$$

$$\alpha_{\text{bit}} = \arccos(\cos\alpha_i\cos\gamma - \sin\alpha_i\sin\gamma\cos\omega) \tag{3.58}$$

$$\phi_{\text{bit}} = \phi_i + \Delta\varphi \tag{3.59}$$

$$\Delta D_v' = L\cos\frac{\alpha_i + \alpha_{\text{bit}}}{2} \tag{3.60}$$

$$\Delta N' = L\sin\left(\frac{\alpha_i + \alpha_{\text{bit}}}{2}\right)\cos\left(\frac{\phi_i + \phi_{\text{bit}}}{2}\right) \tag{3.61}$$

$$\Delta E' = L\sin\left(\frac{\alpha_i + \alpha_{\text{bit}}}{2}\right)\sin\left(\frac{\phi_i + \phi_{\text{bit}}}{2}\right) \tag{3.62}$$

$$D_{v\text{-bit}} = D_{vi} + \Delta D_v' \tag{3.63}$$

$$N_{\text{bit}} = N_i + \Delta N' \tag{3.64}$$

$$E_{\text{bit}} = E_i + \Delta E' \tag{3.65}$$

式中：γ 为注汽井磁短节测点处到井底间的狗腿度；ω 为钻进该井段时的工具面角；α_i 磁短节测点的井斜角；φ_i 为磁短节测点的方位角；α_{bit} 为井底钻头处的井斜角；$\Delta\phi$ 为井底相对于磁短节测点的方位增量；φ_{bit} 为井底处的方位角；L 为磁短节测点到井底的井段长度；$\Delta D_v'$ 为井底相对于磁短节测点的垂深增量；$\Delta N'$ 为井底相对于磁短节测点的北坐标增量；$\Delta E'$ 为井底相对于磁短节测点的东坐标增量；D_{vi} 为磁短节测点处的垂直深度；N_i 为磁短节测点的北坐标；E_i 为磁短节测点的东坐标；$D_{v\text{-bit}}$ 为井底的垂直深度；N_{bit} 为井底的北坐标；E_{bit} 为井底的东坐标。

3.5.3.2 纠偏目标点的确定

在 SAGD 双水平井设计中，注汽井的水平段总是在生产井水平段的正上方，且二者相互平行，因此钻进注汽井水平段时的纠偏目标点容易获取，只需要将生产井测点系列的井斜、方位、东坐标和北坐标均保持不变，将垂深上移 5m 即可作为纠偏目标点系列，即：

$$D_t = D_P - 5 \tag{3.66}$$

$$N_t = N_P \tag{3.67}$$

$$E_t = E_P \tag{3.68}$$

$$\alpha_t = \alpha_P \tag{3.69}$$

$$\phi_t = \phi_P \tag{3.70}$$

式中：D_P、N_P 和 E_P 分别为生产井测斜点的垂深、北坐标和东坐标；α_P 和 φ_P 分别为生产井测斜点的井斜和方位；D_t、N_t 和 E_t 分别为注汽井纠偏目标点处的垂深、北坐标和东坐标；α_t 和 φ_t 分别为注汽井纠偏目标点处的井斜和方位。

在造斜段，注汽井和生产井设计轨道的距离不像水平段一样为一个定值；另外，注汽井和生产井有时候设计进行扭方位操作，即二者均为三维井段，水平投影可能不重合。这就导致纠偏目标点无论是井斜、方位，还是三维坐标都不像水平段一样容易获得。此时，就要先对 SAGD 双水平井设计轨道进行距离扫描，确定两口井设计轨道之间的空间关系，再确定与实钻生产井轨迹满足该空间关系的注汽井轨迹，设计纠偏轨道时就是以该轨迹上的点为纠偏目标点。

在造斜段进行纠偏的时候，目标点的坐标和井斜及方位确定方法如下：

$$\alpha_t = \alpha_P - (\alpha_P' - \alpha_t') \tag{3.71}$$

$$\phi_t = \phi_P - (\phi_P' - \phi_t') \tag{3.72}$$

$$D_t = D_P - R \cdot \sin(\alpha_t) \tag{3.73}$$

$$N_t = N_P + R\cos(\alpha_t)\cos(\theta) \tag{3.74}$$

$$E_t = E_P + R \cdot \cos(\alpha_t)\sin(\theta) \tag{3.75}$$

式中：R 为以生产井为参考井、注汽井为比较井扫描得到的最近距离；α'_P 和 α'_t 分别为相应的参考点和比较点处的井斜；φ'_P 和 φ'_t 分别为相应的参考点和比较点处的方位；θ 为相对于正北方向的扫描角，称为水平扫描角。

3.5.3.3 纠偏设计

以上外推得到了正钻井井底的坐标、井斜和方位。如果这些参数偏离了其在该井深处的设计值，就可以进行纠偏设计，使得井眼尽快回到设计的轨道上来。以下是具体的设计算法，该算法是以韩志勇教授的《定向钻井设计与计算》（第二版）中的三维待钻井段轨道设计中"维数减少法"为基础的。

图3.28为三维纠偏轨道示意图。图中，P 为当前井底；t 点为纠偏目标点；R_1、R_2 分别为第一圆弧段和第二圆弧段的曲率半径；γ_1、γ_2 分别为第一圆弧段和第二圆弧段的狗腿角。

维数减少法三维待钻轨道设计步骤如下：

第一步，设定一个 Q'_2 初值，计算 f 点坐标。

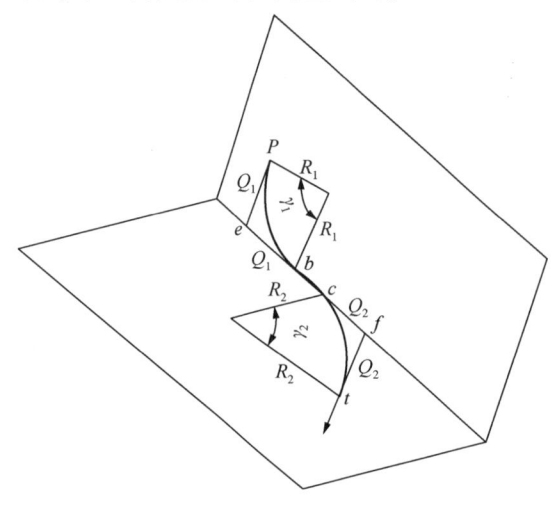

图3.28 三维纠偏轨道示意图

$$D_f = D_t - Q'_2 \cos\alpha_t \quad (3.76)$$
$$N_f = N_t - Q'_2 \sin\alpha_t \cos\phi_t \quad (3.77)$$
$$E_f = E_t - Q'_2 \sin\alpha_t \sin\phi_t \quad (3.78)$$

第二步，计算 Pf 的有关参数。

$$Pf = \sqrt{(D_t - D_f)^2 + (N_t - N_f)^2 + (E_t - E_f)^2} \quad (3.79)$$

$$\alpha_f = \arccos\frac{(D_f - D_P)}{Pf} \quad (3.80)$$

$$\left.\begin{array}{l}\phi_f = \arctan\left(\dfrac{E_f - E_P}{N_f - N_P}\right) \quad (\Delta N>0，\Delta E>0) \\[2mm] \phi_f = \arctan\left(\dfrac{E_f - E_P}{N_f - N_P}\right) + 360° \quad (\Delta N>0，\Delta E<0) \\[2mm] \phi_f = \arctan\left(\dfrac{E_f - E_P}{N_f - N_P}\right) + 180° \quad (\Delta N<0)\end{array}\right\} \quad (3.81)$$

$$\cos\gamma_f = \cos\alpha_P \sin\alpha_f + \sin\alpha_P \sin\alpha_f \cos(\phi_f - \phi_P) \quad (3.82)$$

$$\cos\omega = \frac{\sin\alpha_f \cos(\phi_f - \phi_P) - \sin\alpha_P \cos\gamma_f}{\sin\gamma_f \cos\alpha_P} \quad (3.83)$$

这一步中，在计算方位角和狗腿角时，进行了修正。

第三步，计算 c 点有关参数。

$$A = Pf \cdot \cos\gamma_f \quad (3.84)$$
$$B = Pf \cdot \sin\gamma_f \quad (3.85)$$

$$\Delta L_{cf} = \sqrt{A^2 + B^2 - 2R_1 B} \tag{3.86}$$

$$\Delta L_w = \Delta L_{cf} - Q_2' \tag{3.87}$$

$$\gamma_1 = 2\arctan\frac{A - \Delta L_{cf}}{2R_1 - B} \tag{3.88}$$

$$\cos\alpha_c = \cos\alpha_P \cos\gamma_1 - \sin\alpha_P \sin\gamma_1 \cos\omega \tag{3.89}$$

$$\alpha_c = \arccos(\cos\alpha_P \cos\gamma_1 - \sin\alpha_P \sin\gamma_1 \cos\omega) \tag{3.90}$$

$$\phi_c = \phi_P \pm \arccos\left(\frac{\cos\gamma_1 - \cos\alpha_P \cos\alpha_c}{\sin\alpha_P \sin\alpha_c}\right) \tag{3.91}$$

式中：当 $\phi_f > \phi_P$ 时取"+"；当 $\phi_f < \phi_P$ 时取"-"。

第四步，计算第二圆弧段有关参数。

$$\cos\gamma_2 = \cos\alpha_c \cos\alpha_t + \sin\alpha_c \sin\alpha_t \cos(\phi_t - \phi_c) \tag{3.92}$$

则有：

$$\gamma_2 = \arccos[\cos\alpha_c \cos\alpha_t + \sin\alpha_c \sin\alpha_t \cos(\phi_t - \phi_c)] \tag{3.93}$$

$$Q_2 = R_2 \tan\left(\frac{\gamma_2}{2}\right) \tag{3.94}$$

第五步，比较 Q_2 和 Q_2'。如果二者之间的误差在允许范围内，则计算完成，转入节点计算和分点计算；否则，令 $Q_2' = Q_2$，转入第一步重新计算。

第三步中给出了 c 点的井斜和方位，由于 bc 为直线段，因此：

$$\alpha_b = \alpha_c \tag{3.95}$$

$$\phi_b = \phi_c \tag{3.96}$$

第一段圆弧的长度为

$$L_1 = \gamma_1 R_1 \tag{3.97}$$

至此第一圆弧段的狗腿度、长度、起点 P 的坐标、井斜、方位及终点 b 的坐标、井斜和方位均为已知。该斜面圆弧井段的分点计算可根据该斜面圆弧的始点 P 和终点 b 的参数以及圆弧曲率半径 R_1，按照如下公式进行。

给定任一分点 i 距离上端点 P 的井段长度 ΔL_i，则该点的井斜角 α_i 和井斜方位角 ϕ_i 可按如下公式计算：

$$\gamma_1 = \arccos[\cos\alpha_P \cos\alpha_b + \sin\alpha_P \sin\alpha_b \cos(\phi_b - \phi_P)] \tag{3.98}$$

$$\gamma_i = \frac{\gamma_1}{\Delta L} \Delta L_i \tag{3.99}$$

$$\alpha_i = \arccos\left[\cos\alpha_P \cos\gamma_i - \frac{\sin\gamma_i}{\sin\gamma}(\cos\alpha_P \cos\gamma - \cos\alpha_b)\right] \tag{3.100}$$

$$\phi_i = \phi_P \pm \arccos\left(\frac{\cos\gamma_i - \cos\alpha_P \cos\alpha_i}{\sin\alpha_P \sin\alpha_i}\right) \tag{3.101}$$

式中：左旋扭方位时取"-"；右旋扭方位时取"+"。

其三维坐标表达式如下：

$$D_i = D_P + \lambda_M(\cos\alpha_P + \cos\alpha_i) \tag{3.102}$$

$$N_i = N_P + \lambda_M(\sin\alpha_P \cos\phi_P + \sin\alpha_i \cos\phi_i) \tag{3.103}$$

$$E_i = E_P + \lambda_M (\sin\alpha_P \sin\phi_P + \sin\alpha_i \sin\phi_i) \tag{3.104}$$

式中：

$$\lambda_M = \frac{\Delta L_i}{\gamma_i} \tan\left(\frac{\gamma_i}{2}\right) \tag{3.105}$$

式(3.105)中不带三角函数符号的 γ_i 计算中要使用弧度为单位。

则，b 点处的三维坐标为：

$$D_b = D_P + \lambda_M (\cos\alpha_P + \cos\alpha_b) \tag{3.106}$$

$$N_b = N_P + \lambda_M (\sin\alpha_P \cos\phi_P + \sin\alpha_b \cos\phi_b) \tag{3.107}$$

$$E_b = E_P + \lambda_M (\sin\alpha_P \sin\phi_P + \sin\alpha_b \sin\phi_b) \tag{3.108}$$

$$\lambda_M = \frac{\Delta L}{\gamma_1} \tan\frac{\gamma_1}{2} \tag{3.109}$$

则，c 点处的三维坐标为：

$$D_c = D_b + \Delta L_w \cdot \cos(\alpha_b) \tag{3.110}$$

$$N_c = N_b + \Delta L_w \sin\alpha_b \cos\phi_b \tag{3.111}$$

$$E_c = E_b + \Delta L_w \sin\alpha_b \sin\phi_b \tag{3.112}$$

则，第二圆弧段的钻进工具面为：

$$\cos\omega_2 = \frac{\cos\alpha_c \cos\gamma_2 - \cos\alpha_t}{\sin\gamma_2 \sin\alpha_c} \tag{3.113}$$

当 $\phi_t > \phi_c$ 时，

$$\omega_2 = \arccos \frac{\cos\alpha_c \cos\gamma_2 - \cos\alpha_t}{\sin\gamma_2 \sin\alpha_c} \tag{3.114}$$

当 $\phi_t < \phi_c$ 时，

$$\omega_2 = 2\pi - \arccos \frac{\cos\alpha_c \cos\gamma_2 - \cos\alpha_t}{\sin\gamma_2 \sin\alpha_c} \tag{3.115}$$

第二圆弧段长度为：

$$L_2 = \gamma_2 \cdot R_2 \tag{3.116}$$

与第一段圆弧段同理，也可以通过分点计算得到第二圆弧段上任一点的坐标、井斜和方位。

至此，在已知目标点坐标、井斜和方位的情况下，以上算法给出了计算纠偏轨道所有关键参数的途径。

维数减少法针对的是目标点坐标、井斜和方位确定的纠偏设计，但是在 SAGD 双水平井中的注汽井纠偏设计中，我们的目的是让注汽井尽快回到基于生产井实钻轨迹修正的注汽井应钻轨迹上，因此，无法事先给出一个确定的纠偏目标点。基于这一不同点，下面给出实现注汽井纠偏轨道设计的方法：①根据生产井的测斜点数据得到注汽井应钻轨迹上对应的测斜点测斜数据；②以其中比较靠近当前注汽井井底的一点为起始纠偏目标点，对该纠偏目标使用维数减少法进行纠偏设计。该纠偏设计有时无法得到有意义的结果，代表按给定的造斜率无法从当前井底钻到该目标点，这时候就取下一个点为纠偏目标点，继续进行纠偏设计。当能得到有意义的设计结果时，得到的纠偏轨道通常为两个圆弧段加中间的一个稳斜段。

将结果中的稳斜段长度与我们的预定稳斜段长度比较,如果在给定的误差范围内相等,则将该结果作为最终设计结果;如果二者相差较大:①如果计算出的设计稳斜段长度小于预定的长度,则将下一个点作为纠偏目标点继续进行设计;②如果计算出的设计稳斜段长度大于预定的长度,则在当前纠偏目标点和前一个纠偏目标点之间以一定的步长进行插值,然后按该步长从当前目标点开始向前一个纠偏目标点方向顺序寻找,得到下一个纠偏目标点,再进行纠偏设计。依次进行,直到设计结果的稳斜段长度与预定稳斜段长度在一定误差范围内相等,将其作为最终设计结果。SAGD双水平井注汽井纠偏轨道设计的本质是在维数减少法的基础上的试算法。

3.6 磁导向钻井技术应用情况

截至2014年新疆油田公司共完成SAGD水平井140组,火驱水平井组5组。使用的磁导向系统主要为MGT、RMRS、RMS-I、MGWD。部分井位使用定向井有线侧斜电缆导出工具与磁导向仪器配合使用,大大提高了工作效率,见表3.8。

表3.8 2013年完成的SAGD水平井主要钻井指标表

井号	P井钻井周期(d)	P井井深(m)	I井钻井周期(d)	I井井深(m)	横向偏差/垂向间距(m)
FHW3019P/I	11.48	831	8.72	811	0.06~0.9/4.62~5.48
FHW3021P/I	13.59	777	7.08	759	0.03~0.83/4.9~5.55
FHW3014P/I	9.94	721	8.13	702	0.03~0.83/4.9~5.55
FHW3003P/I	10.19	749	8.51	730	0.43~0.93/4.54~5.56
FHW337P/I	7.73	782	9	760	0.1~0.5/4.81~6.07
FHW326P/I	9.23	858	9.68	840	0.08~0.91/4.98~5.63
FHW3125P/I	12.03	1193	9.6	1176	0.01~0.99/4.55~5.48
FHW21002P/I	7.67	708	7.52	687	0.24~1/4.45~5.24
FHW325UP/I	10.6	821	9.83	800	0.11~0.7/3.7~4.78
FHW331P/I	10.46	893	8.9	872	0.13~0.83/4.56~5.52
FHW332UP/I	10.33	971	10.64	954	0.76~0.93/4.67~5.23
FHW334P/I	13.24	974	13.13	951	0.03~0.98/4.69~5.5
FHW331UP/I	10.5	916	10.58	898	0.04~0.97/4.69~5.69
FHW21018P/I	10.06	738	8.1	719	0.15~0.98/4.72~5.75
平均	10.5	852	9.24	833	/

3.6.1 FHW3019P/I 井组钻井施工情况

FHW3019P/I 井组属于风城油田侏罗系齐古组超稠油油藏，位于重 18 井区南部 SAGD 开放区，重 18 井区是由四条断层所围的孤立断块，为重 20 井北断裂、重 1 井北断裂，重 43 井西断裂以及风重 001 井断裂。齐古组顶部构造形态为断裂切割的南倾单斜，地层倾角 5°～8°。目的层齐古组直接超覆沉积在二叠系之上，断块内八道湾组地层缺失。FHW3019P/I 井组由西部钻探井下作业公司 20947 队承钻，由西部钻探定向井技术服务公司提供井眼轨迹控制、随钻测量及磁定位技术服务。

FHW3019P 水平井一开，钻至完钻井深 64.6m 下入 ϕ339.7mm 表层套管至井深 63.6m 固井候凝。二开钻至造斜井深 104.95m，起钻下入 ϕ197mm 螺杆钻具（1.75°），定向造斜钻进至井深 391m，实钻井眼轨迹进入靶窗 A，按地质方要求二开完钻。下入 ϕ295mm 欠尺寸稳定器通井，洗井起钻，下 ϕ244.6mm 技术套管至井深 384.7m，中完固井，候凝。后钻灰塞钻套管附件下 ϕ172mm 螺杆钻具（1.25°），开始水平段钻进，钻水平段至井深 831m，按设计要求完钻。井斜 90.5°，方位 283.46°，垂深 290.04m，水平位移 620.94m。纯钻时间 34.5h，进尺 440m，平均机械钻速 12.75m/h。

FHW3019I 水平井一开至完钻井深 57.14m 下入 ϕ339.7mm 表层套管至井深 56.84m 固井候凝。二开钻至造斜井深 111.52m 起钻，下入 ϕ197mm 螺杆钻具（2°）定向造斜，钻进至井深 371m，实钻井眼轨迹进入 A 靶窗，按地质方要求二开完钻，进入中完作业。下入 ϕ295mm 欠尺寸稳定器通井，洗井起钻，下 ϕ244.6mm 技术套管至井深 368.66m，中完固井。下 ϕ172mm 螺杆钻具（1.25°），开始水平段钻进，钻至井深 811m，按设计要求完钻，完钻井斜 89.8°，方位 283.45°，垂深 285.15m，水平位移 599.79m。纯钻时间 31h，进尺 440m，平均机械钻速 14.19m/h。

3.6.2 FHW3019 井钻具组合

（1）FHW3019P 井钻具组合见表 3.9。

表 3.9 FHW3019P 井钻具组合

开钻次序	井眼尺寸(mm)	井深(m)	钻具组合
一开	444.50	60.00	ϕ444.5mm 钻头+ϕ177.80mm 钻铤
二开	311.2	385.74	ϕ311.2mm 钻头+ϕ197mm 螺杆钻具（1.75°）+配合接头（631×410）+ϕ165mmMWD 定向接头+ϕ127mm 无磁承压钻杆（1 根）+ϕ127mm 加重钻杆（14 根）+ϕ127mm 斜坡钻杆
三开	215.90	825.75	ϕ215.9mm 钻头+ϕ172mm 螺杆钻具（1.25°）+ϕ165mmMWD 定向接头+ϕ127mm 无磁承压钻杆+ϕ127mm 斜坡钻杆（56 根）+ϕ127mm 加重钻杆（20 根）+ϕ127mm 斜坡钻杆

(2) FHW3019I 井钻具组合见表 3.10。

表 3.10　FHW3019I 井钻具组合

开钻次序	井眼尺寸(mm)	井深(m)	钻具组合
一开	444.50	60.00	φ444.5mm 钻头+φ177.80mm 钻铤
二开	311.2	367.19	φ311.2mm 钻头+φ197mm 螺杆钻具(2°)+配合接头(631×410)+φ165mmMWD 定向接头+φ127mm 无磁承压钻杆(1 根)+φ127mm 加重钻杆(16 根)+φ127mm 斜坡钻杆
三开	215.90	807.20	φ215.9mm 钻头+磁接头+φ172mm 螺杆钻具(1.25°)+φ127mm 无磁承压钻杆+φ165mmMWD 定向接头+φ127mm 无磁承压钻杆(1 根)+φ127mm 斜坡钻杆(56 根)+φ127mm 加重钻杆(20 根)+φ127mm 斜坡钻杆

3.6.3　FHW3019 井磁定位导向

下油管送入磁源接好仪器至 FHW3019P 中,使用电缆线穿过油管,钻完一根钻杆下三根油管始终保持提前测量钻头位置,磁定位仪下入适当位置后开始 I 井的水平段施工。在井眼轨迹控制上,钻 SAGD 水平井的关键在于两口井水平段轨迹平行的控制,在 SAGD 水平井施工中,将磁定位探管下入已钻完的 P 井眼内,正钻进的井眼中磁接头产生交变磁场,探管探测交变磁场并将之传输到地面计算机软件。用油管将磁源接收器放至FHW3019P 井中,由电缆传输信号。下入磁源接头,磁源接头连接在螺杆钻具与钻头之间,螺杆钻具与转盘高速旋转产生交变磁场,P 井接收磁源信号,并将信号通过电缆传输到地面,通过软件分析推算出正钻进中钻头位置相对于已钻完井眼的相对位移和垂距,定向井工程师通过分析上述数据来调整正在钻进的井眼轨迹。在施工中,FHW3019P 井中的磁源接收器每次放至 I 井磁接头前 10m 位置,引导 I 井的井眼轨迹平行控制,当钻完 10m后将 P 井磁接收器下入 10m,始终保持 10m 的引导距离。施工中为保持控制精度,每10mMWD 和磁导向测量一次,及时调整轨迹,确保了两井的平行。

3.6.4　FHW3019P/I 井组技术指标

(1) FHW3019P 水平井主要技术指标见表 3.11。

表 3.11　FHW3019P 水平井主要技术指标

序号	名称	设计数据	实钻数据
1	井深(m)	830.35	831.00
2	垂深(m)	290.05	290.04
3	造斜井深(m)	109.55	105
4	造斜段长(m)	280.79	286.72
5	水平位移(m)	619.73	620.94
6	水平段长(m)	440.01	440.00

续表

序号	名称	设计数据	实钻数据
7	最大井斜(°)	90	91.78
8	平均造斜率(°/30m)	10.9	9.41
9	闭合方位(°)	283.24	283.46

注：以上数据含补心高4.6m，地面海拔按347.95m计算。

（2）FHW3019I水平井主要技术指标见表3.12。

表3.12　FHW3019I水平井主要技术指标

序号	名称	设计数据	实钻数据
1	井深(m)	811.80	811
2	垂深(m)	285.17	285.15
3	造斜井深(m)	111.52	105
4	造斜段长(m)	260.27	266.00
5	水平位移(m)	598.67	599.79
6	水平段长(m)	440.01	440.00
7	最大井斜(°)	90	89.8
9	平均造斜率(°/30m)	10.40	11.27
10	闭合方位(°)	283.24	283.45

注：以上数据含补心高4.6m，地面海拔按348.07m计算。

3.6.5　FHW3019P/I井组实钻轨迹效果

由FHW3019P/I井组主要技术指标可以看出，该组SAGD水平井钻井轨迹符合设计要求，见图3.29。由图3.29~图3.33可以看出，P、I两井井眼轨迹走向基本一致，两井井眼间垂向距离变化最大为5.48m，垂向最小距离为4.45m。最小平面偏差0.06m，最大平面偏差0.9m。防碰扫描计算结果表明，二者轨迹基本吻合，该井组达到施工设计要求，满足设计精度。

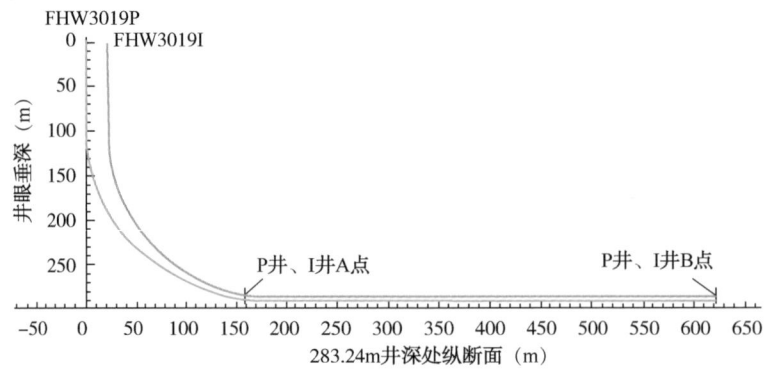

图3.29　FHW3019井组实钻轨迹垂直投影图

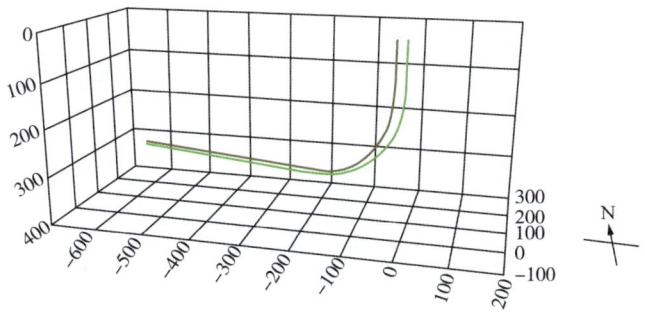

图 3.30　FHW3019 井组实钻轨迹三维立体图

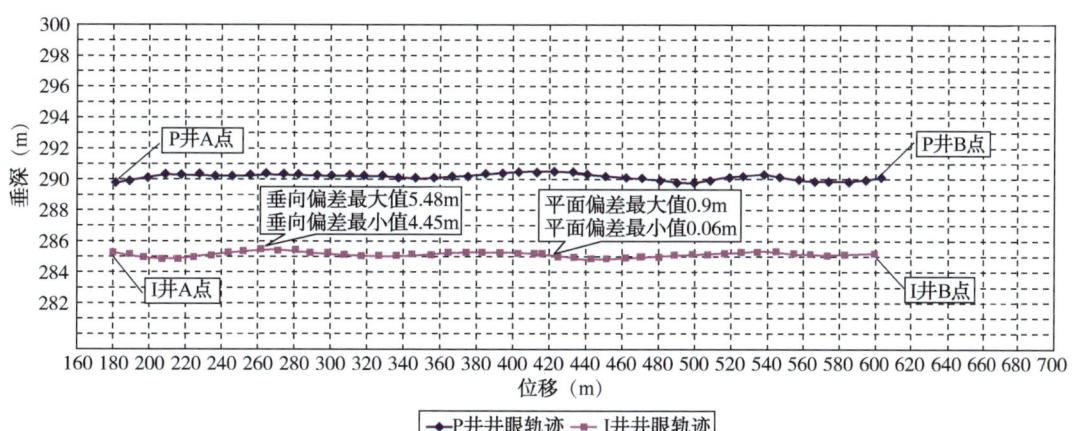

图 3.31　FHW3019P/I 井组实钻垂直剖面图

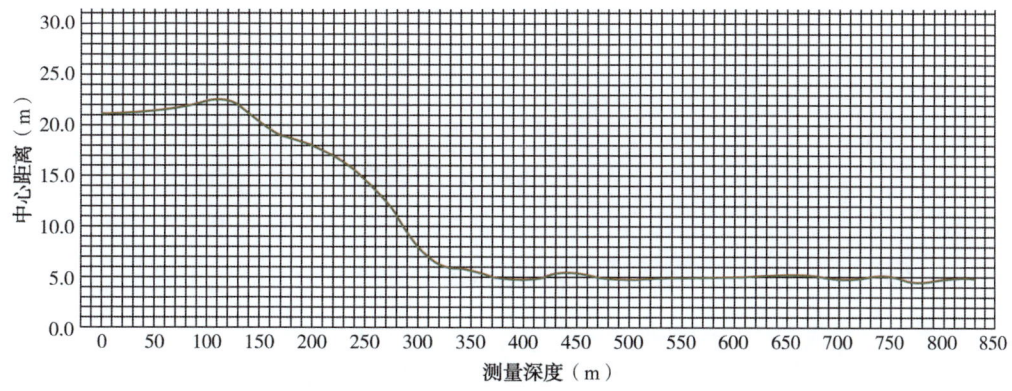

图 3.32　FHW3019P/I 井组防碰扫描图形

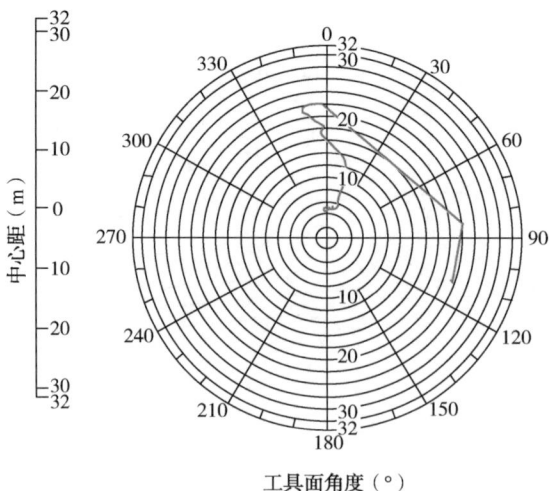

图 3.33 FHW3019P/I 井组防碰扫描图形

第4章 热采水平井套管损坏机理及技术对策

蒸汽吞吐和蒸汽驱工艺已被广泛用来开采稠油，但存在许多亟待解决的问题，其中注蒸汽井套管的损坏问题严重地制约着稠油开采的发展，影响着稠油的生产与开发。影响注蒸汽采油效益至关重要的因素是高温蒸汽在油井管柱内产生的热应力，此应力可能使套管产生屈服变形或断裂、注汽管柱发生屈曲。对于注蒸汽井中套管的严重损坏的问题，需要从本质上研究损坏机理，同时需要对套管进行热应力分析，并采取一系列措施来减小套管中的热应力。

本章应用热传递基本理论，通过井筒内能量守恒、动量守恒和质量守恒定理建立了注蒸汽井注入阶段井筒—地层温度场模型，同时建立焖井阶段的套管温度变化模型。在得到井筒—地层温度场模型后，应用热应力基本理论建立了套管热应力计算模型。研究了套管温度和热应力的分布规律，并且计算结果与现场实测值非常接近，这说明了本模型客观地反映了注蒸汽的真实情况。

提拉预应力法是防止套管损坏的一种有效方法，本章建立了提拉过程中套管在井筒中受力平衡的关系式，推导出提拉过程中提拉预应力的分布模型。该模型在前人研究的基础上考虑了摩阻力对井口提拉载荷的影响，并得出了采用提拉预应力固井方法后注蒸汽所产生的热应力分布规律。

4.1 热采水平井注汽井筒—地层温度场分析

井筒—地层温度场分析是套管热应力分析的基础，也是热采井问题分析的关键所在。在注蒸汽开采稠油过程中，需要最大限度地减小注入井中的热量损失，保证井底的蒸汽干度，并确保套管的温度和应力在一定的范围之内。这就需要研究以下两个方面的内容：蒸汽沿井筒向下流动的热量损失，及其压力、温度和干度沿程的变化；井筒中的注汽管、套管和地层的温度场分布。

4.1.1 蒸汽吞吐热采工艺

蒸汽吞吐方法即所谓的循环注蒸汽或油井激励，是周期性向油层中注入蒸汽，将大量热带入油层的一种稠油增产措施。注入的热量使原油黏度大大降低，从而提高了地层和油井中原油的流动能力，起到增产作用。蒸汽吞吐过程包括以下三个方面：

（1）注汽阶段。此阶段将高温蒸汽快速注入油层中，注入量一般在千吨当量水以上，注入时间一般是几天到十几天。

（2）焖井阶段。注汽完成后立即关井，使蒸汽携带的热量在油层中有效地进行交换，从而加热油层。关井时间不宜太长或太短，一般在2~5d为宜。

（3）采油阶段。此阶段一般又包括自喷和抽油两个阶段。自喷阶段一般维持几天，主要产出油井周围的冷凝水和加热的原油，因高温高压注蒸汽使得井底附近压力较高，为自喷提供了能量。当井底流压与地层压力接近且小于自喷流压时，即转入抽油阶段，该阶段持续几个月到一年以上不等，这是原油产出的主要时期。

当抽油阶段的产量接近经济极限产量时，即开始下一个吞吐周期。由于第一周期的预热和解堵作用，第二周期的峰值产量往往要高于第一周期的峰值产量，但从第三周期开始，峰值产量将逐渐下降，直至若干周期后没有经济效益，此时完成蒸汽吞吐过程。

4.1.2 蒸汽吞吐热采井井筒—地层温度场模型的建立

在蒸汽吞吐的注汽过程和焖井过程中，井筒和地层的温度都发生剧烈变化；在采油阶段，由于没有热量注入，而且井筒的温度也降至与地层温度一致，此过程温度变化小，所以本书不分析采油阶段的温度场分布，认为该阶段的温度与地层温度一致。

建立注汽过程和焖井过程中的井筒—地层温度场后，就可以预测沿井深和时间的蒸汽压力分布、温度分布和干度分布，以及不同时刻、不同井深套管和地层的温度分布。

4.1.2.1 注汽阶段井筒—地层温度场模型

针对蒸汽吞吐注汽过程的特点，注汽过程井筒—地层温度场模型包括以下几个方面：

（1）井筒中蒸汽压降梯度的计算；

（2）井筒中蒸汽干度梯度的计算；

（3）井筒中各层温度值的计算；

（4）井筒总传热系数的计算。

蒸汽可以从油管中注入，也可以从套管中注入。本章从全面考虑的角度出发，建立从隔热油管中注蒸汽的模型，如图4.1所示。该模型包含了从油管注蒸汽和直接从套管注蒸汽两种方式。

4.1.2.1.1 基本假设

注汽阶段中，湿蒸汽沿井筒向下流动为气液两相流，在建立蒸汽压力梯度、干度梯度和传热的模型中，基于以下基本假设条件：

（1）湿蒸汽沿油管向下稳定流动，不对外做功；

（2）油管、隔热管和套管同心；

（3）使用耐热封隔器，蒸汽不窜入油套环空；

（4）不考虑接箍、扶正器等的影响；

（5）初始井筒—地层温度按地温梯度分布；

（6）井筒为一维径向稳定传热，地层为二维不稳定传热。

4.1.2.1.2 井筒蒸汽压力梯度

注蒸汽两相流中，核心问题是两相流中的压力损失和压力分布，它们是通过压力梯度计算的。总压力梯度由举升梯度、摩擦梯度和加速度梯度组成，即：

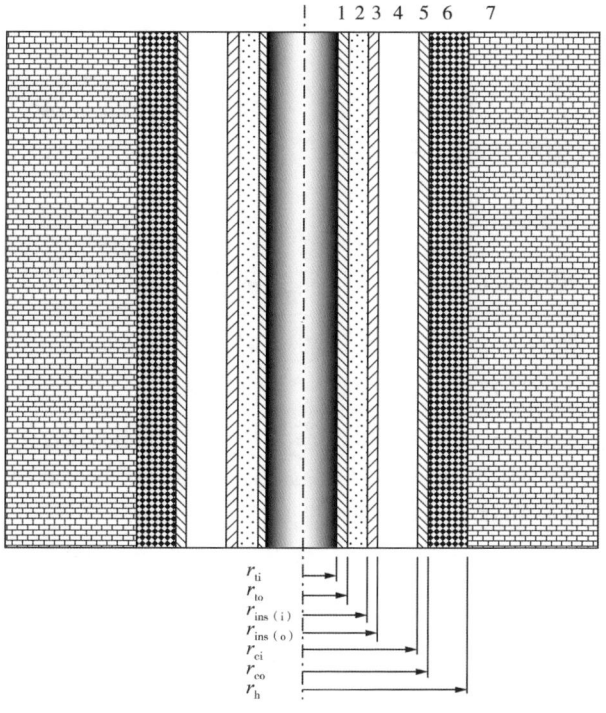

图 4.1 热采井井身结构示意图
1—隔热管内管(或油管); 2—隔热层; 3—隔热管外管;
4—油套环空; 5—套管; 6—水泥环; 7—地层

$$\frac{dp}{dZ} = \left(\frac{dp}{dZ}\right)_{lift} + \left(\frac{dp}{dZ}\right)_{fri} + \left(\frac{dp}{dZ}\right)_{acc} \tag{4.1}$$

式中：$\frac{dp}{dZ}$ 为蒸汽沿井深压力梯度，Pa/m；$\left(\frac{dp}{dZ}\right)_{lift}$ 为举升压力梯度，Pa/m；$\left(\frac{dp}{dZ}\right)_{fri}$ 为摩擦压力梯度，Pa/m；$\left(\frac{dp}{dZ}\right)_{acc}$ 为加速度压力梯度，Pa/m。

各压力梯度由如下关系式确定：

$$\left(\frac{dp}{dZ}\right)_{lift} = -\rho_m g\sin\theta \tag{4.2}$$

$$\left(\frac{dp}{dZ}\right)_{fri} = -\frac{f_m \rho_m V_m^2}{2d} \tag{4.3}$$

$$\left(\frac{dp}{dZ}\right)_{acc} = -\rho_m V_m \frac{dV_m}{dZ} \tag{4.4}$$

由质量守恒定律得连续性方程：

$$M = \rho_m V_m A = 常数 \tag{4.5}$$

式(4.4)中，若忽略混合物液相的压缩性等因素，$\frac{dV_m}{dZ}$ 可由连续性方程得：

$$\frac{\mathrm{d}V_\mathrm{m}}{\mathrm{d}Z} = -\frac{V_\mathrm{sg}}{p}\frac{\mathrm{d}p}{\mathrm{d}Z} \tag{4.6}$$

将式(4.6)代入(4.4)中,并将式(4.2)、式(4.3)和式(4.4)代入式(4.1)中,整理后可得井筒中湿蒸汽压力梯度计算公式:

$$\frac{\mathrm{d}p}{\mathrm{d}Z} = -\frac{\rho_\mathrm{m}g\sin\theta + \dfrac{f_\mathrm{m}\rho_\mathrm{m}V_\mathrm{m}^2}{2d}}{1 - \dfrac{\rho_\mathrm{m}V_\mathrm{m}V_\mathrm{sg}}{p}} \tag{4.7}$$

(1) 湿蒸汽密度 ρ_m 的计算。

在压力梯度计算公式中,参数 ρ_m 和 f_m 需要用两相流相关式来计算。经过 Foutanlla-Aziz 计算比较指出,在所采用的相关式中 Beggs-Brill 相关式的计算结果最接近实测值。本书选用在 B-B 模型基础上改进的 M-B 两相流相关式模型。

湿蒸汽由干蒸汽和饱和水组成,汽和水各占一定的比例,湿蒸汽的密度可以由以下关系式求出:

$$\rho_\mathrm{m} = \rho_1 H_1 + \rho_\mathrm{g}(1 - H_1) \tag{4.8}$$

饱和水的密度和黏度以及干蒸汽的密度和黏度可以由湿蒸汽物性参数经验关系式确定。

M-B 模型中,两相流持液率的计算公式共有三个:一个用于水平流和上升流,另外两个分别用于下降流的分层流和其他流型。持液率只是控制流型的三个地量纲量的函数,由下式计算:

$$H_1 = \exp\left[(C_1 + C_2\sin\theta + C_3\sin^2\theta + C_4 N_1^2)\frac{N_\mathrm{gv}^{C_5}}{N_\mathrm{lv}^{C_6}}\right] \tag{4.9}$$

其中各参数的含义及系数的选取如下:

无量纲液相黏度 N_1

$$N_1 = \mu_1\left(\frac{g}{\rho_1\sigma^3}\right)^{1/4} \tag{4.10}$$

无量纲液相速度 N_lv

$$N_\mathrm{lv} = v_\mathrm{sl}\left(\frac{\rho_1}{g\sigma^3}\right)^{1/4} \tag{4.11}$$

无量纲气相速度 N_gv

$$N_\mathrm{gv} = v_\mathrm{sg}\left(\frac{\rho_1}{g\sigma^3}\right)^{1/4} \tag{4.12}$$

Mukherjee 和 Brill 通过大量实验归纳出持液率公式中的回归系数(表4.1)。注蒸汽两相流为向下流,而且一般来说蒸汽注入速率较高,出现分层流的可能性不大,所以在计算中选用向下流中的其他流型。对于水平井就要选取水平流中的系数。

表 4.1 持液率公式中的回归系数

流向		上升流和水平流	向下流	
流型		所有	分层流	其他
系数值	C_1	-0.380113	-1.330282	-0.516644
	C_2	0.129875	4.808139	0.789805
	C_3	-0.119788	4.171584	0.551627
	C_4	2.343227	56.262268	15.519214
	C_5	0.475686	0.079951	0.371771
	C_6	0.288657	0.504887	0.393952

(2) 两相流摩阻系数 f_m 的计算。

M—B 两相流摩阻系数 f_m 考虑了流型的变化。对于注蒸汽的情况，由于注入速率较高，一般不存在分层流流型。在确定摩阻系数时，只需区分泡流—段塞流和环流，其判别式为：

$$N_{gvsm} = 10^{1.401-2.694N_1+0.5211N_{lv}^{0.329}} \tag{4.13}$$

若 $N_{gv} \geq N_{gvsm}$ 则为环流，否则为泡流—段塞流。

对于泡流—段塞流，f_m 直接采用无滑脱摩阻系数 f_{ns}，由 Cobebrook 公式确定：

$$\frac{1}{\sqrt{f_{ns}}} = 1.74 - 2\lg\left(2\frac{e}{D} + \frac{18.7}{N_{Re}\sqrt{f_{ns}}}\right) \tag{4.14}$$

对于环流，其两相流摩阻系数 f_m 是相对持液率 H_R 和无滑脱摩阻系数 f_{ns} 的函数，确定步骤如下：

计算相对持液率

$$H_R = \lambda_1 / H_1 \tag{4.15}$$

其中无滑脱持液率 λ_1 为液相体积流量占混合物体积流量之比；

根据 H_R 由表 4.2 确定 f_R；

按式 (4.14) 计算 f_{ns}；

得 $f_m = f_R \cdot f_{ns}$。

表 4.2 H_R 与 f_R 的关系

H_R	0.01	0.20	0.30	0.40	0.50	0.70	1.00	10.00
f_R	1.00	0.98	1.20	1.25	1.30	1.25	1.00	1.00

4.1.2.1.3 井筒蒸汽干度梯度

在注蒸汽过程中，注入的蒸汽是湿蒸汽，是汽相和液相的混合物，需要确定其相对含量。蒸汽干度是指汽相质量占湿蒸汽总质量的比例，由式 (4.16) 计算：

$$X = \frac{m_g}{m_g + m_l} \tag{4.16}$$

在蒸汽沿井筒向下流动过程中，由于蒸汽和地层有温差，湿蒸汽向地层传递热量，同时蒸汽的干度要降低。蒸汽干度梯度可以通过由井筒向地层传递的热量来确定。

由能量方程可得：

$$\frac{dQ}{dZ} = -\frac{dh_m}{dZ} - V_m \frac{dV_m}{dZ} - g\sin\theta \tag{4.17}$$

单位质量湿蒸汽混合物的比焓 h_m 可表示为压力、干度的函数

$$h_m = h_m(p, X) \tag{4.18}$$

由式(4.18)可得比焓梯度

$$\frac{dh_m}{dZ} = \frac{\partial h_m}{\partial X}\frac{dX}{dZ} + \frac{\partial h_m}{\partial p}\frac{dp}{dZ} \tag{4.19}$$

将式(4.19)代入式(4.17)，并整理可得到蒸汽干度梯度计算公式：

$$\frac{dX}{dZ} = -\frac{\dfrac{dQ}{dZ} + \left(\dfrac{\partial h_m}{\partial p} - \dfrac{V_m V_{sg}}{p}\right)\dfrac{dp}{dZ} + g\sin\theta}{\dfrac{\partial h_m}{\partial X}} \tag{4.20}$$

（1）井筒地层热量传递。

在蒸汽干度梯度计算公式中，$\dfrac{dQ}{dZ}$ 项是单位质量的蒸汽向地层中传递的热量。假设井筒为一维稳定径向传热，地层为二维不稳定传热，水泥环与地层的交界面(井壁)成为联系两者的关键。

井筒中稳定传热的传热率 q 正比于温差 ΔT 和垂直于热流方向的截面积 A：

$$q = UA\Delta T \tag{4.21}$$

其中，U 为传热系数，它反映传热过程中热阻的大小。

蒸汽由油管注入，取注汽油管微元长度外表面积作为传热面积 A，取蒸汽温度与井壁温度差作为 ΔT，于是式(4.21)可写成：

$$\frac{dq}{dZ} = 2\pi r_{to} U_{to}(T_s - T_h) \tag{4.22}$$

从井壁至地层的传热考虑成不稳定传热，Ramey 最先对这个问题进行探讨，并提出了地量纲时间函数 $f(t)$，建立了地层二维传热模型：

$$\frac{dq}{dZ} = \frac{2\pi K_e(T_h - T_e)}{f(t)} \tag{4.23}$$

国内外许多学者对 Ramey 提出的地量纲时间函数进行了深入研究，并提出了一些修正的经验公式，选取该经验公式为：

$$f(t) = 0.982\ln\left(1 + 1.81\frac{\sqrt{\alpha t}}{r_h}\right) \tag{4.24}$$

因为从井筒传出的热量等于地层吸收的热量，令式(4.22)和式(4.23)相等，即可求得井壁温度：

$$T_h = \frac{r_{to}U_{to}f(t)T_s + K_e T_e}{r_{to}U_{to}f(t) + K_e} \tag{4.25}$$

于是可得到套管内表面温度：

第4章 热采水平井套管损坏机理及技术对策

$$T_{ci} = T_h + \frac{r_{to} U_{to} \ln \frac{r_h}{r_{ci}}(T_s - T_h)}{K_{cem}} \quad (4.26)$$

将计算出来的 T_h 代入地层二维传热中可得井筒向地层传递热量的计算公式：

$$\frac{dq}{dZ} = 2\pi K_e \left[\frac{T_s - T_e}{f(t) + \frac{K_e}{r_{to} U_{to}}} \right] \quad (4.27)$$

由 $dQ = \frac{dq}{M}$ 可得单位质量蒸汽传递的热量：

$$\frac{dQ}{dZ} = \frac{2\pi K_e}{M} \left[\frac{T_s - T_e}{f(t) + \frac{K_e}{r_{to} U_{to}}} \right] \quad (4.28)$$

（2）井筒总传热系数。

在计算蒸汽干度梯度时，最主要的是求由井筒向地层传递的热量，而这之中最关键的一点就是井筒总传热系数的确定。最困难的是如何准确计算出环空液体或气体的热对流、热传导及辐射都存在的条件下的环空传热系数。因为它与油管外表性质、液体的物理性质、气体的物理性质、油管外壁与套管内壁之间温差与距离、套管内壁表面性质等都有关。

井筒总传热系数计算基本公式为：

$$U_{to} = \left[\frac{r_{to}}{r_{ti} h_f} + \frac{r_{to} \ln \frac{r_{to}}{r_{ti}}}{K_{tub}} + \frac{r_{to} \ln \frac{r_{ins(i)}}{r_{to}}}{K_{ins}} + \frac{r_{to} \ln \frac{r_{ins(o)}}{r_{ins(i)}}}{K_{tub}} + \frac{r_{to}}{r_{ins(o)}(h_c + h_r)} + \frac{r_{to} \ln \frac{r_{co}}{r_{ci}}}{K_{cas}} + \frac{r_{to} \ln \frac{r_h}{r_{co}}}{K_{cem}} \right]^{-1} \quad (4.29)$$

式中七项对总传热系数的作用是各不相同的。经过对该公式进行计算和讨论，得出：隔热油管、环空和水泥环三项热阻，对井筒传热起着主导作用。于是公式简化成：

$$U_{to} = \left[\frac{r_{to} \ln \frac{r_{ins(i)}}{r_{to}}}{K_{ins}} + \frac{r_{to}}{r_{ins(o)}(h_c + h_r)} + \frac{r_{to} \ln \frac{r_h}{r_{co}}}{K_{cem}} \right]^{-1} \quad (4.30)$$

经过实例计算，其误差为 0.4%。所以本书选择式（4.30）作为总传热系数的计算公式。

在总传热系数计算公式中，h_c 表示环空对流和传导换热系数，h_r 为环空辐射换热系数。计算的难点就在于 $(h_c + h_r)$ 的确定，因为计算需要知道套管的温度，而套管温度的计算又有赖于总传热系数的计算，所以需要使用试凑法进行计算。

同时，对于环空中的气体要考虑热传导、对流和辐射，但对于环空中的液体只考虑热传导和对流，具体情况根据环空积液决定。

① 环空辐射换热系数。

当物体温度比周围温度高时，该物体以一定的速率放出辐射能。辐射能射到某一物体时有些被吸收，有些被反射，而有些可以穿过物体。不同的表面有不同的黑度和吸收率。

Kirchhoff 定律指出：在热平衡状态，物体的黑度等于吸收率。黑度是一个物体的辐射能与同样面积同样温度的理想辐射体(黑体)的辐射能之比。同时辐射也受形状系数 $\bar{F}$ 控制。对于同心的无限长圆柱体之间的辐射来说，其形状系数用方程(4.31)来计算

$$\bar{F} = \frac{1}{\frac{1}{\varepsilon_{to}} + \frac{r_{to}}{r_{ti}}\left(\frac{1}{\varepsilon_{ci}} - 1\right)} \tag{4.31}$$

那么，油套环空的辐射换热系数 h_r 可以通过式(4.32)来计算

$$h_r = \frac{(T_{to}+273)^4 - (T_{ci}+273)^4}{\left[\frac{1}{\varepsilon_{to}} + \frac{r_{to}}{r_{ci}}\left(\frac{1}{\varepsilon_{ci}} - 1\right)\right](T_{to} - T_{ci})} \tag{4.32}$$

②环空传导和对流换热系数。

关于无限长同心圆柱体间对流和导热问题尚未找到发表的资料。垂直板间对流换热的相互关系已经确立，如果忽略曲率的影响，应该是精确的。根据 Dropkin 等人试验数据处理，提出在井筒条件下环空对流和传导换热系数的计算公式为：

$$h_c = \frac{0.049\lambda_a(GrPr)^{0.333}Pr^{0.074}}{r_{to}\ln\frac{r_{ci}}{r_{to}}} \tag{4.33}$$

其中难点在于确定 Grashof 数 Gr，和 Prandtl 数 Pr，具体的数值可以查热物理性质表，也可以根据以下公式计算：

Grashof 数：

$$Gr = \frac{(r_{ci} - r_{co})^3 g\beta_a \rho_a^2 (T_{to} - T_{ci})}{\mu_a^2} \tag{4.34}$$

Prandtl 数：

$$Pr = \frac{C_P\mu_a}{\lambda_a} \tag{4.35}$$

在计算 Grashof 数和 Prandtl 数时，需要用到环空气体或液体的热物性参数，可以从气体或液体的热物性参数表中查取，也有相应的计算公式。

③ 井筒总传热系数计算迭代步骤。

对于热采井来说，套管温度是预测的一个重要参数，但在井筒总传热系数的计算中，需要知道套管的温度，而套管温度的计算又需要知道总传热系数，所以需要对套管温度进行假设再进行迭代求解。

具体迭代计算的过程如下：

a. 确定井身结构和环空积液；

b. 假设一个套管的温度；

c. 按经验公式或查表求出环空积液的热物性参数；

d. 按公式和公式(4.33)求出 h_r 和 h_c；

e. 按公式(4.30)计算井筒总传热系数 U_{to}；

f. 按公式(4.25)求出井壁温度 T_h;

g. 按公式(4.26)求出套管温度 T_{ci};

h. 比较计算出的 T_{ci} 和假设的套管温度。如果两者差别在误差范围允许之内,所计算出来的井筒总传热系数 U_{to}、套管温度 T_{ci} 和井壁温度 T_h 就是所求的值;如果两者差别大,就再假设一个套管温度,重复步骤 a~g,直至两者的误差在允许范围内为止。

4.1.2.1.4 井筒—地层温度场耦合求解

需要预测的注蒸汽井沿井筒从井口至井底的参数主要包括蒸汽压力、温度和干度以及传热的各种参数。由前面可以看出,井筒干度梯度计算公式中包含了热量变化梯度方程、蒸汽压力梯度方程以及多个有关的热物性参数,这些物性参数又隐含了蒸汽压力、温度和干度变量。因此,对于这样一组非线性方程只能采用数值解。

考虑到具体的井身条件,有关的物性参数均可表示成蒸汽压力和干度以及井深的函数。而对于一维问题,其压力、温度和所有的参数都是坐标的连续函数。因此,将方程(4.7)和方程(4.20)联立用四阶龙格库塔法求解。

记蒸汽压力梯度方程为 F,干度梯度方程为 G,于是蒸汽压力和干度梯度方程可以表示如下:

$$F(Z, p, X) = \frac{dp}{dZ} = -\frac{\rho_m g \sin\theta + \frac{f_m \rho_m V_m^2}{2d}}{1 - \frac{\rho_m V_m V_{sg}}{p}} \tag{4.36}$$

$$G(Z, p, X) = \frac{dX}{dZ} = -\frac{\frac{dQ}{dZ} - \left(\frac{\partial h_m}{\partial p} - \frac{V_m V_{sg}}{p}\right)\frac{dp}{dZ} + g\sin\theta}{\frac{\partial h_m}{\partial X}} \tag{4.37}$$

对于式(4.36)和式(4.37)联立的方程组用四阶龙格库塔法计算,由井口注入参数可以得到计算初值 $F(Z_0, p_0, X_0)$ 和 $G(Z_0, p_0, X_0)$,然后由如下公式计算:

$$p_{n+1} = p_n + \frac{\Delta Z}{6}(K_1 + 2K_2 + 2K_3 + K_4) \tag{4.38}$$

$$X_{n+1} = X_n + \frac{\Delta Z}{6}(J_1 + 2J_2 + 2J_3 + J_4) \tag{4.39}$$

其中:

$K_1 = F(Z_n, p_n, X_n)$

$J_1 = G(Z_n, p_n, X_n)$

$K_2 = F\left(Z_n + \frac{\Delta Z}{2}, p_n + K_1\frac{\Delta Z}{2}, X_n + J_1\frac{\Delta Z}{2}\right)$

$J_2 = G\left(Z_n + \frac{\Delta Z}{2}, p_n + K_1\frac{\Delta Z}{2}, X_n + J_1\frac{\Delta Z}{2}\right)$

$K_3 = F\left(Z_n + \frac{\Delta Z}{2}, p_n + K_2\frac{\Delta Z}{2}, X_n + J_2\frac{\Delta Z}{2}\right)$

$$J_3 = G\left(Z_n + \frac{\Delta Z}{2},\ p_n + K_2\frac{\Delta Z}{2},\ X_n + J_2\frac{\Delta Z}{2}\right)$$

$$K_4 = F(Z_n + \Delta Z,\ p_n + K_3\Delta Z,\ X_n + J_3\Delta Z)$$

$$J_4 = G(Z_n + \Delta Z,\ p_n + K_3\Delta Z,\ X_n + J_3\Delta Z)$$

该计算方法由井口初始注入参数开始，依照井深步和时间步依次向后计算，每一时间步计算到井底 $Z = Z_{\max}$ 为止，然后进行下一时间步的计算，直至注入结束。

显然，上述算法的每一步都是由前一步计算的结果进行计算，该方法简单精确，适合于计算机运算。

对于具体一口注蒸汽井，实钻井眼轨迹已经知道，那么在计算的过程之中就可以将实钻井眼轨迹划分成若干井段，每一段就是一个 ΔZ，这些数据都可以从现场记录中得到。

4.1.2.2 焖井阶段井筒—地层温度场模型

4.1.2.2.1 问题的提出

蒸汽吞吐过程中，在注入阶段结束之后，接着就是一段时间的焖井，让蒸汽在油层中充分进行热交换。那么在这个阶段的初期井筒中仍然有蒸汽存在，仍然会向地层传递热量，套管的温度还是会发生变化。等蒸汽凝结之后，井筒不再由蒸汽向地层传递热量，而是由油管、隔热油管、套管和水泥环向地层传递热量。热量传递出去之后，套管等物体的温度就会降低，在这个过程之中井筒—地层温度场又是怎么样分布的呢？

现场实践中，套管最容易发生损坏的时候是在注入初期和焖井初期。注入初期，套管中产生压应力；焖井初期，套管中的压应力得到释放。为了更好地计算套管中的应力，就需要精确计算焖井阶段的套管温度变化。然而在所查到的资料中，几乎都是注入阶段的动态预测，没有见到焖井阶段井筒—地层温度场计算的文献。

一个蒸汽吞吐循环周期不但包含注入阶段，而且还有焖井阶段和采油阶段，建立焖井阶段的井筒—地层温度场模型就能计算整个蒸汽吞吐循环周期的套管热应力，对预防套管损坏具有重大意义。

鉴于采油阶段时间长，而且温度变化小，所以本书假设采油阶段套管热应力不发生变化，不对采油阶段的井筒—地层温度场做深入的研究。

4.1.2.2.2 基本假设

焖井阶段的井筒—地层温度场模型的建立基于以下基本假设：
（1）油管、隔热管和套管同心；
（2）使用耐热封隔器，蒸汽不窜入油套环空；
（3）不考虑接箍、扶正器等的影响；
（4）井筒为一维径向稳定传热，地层为二维不稳定传热；
（5）油管（或隔热油管内管）的温度始终和蒸汽温度保持一致。

4.1.2.2.3 基本原理

对于焖井阶段井筒—地层温度场模型的建立基于以下基本原理：当蒸汽温度高于油管温度时，由蒸汽向地层传热，蒸汽传热后，蒸汽的热焓降低，压力、温度和干度都下降，等温度降至油管温度或蒸汽干度等于零时，由井筒中的油管（或隔热油管）、套管和水泥环向地层传热,热量传出直到焖井结束或温度降低到地层温度为止。

传递出的热量依然采用时间步函数来表达,每一时间步都保存一个井壁温度,传递的热量与井壁温度历史有关。

4.1.2.2.4 蒸汽向地层传热

焖井阶段的初期就是由蒸汽向地层传递热量,这个过程的传热与注入阶段的传热计算基本一致,只是蒸汽不再注入,热量完全由剩余的蒸汽提供。

根据前述的井筒传热计算公式可以得到这一阶段单位井段传递的热量计算公式:

$$\frac{dq}{dZ} = 2\pi K_e \left[-\frac{T_e}{f(t)} + \frac{T_h^{(1)}}{f_1} + \frac{T_h^{(2)}}{f_2} + \cdots + \frac{T_h^{(n-1)}}{f_{n-1}} + \frac{T_h^n}{f(t-t_{n-1})} \right] \tag{4.40}$$

传递的热量由蒸汽提供,蒸汽的热焓降低。在一定压力下,蒸汽热焓的降低,导致蒸汽干度降低,其经验表达式为:

当 $P \leqslant 2.72 \times 10^6 \text{Pa}$ 时,

$$\frac{\partial H_m}{\partial X} = 1152.04 - 59.46 \ln\left(\frac{500}{3.4} \times 10^{-6} P\right) \tag{4.41}$$

当 $2.72 \times 10^6 \text{Pa} < P \leqslant 19.72 \times 10^6 \text{Pa}$ 时,

$$\frac{\partial H_m}{\partial X} = 865 - 0.207 \left(\frac{500}{3.4} \times 10^{-6} P\right) \tag{4.42}$$

蒸汽热焓降低,使得干度降低,同时温度和压力也降低。蒸汽的热焓由下式确定:

$$H_m = XL_V \tag{4.43}$$

其中,L_V 为蒸汽的汽化潜热,其计算的经验公式为:

$$L_V = 273 \times (374.15 - T)^{0.38} \tag{4.44}$$

井筒中,蒸汽和热水共存时,蒸汽处于饱和状态,饱和状态的压力和温度分别称为饱和压力和饱和温度,它们是对应的,不是独立的变量,饱和温度随压力的增加而增加。饱和温度和饱和压力有如下的近似关系式:

$$T = 210.2376 P^{0.21} - 30 \tag{4.45}$$

将式(4.45)代入式(4.44)合并后代入式(4.43)整理得:

$$H_m = X \cdot [273 \cdot (344.15 - 210.2376 P^{0.21})^{0.38}] \tag{4.46}$$

所以 H_m 是 X 和 P 的函数,再结合式(4.41)和式(4.42)就可以求出单位时间传出 $\frac{dQ}{dZ}$ 热量后,井筒内的蒸汽干度、压力和温度。

同时井壁温度可以由下式求出:

$$T_h^{(n)} = \frac{\left[\frac{r_{to} U_{to}}{K_e} \cdot T_s^{(n)} + \frac{T_e}{f(t)} - \frac{T_h^{(1)}}{f_1} - \frac{T_h^{(2)}}{f_2} - \cdots - \frac{T_h^{(n-1)}}{f_{n-1}} \right]}{\frac{r_{to} U_{to}}{K_e} + \frac{1}{f(t-t_{n-1})}} \tag{4.47}$$

套管温度根据传热学原理通过井壁温度求出:

$$T_{ci} = T_h + \frac{r_{to} U_{to} \ln \frac{r_h}{r_{ci}} (T_s - T_h)}{K_{cem}} \tag{4.48}$$

水泥环温度取套管温度和井壁温度的平均值：

$$T_{\text{cem}} = \frac{(T_{\text{h}} + T_{\text{ci}})}{2} \quad (4.49)$$

如果蒸汽是由普通油管注入，由于油管壁厚小，热容量低，其温度降低所损失的热量可以忽略不计；如果蒸汽是由隔热油管注入，由于假设了隔热油管内管与蒸汽温度一致，所以隔热油管外管温度可以由下式计算：

$$T_{\text{to}} = T_{\text{h}} + \frac{r_{\text{to}} U_{\text{to}} \ln \frac{r_{\text{h}}}{r_{\text{to}}} (T_{\text{s}} - T_{\text{h}})}{K_{\text{ins}}} \quad (4.50)$$

那么，隔热油管也能够提供一部分热量，提供的热量可以由下式计算：

$$\frac{dQ}{dZ} = C_{\text{ins}} \cdot W_{\text{ins}} \cdot \Delta T_{\text{ins}} \quad (4.51)$$

其中隔热管温度取内管和外管温度的平均值，温差同样也可以由内管和外管的温差确定。

剩余的热量由蒸汽提供，井筒内的蒸汽压力、干度和温度以及井壁、套管和水泥环的温度可以用式(4.41)至式(4.49)计算出来。

4.1.2.2.5 井筒向地层传热

当井筒内蒸汽干度降为零时，或蒸汽温度与套管温度一致时，热量不再由蒸汽或隔热油管提供，而是由套管和水泥环共同提供，此时井筒向地层传递的热量采用下式计算：

$$\frac{dQ}{dZ} = 2\pi K_{\text{e}} \left[-\frac{T_{\text{e}}}{f(t)} + \frac{T_{\text{h}}^{(1)}}{f_1} + \frac{T_{\text{h}}^{(2)}}{f_2} + \cdots + \frac{T_{\text{h}}^{(n-1)}}{f_{n-1}} + \frac{T_{\text{h}}^{n}}{f(t-t_{n-1})} \right] \quad (4.52)$$

但其中的井壁温度由下式确定：

$$T_{\text{h}}^{(n)} = \frac{\left[\frac{r_{\text{co}} U_{\text{co}}}{K_{\text{e}}} \cdot T_{\text{ci}}^{(n-1)} + \frac{T_{\text{e}}}{f(t)} - \frac{T_{\text{h}}^{(1)}}{f_1} - \frac{T_{\text{h}}^{(2)}}{f_2} - \cdots - \frac{T_{\text{h}}^{(n-1)}}{f_{n-1}} \right]}{\frac{r_{\text{co}} U_{\text{co}}}{K_{\text{e}}} + \frac{1}{f(t-t_{n-1})}} \quad (4.53)$$

式(4.53)中 $T_{\text{ci}}^{(n-1)}$ 为上一时间步的套管温度，U_{co} 为由套管内壁向井壁传热的传热系数，其计算公式如下：

$$U_{\text{co}} = \left[\frac{r_{\text{to}} \ln \frac{r_{\text{h}}}{r_{\text{co}}}}{K_{\text{cem}}} \right]^{-1} \quad (4.54)$$

式(4.52)中单位时间传递到地层中的热量由套管和水泥环共同提供，套管和水泥环温度降低，水泥环温度假设为套管温度和井壁温度的平均值：

$$T_{\text{cem}} = \frac{T_{\text{h}} + T_{\text{ci}}}{2} \quad (4.55)$$

套管和水泥环降低的温度可以通过传递的热量由下式计算：

$$\frac{dQ}{dZ} = (C_{\text{c}} \cdot W_{\text{c}} + C_{\text{cem}} \cdot W_{\text{cem}}) \cdot \Delta T_{\text{ci}} \quad (4.56)$$

上式中套管和水泥环的热容 C_c 和 C_{cem} 可以通过相关的数据表查得，套管和水泥环在计算井段的质量可以通过套管单位长度重量计算。

由式（4.56）计算出该时间步的套管温差，就可以得到该时间步结束时套管的温度：

$$T_{ci}^{(n)} = T_{ci}^{(n-1)} - \Delta T_{ci} \tag{4.57}$$

同时该时间步结束时井壁的温度可以通过式（4.53）计算。

4.2　注蒸汽井套管热应力分析

通过调研认为：套管中的热应力产生及其急剧变化是导致注蒸汽井套管损坏的主要原因。套管在蒸汽吞吐过程中热胀冷缩产生应力。套管在井筒中与水泥环紧密固结在一起，注汽阶段套管温度升高，水泥环的温度也升高，而水泥环的线膨胀系数比套管小，同时水泥环的温差不如套管的温差大，所以套管的轴向伸长受到水泥环的限制，产生的应力就可能导致套管损坏。同理焖井阶段套管和水泥环的温度要降低，套管的收缩也同样受到水泥环的限制，产生的应力也可能导致套管损坏。

分析热采井套管应力，就可以定量知道套管的应力大小，降低套管的应力就可以防止套管损坏。从套管载荷入手，首先分析注蒸汽之前套管的应力分布，在此基础之上再分析由于注蒸汽导致套管温度变化所受到的热应力，就可知道在一个注蒸汽循环过程中套管的应力分布。

4.2.1　热采井套管载荷分析

套管在井下处于极其复杂的受力状态，产生较大的应力。载荷分析是设计套管柱的基础工作，也是套管应力分析的基础。热采井套管柱承受的载荷主要是固井过程中的常温载荷和投产后的温差载荷。温差载荷是注蒸汽温度变化引起的载荷，它对热采井套管柱的强度具有特别重大的影响，必须专门进行分析。常温载荷为固井全过程套管所承受的载荷，它是套管柱载荷分析的基础。

注蒸汽前，套管受到的载荷包括以下几种：内压载荷、外挤载荷、轴向载荷、摩阻力载荷及弯曲载荷等。它们来自泥浆压力、套管自重、井壁反作用及摩擦作用等因素。就直井而言，这类载荷的计算方法早已成熟。对于定向井和水平井，这类载荷的计算方法大部分沿用垂直井的计算原理，小部分是随着定向井钻井工艺的发展制定的。

注蒸汽后，套管处于变温状态，由于温差的作用套管要热胀冷缩，而套管处于水泥环的封固之中，所以产生热应力，这部分热载荷在套管热应力计算中讨论。

4.2.1.1　内压载荷

包括直井、定向井和水平井的多种井况在内，轴线可能是直线也可能是曲线。设 i 为套管柱轴线上的任意点，不计环空外压的抵消作用，则有：

$$p_i = p_s + Hg\gamma_{mi} \times 10^{-3} \tag{4.58}$$

式中：p_i 为 i 点处管壁的内压，MPa；p_s 为井口可能出现的最大压力，MPa；H 为 i 点至井口的垂深，m；γ_{mi} 为套管内部钻井液密度，g/cm^3。

4.2.1.2　外挤载荷

不计管内压力的抵消作用，作用在套管上的外挤载荷为：

$$p_o = Hg\gamma_{mo} \times 10^{-3} \tag{4.59}$$

式中：p_o 为 i 点处的套管外挤压力，MPa；γ_{mo} 为环空钻井液或水泥浆密度，g/cm³。

根据厚壁筒理论，可以得到套管在内压力和外挤力的作用下套管上的应力：

$$\begin{cases} \sigma_r = \dfrac{p_i r_{ci}^2 - p_o r_{co}^2}{r_{co}^2 - r_{ci}^2} - \dfrac{(p_i - p_o) r_{co}^2 r_{ci}^2}{(r_{co}^2 - r_{ci}^2) r^2} \\ \sigma_\theta = \dfrac{p_i r_{ci}^2 - p_o r_{co}^2}{r_{co}^2 - r_{ci}^2} + \dfrac{(p_i - p_o) r_{co}^2 r_{ci}^2}{(r_{co}^2 - r_{ci}^2) r^2} \end{cases} \tag{4.60}$$

4.2.1.3 轴向载荷

从广义上来讲，与轴向应力有关的载荷统称为轴向载荷。最常见的轴向载荷来自井眼内泥浆的浮力和套管柱自身的重力，它们的方向是确定的。弯曲井眼内的套管柱总受到弯矩的作用，弯矩引起的应力为轴向应力，因此弯曲载荷也广义地归纳为轴向载荷，其当量轴向载荷值为最大弯曲应力和横截面的乘积计算。而且在计算拉伸和压缩两种轴向载荷时都要考虑弯曲引起的当量轴向载荷。

设 N 为轴向力（拉伸为正，压缩为负），M 为弯矩，Q 为井壁作用于套管外壁的横向作用力。则各种因素引起的轴向载荷分别计算如下：

（1）浮力引起的轴向载荷：

$$N_r = -r_m g H A \times 10^{-4} \tag{4.61}$$

（2）套管自重引起的轴向载荷：

$$N_q = \int_S^L q\cos\alpha \, dS \tag{4.62}$$

式中：L 为套管柱的轴线全长，m；S 为由井口至套管柱任意点的轴线弧长坐标，m。

若井口至套管下端分隔成 n 个差分计算，则有：

$$N_{q_i} = \sum_{j=1}^n \left[q_i \cos\left(\frac{\alpha_j - \alpha_{j-1}}{2}\right) \Delta S_i \right] \tag{4.63}$$

（3）弯矩引起的当量轴向载荷：

弯曲段套管柱的弯矩为：

$$M = \frac{EI}{R} \times 10^{-5} \tag{4.64}$$

与 M 对应的最大轴向应力为：

$$\sigma_M = \frac{ED}{2R} \times 10^{-2} \tag{4.65}$$

当量轴向载荷为：

$$N_M = \pm \sigma_M A \times 10^{-1} \tag{4.66}$$

截面内的全部轴向力应为：

$$\begin{aligned} N_i &= N_\gamma + N_q + N_M \\ &= -\lambda_m H A \times 10^{-3} + \sum_{j=i}^n \left[q_i \cos\left(\frac{\alpha_j + \alpha_{j-1}}{2}\right) \Delta S_j \right] + \frac{EDA}{2R_i} \times 10^{-3} \end{aligned} \tag{4.67}$$

套管在轴向力作用下内部的应力可通过下式计算：

$$\sigma_z = \frac{N_i}{\pi(r_{co}^2 - r_{ci}^2)} \tag{4.68}$$

4.2.2 套管热应力计算

热采井完井投产后套管处于变温工作状态，强度计算较为复杂，国内外都在研究。由于套管在变温工况下的强度问题主要是热应力问题，因此必须对热采井套管的热应力计算方法进行分析。

4.2.2.1 热应力计算基本理论

一般说来，应力分析的基础是弹性应力分析。产生应力的原因，不论是外力还是热膨胀，在弹性应力分析的基础上，即使有塑性变形，也可以通过材料的应力应变曲线得到套管应力和应变的关系。

（1）应力—应变关系。

假定一弹性体，其截面受到应力 σ_x 的作用。实验结果表明，在变形不大的情况下，由于力作用在弹性体的轴向（设它为 x 方向）产生的应变与应力 σ_x 成正比，即

$$\varepsilon_x = \frac{\sigma_x}{E} \text{ 或 } \sigma_x = E\varepsilon_x \tag{4.69}$$

这就是所谓的虎克定律。此时，如以应力 σ_x 向 x 方向拉伸，那么由于在 x 方向伸长而产生由式（4.69）给出的应变 ε_x，而在与 x 方向垂直的方向，即 y 或 z 方向上，就会产生收缩。在弹性范围内，y、z 方向上的应变 ε_y、ε_z 与 ε_x 成比例，即

$$\varepsilon_y = \varepsilon_z = -\mu \frac{\sigma_x}{E} \tag{4.70}$$

同样假定一弹性体，在三个方向上同时受到作用力，只要根据式（4.69）和式（4.70）求出 x，y，z 方向上的拉伸应力 σ_x、σ_y、σ_z 和应变 ε_x、ε_y、ε_z，再将各个方向上的应变分量迭加，就可以得到三维应力的广义虎克定律。由弹性力学可知，其应力-应变关系为：

$$\begin{cases} \varepsilon_x = \frac{1}{E}[\sigma_x - \mu(\sigma_y + \sigma_z)] \\ \varepsilon_y = \frac{1}{E}[\sigma_y - \mu(\sigma_x + \sigma_z)] \\ \varepsilon_z = \frac{1}{E}[\sigma_z - \mu(\sigma_x + \sigma_y)] \\ \gamma_{xy} = \frac{\tau_{xy}}{G} \\ \gamma_{yz} = \frac{\tau_{yz}}{G} \\ \gamma_{zx} = \frac{\tau_{zx}}{G} \end{cases} \tag{4.71}$$

其中：$G = \dfrac{E}{2(1+\mu)}$

进而假定弹性体有温差 T 时，其应力—应变关系式为：

$$\begin{cases} \varepsilon_x = \dfrac{1}{E}[\sigma_x - \mu(\sigma_y + \sigma_z)] + \alpha\Delta T \\ \varepsilon_y = \dfrac{1}{E}[\sigma_y - \mu(\sigma_x + \sigma_z)] + \alpha\Delta T \\ \varepsilon_z = \dfrac{1}{E}[\sigma_z - \mu(\sigma_x + \sigma_y)] + \alpha\Delta T \\ \gamma_{xy} = \dfrac{\tau_{xy}}{G} \\ \gamma_{yz} = \dfrac{\tau_{yz}}{G} \\ \gamma_{zx} = \dfrac{\tau_{zx}}{G} \end{cases} \quad (4.72)$$

套管在地层中的受力分析属于平面应变问题。在平面应变情况下，$\gamma_{yz} = \gamma_{zx} = \varepsilon_z = 0$，公式可以简化成：

$$\begin{cases} \sigma_z = \mu(\sigma_x + \sigma_y) - \alpha E\Delta T \\ \varepsilon_x = \dfrac{1}{E_e}(\sigma_x - \mu_e \sigma_y) + \alpha_e \Delta T \\ \varepsilon_y = \dfrac{1}{E_e}(\sigma_y - \mu_e \sigma_x) + \alpha_e \Delta T \\ \gamma_{xy} = \dfrac{\tau_{xy}}{G} \end{cases} \quad (4.73)$$

其中：$E_e = \dfrac{E}{1-\mu^2}$，$\mu_e = \dfrac{\mu}{1-\mu}$，$G = \dfrac{E}{2(1+\mu)}$，$\alpha_e = (1+\mu)\alpha$

上面是应力和温差已知时求应变的公式。反之若应变和温差已知，求应力公式如下：

$$\begin{cases} \sigma_x = \lambda e + 2G\varepsilon_x - \dfrac{\alpha E\Delta T}{1-2\mu} \\ \sigma_y = \lambda e + 2G\varepsilon_y - \dfrac{\alpha E\Delta T}{1-2\mu} \\ \sigma_z = \lambda e + 2G\varepsilon_z - \dfrac{\alpha E\Delta T}{1-2\mu} \\ \tau_{xy} = G\gamma_{xy} \\ \tau_{yz} = G\gamma_{yz} \\ \tau_{zx} = G\gamma_{zx} \end{cases} \quad (4.74)$$

其中：$\lambda = \dfrac{\mu E}{(1-2\mu)(1+\mu)}$，$e = \varepsilon_x + \varepsilon_y + \varepsilon_z$

对于平面应变问题，公式可以简化成：

$$\begin{cases} \sigma_x = \dfrac{E_e}{1-\mu_e^2}\left[\varepsilon_x+\mu_e\varepsilon_y-\alpha_e\Delta T(1+\mu_e)\right] \\ \sigma_y = \dfrac{E_e}{1-\mu_e^2}\left[\varepsilon_y+\mu_e\varepsilon_x-\alpha_e\Delta T(1+\mu_e)\right] \\ \tau_x = G\gamma_{xy} \end{cases} \quad (4.75)$$

（2）平衡方程。

某物体由于外力作用和温度分布的影响产生应力，其应力平衡方程与弹性力学上的一般弹性理论中的平衡方程一样，在直角坐标系下有：

$$\begin{cases} \dfrac{\partial \sigma_x}{\partial x}+\dfrac{\partial \tau_{yx}}{\partial y}+\dfrac{\partial \tau_{zx}}{\partial z}+X=0 \\ \dfrac{\partial \tau_{xy}}{\partial x}+\dfrac{\partial \sigma_y}{\partial y}+\dfrac{\partial \tau_{zy}}{\partial z}+Y=0 \\ \dfrac{\partial \tau_{xz}}{\partial x}+\dfrac{\partial \tau_{yz}}{\partial y}+\dfrac{\partial \sigma_z}{\partial z}+Z=0 \end{cases} \quad (4.76)$$

另外根据力矩平衡可得：$\tau_{xy}=\tau_{yz}$，$\tau_{yz}=\tau_{zy}$，$\tau_{xz}=\tau_{zx}$。

（3）协调方程。

物体在热应力的作用下变形时，其各点对于初始位置要产生位移，若设位移矢量在 x，y，z 方向的分量为 u，v，w；同时 x，y，z 方向的正应变为 ε_x，ε_y，ε_z；而 yz，zx，xy 平面上的剪应变为 γ_{yz}，γ_{zx}，γ_{xy} 则：

$$\varepsilon_x=\dfrac{\partial u}{\partial x},\ \varepsilon_y=\dfrac{\partial v}{\partial y},\ \varepsilon_z=\dfrac{\partial w}{\partial z}$$

$$\gamma_{yz}=\dfrac{\partial v}{\partial z}+\dfrac{\partial w}{\partial y},\ \gamma_{zx}=\dfrac{\partial w}{\partial x}+\dfrac{\partial u}{\partial z},\ \gamma_{xy}=\dfrac{\partial u}{\partial y}+\dfrac{\partial v}{\partial x}$$

位移分量 u，v，w 可以完全独立地分别确定，而应变分量根据上式以 u，v，w 为纽带，彼此间具有某种制约的关系，因而不能完全独立地确定。根据上式消去 u，v，w，便可以得到下列关系式：

$$\begin{cases} \dfrac{\partial^2 \gamma_{yz}}{\partial y \partial z}=\dfrac{\partial^2 \varepsilon_y}{\partial z^2}+\dfrac{\partial^2 \varepsilon_z}{\partial y^2},\ \dfrac{\partial}{\partial x}\dfrac{\partial^2 \varepsilon_x}{\partial y \partial z}=\dfrac{\partial}{\partial x}\left(-\dfrac{\partial \gamma_{yz}}{\partial x}+\dfrac{\partial \gamma_{zx}}{\partial y}+\dfrac{\partial \gamma_{xy}}{\partial z}\right) \\ \dfrac{\partial^2 \gamma_{zx}}{\partial z \partial x}=\dfrac{\partial^2 \varepsilon_z}{\partial x^2}+\dfrac{\partial^2 \varepsilon_x}{\partial z^2},\ \dfrac{\partial}{\partial y}\dfrac{\partial^2 \varepsilon_y}{\partial z \partial x}=\dfrac{\partial}{\partial y}\left(\dfrac{\partial \gamma_{yz}}{\partial x}-\dfrac{\partial \gamma_{zx}}{\partial y}+\dfrac{\partial \gamma_{xy}}{\partial z}\right) \\ \dfrac{\partial^2 \gamma_{xy}}{\partial x \partial y}=\dfrac{\partial^2 \varepsilon_x}{\partial y^2}+\dfrac{\partial^2 \varepsilon_y}{\partial x^2},\ \dfrac{\partial}{\partial z}\dfrac{\partial^2 \varepsilon_z}{\partial x \partial y}=\dfrac{\partial}{\partial z}\left(\dfrac{\partial \gamma_{yz}}{\partial x}+\dfrac{\partial \gamma_{zx}}{\partial y}-\dfrac{\partial \gamma_{xy}}{\partial z}\right) \end{cases} \quad (4.77)$$

该式就是应变的协调方程。如果这个条件得不到满足，就会出现位移或旋转的多值性。

4.2.2.2 套管热应力计算模型

热采直井套管的热应力计算是套管热应力分析的基础。最大热载荷发生在注汽的第一天。那时套管的最大温差可达200多摄氏度。而水泥环和周围岩石的温差还很小。因此套

管柱管体上产生很大的热应力,应用热应力计算理论,可以得到如下关系式:

$$\begin{cases} \sigma_r = \left[-\dfrac{\alpha_c E_c \Delta T}{2(1-\mu_c)} + \dfrac{E_c C_{c1}}{(1+\mu_c)(1-2\mu_c)} \right] \left(1 - \dfrac{r_{ci}^2}{r^2} \right) \\ \sigma_\theta = \left[-\dfrac{\alpha_c E_c \Delta T}{2(1-\mu_c)} + \dfrac{E_c C_{c1}}{(1+\mu_c)(1-2\mu_c)} \right] \left(1 + \dfrac{r_{ci}^2}{r^2} \right) \\ \sigma_z = -\dfrac{\alpha_c E_c \Delta T}{1-\mu_c} + \dfrac{2\mu_c E_c C_{c1}}{(1+\mu_c)(1-2\mu_c)} \end{cases} \quad (4.78)$$

其中,C_{c1}为系数,其计算式如下:

$$C_{c1} = \dfrac{\alpha_c \Delta T (1-2\mu_c)(r_{co}^2 - r_{ci}^2)\left(\dfrac{E_c}{E_f} - \dfrac{1+\mu_c}{1+\mu_f} \right)}{2(1-\mu_c)\left[\dfrac{E_c}{E_f} \dfrac{r_{co}^2 - r_{ci}^2}{1+\mu_c} + \dfrac{(1-2\mu_c) r_{co}^2 - r_{ci}^2}{1+\mu_f} \right]} \quad (4.79)$$

在上面的关系式中,拉伸应力为正,压缩应力为负。该公式的适用范围是套管应力没有达到屈服强度,如果套管应力达到了屈服强度就不能用该公式计算了,需要采用考虑残余应力的应力计算方法。

4.3 热采井套管残余应力分析

热采井套管的破坏随着蒸汽吞吐次数增加而增加,第3周期损坏最多。一方面的原因是套管热应力引起强度疲劳损伤加剧;另一方面则是由于蒸汽吞吐过程中,套管形成的残余应力造成的。分析残余应力形成的原因、规律和造成的结果,得到了残余应力的计算方法及其对套管损坏的影响。

4.3.1 残余应力产生机理

套管封固在水泥环中,热胀冷缩受到限制,其长度不发生变化,位移为0。但套管中的应力随着温度的变化而变化。

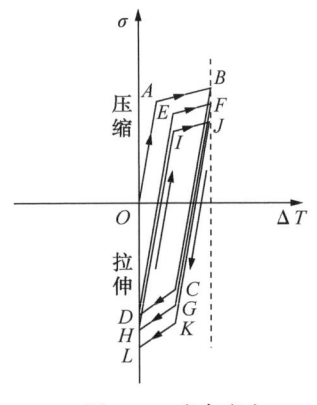

图4.2 残余应力形成机理图

套管的材料模型采用简化的广义 Saint-Venant 模型,同时考虑鲍辛格(Bauschinger)效应,由于注蒸汽的升温载荷是对称的交变载荷,所以会有单向累积效应,表现形式为应力与温差的循环向拉伸应力方向移动,每个循环的残余拉伸应力越来越大。

如图4.2所示,当套管温度上升时,套管的压缩应力也增加,如 OA 线所示。如果温升产生的应力没有超过套管的屈服强度,那么就不会产生残余应力,降温时的应力就沿着 AO 线退回到 O 点。如果温升产生的应力超过了屈服强度时,那么当套管内的应力达到屈服强度后就按 AB 线继续增加。如果增加的幅度太大,套管产生很大的压缩力,如果此时套管与水泥环粘结强度不够的话，套管就会与水泥环脱离，弯曲到井内形成由于压缩引起的套管损坏；如果在套管受压损坏之前温差不再增加，套管的应力状态就处于图中的 B 点，此时在焖井阶段套管温度降低，套管的应力沿 BC 线变化，当套管内的压缩应力降为 0 时，套管温度还没有降至初始温度，所以随着套管温度的继续降低，套管内就形成了拉伸应力，其应力按 BC 线变化，到达 C 点时，套管达到了拉伸屈服，温度继续降低时，应力按 CD 线变化，当温度降至初始温度时，就在套管内形成了残余拉应力，如果这个拉应力超过了套管的抗拉强度，此时套管就被拉伸断裂。这就是第一个注汽循环的应力随温度变化的关系。

如果在第一个注汽循环过程中，套管没有损坏，那么在第二个注汽循环时，当套管温度升高，套管中的应力从 D 点沿 DE 线向 E 点变化。由于 CD 线的斜率比 AB 线的斜率大，由于鲍辛格(Bauschinger)效应，套管的应力不能达到 AB 线，而在 E 点就达到了屈服，屈服之后套管应力沿 EF 线变化，在第二次注汽阶段温度达到最高时套管的应力为 F 点，F 点的压缩应力比 B 点的压缩应力要小。同样，在第二次循环完成后，套管的应力到达了 H 点，其拉伸应力比第一次循环的 D 点要大，形成更大的残余应力，其应力与温度的循环向拉伸应力方向偏移，随着注汽循环的增加，套管内的残余拉应力一次比一次大，最终导致套管被拉伸损坏。

在残余应力产生机理的基础上建立残余应力计算的理论模型，可以得到循环注蒸汽过程中的残余应力。在计算的过程中需要判断注汽阶段套管应力是否超过了屈服强度。

4.3.2 基本假设

热采井套管残余应力计算基于以下基本假设条件：
(1) 套管与水泥环胶结良好，不产生相对位移；
(2) 套管受热均匀，不考虑受热不均而引起的热应力；
(3) 套管的应力应变曲线为简化的广义 Saint-Venant 模型；
(4) 在拉—压循环过程中，考虑非对称载荷下的单向累积效应，但是不考虑循环软化或循环硬化效应；
(5) 注汽焖开后，直到套管温度降至地层温度时才进行下一个注汽周期。

4.3.3 模型的建立

在建立热采井套管残余应力模型时，首先建立第一个循环周期的应力随温度变化关系，再通过应力的渐进关系得到任意循环周期的应力随温度的变化关系。由于热采井套管受到的轴向力比径向和环向大得多，所以在计算残余应力时只考虑轴向力。

在套管热应力计算公式的基础上利用分段函数得到第一个循环周期的应力计算式。在应力的计算过程中，拉伸应力为正，压缩应力为负。

(1) 套管应力没有达到屈服强度时。
由热应力计算理论，得到了如下关系式：

$$\sigma_z = -\frac{\alpha_c E_c \Delta T}{1-\mu_c} + \frac{2\mu_c E_c C_{c1}}{(1+\mu_c)(1-2\mu_c)} \tag{4.80}$$

其中，C_{c1} 为系数，其计算式如下：

$$C_{c1} = \frac{\alpha_c \Delta T(1-2\mu_c)(r_{co}^2 - r_{ci}^2)\left(\dfrac{E_c}{E_f} - \dfrac{1+\mu_c}{1+\mu_f}\right)}{2(1-\mu_c)\left[\dfrac{E_c}{E_f}\dfrac{r_{co}^2 - r_{ci}^2}{1+\mu_c} + \dfrac{(1-2\mu_c)r_{co}^2 - r_{ci}^2}{1+\mu_f}\right]} \tag{4.81}$$

该关系式的适用条件是套管在温度变化时没有达到屈服强度。如果套管应力没有达到屈服强度，其中的应力就用该关系式计算，而且其循环周期不形成残余应力。

（2）当套管应力超过屈服强度时。

如果套管应力在第一个循环周期中超过了屈服强度，不能用式（4.80）来计算，需要用分段函数对其进行改进。

该分段函数包括以下四个部分：

① 升温阶段当套管应力在压缩屈服强度以内时：

$$\sigma_z = -\frac{\alpha_c E_c \Delta T}{1-\mu_c} + \frac{2\mu_c E_c C_{c1}}{(1+\mu_c)(1-2\mu_c)} \tag{4.82}$$

其中系数 C_{c1} 计算式如下：

$$C_{c1} = \frac{\alpha_c \Delta T(1-2\mu_c)(r_{co}^2 - r_{ci}^2)\left(\dfrac{E_c}{E_f} - \dfrac{1+\mu_c}{1+\mu_f}\right)}{2(1-\mu_c)\left[\dfrac{E_c}{E_f}\dfrac{r_{co}^2 - r_{ci}^2}{1+\mu_c} + \dfrac{(1-2\mu_c)r_{co}^2 - r_{ci}^2}{1+\mu_f}\right]} \tag{4.83}$$

这和没有残余应力时的计算是一致的。

② 升温阶段当套管应力超过压缩屈服强度时：

$$\sigma'_z = -\sigma_s - \frac{\alpha_c E'_c \Delta T}{1-\mu_c} + \frac{2\mu_c E'_c C'_{c1}}{(1+\mu_c)(1-2\mu_c)} \tag{4.84}$$

其中系数 C_{c1} 计算式如下：

$$C'_{c1} = \frac{\alpha_c \Delta T(1-2\mu_c)(r_{co}^2 - r_{ci}^2)\left(\dfrac{E'_c}{E_f} - \dfrac{1+\mu_c}{1+\mu_f}\right)}{2(1-\mu_c)\left[\dfrac{E'_c}{E_f}\dfrac{r_{co}^2 - r_{ci}^2}{1+\mu_c} + \dfrac{(1-2\mu_c)r_{co}^2 - r_{ci}^2}{1+\mu_f}\right]} \tag{4.85}$$

式中：E'_c 为应力应变关系式的压缩强化的曲率。

当套管应力超过屈服强度时，根据应力应变简化模型，其应力随应变沿强化线进行变化。这种关系体现在应力随温度的变化关系上。

如果这个阶段的温升还很高，那么套管的压缩应力就有可能导致套管受压损坏。

③降温阶段套管应力在拉伸屈服强度以内时：

$$\sigma''_z = \min(\sigma'_z) - \frac{\alpha_c E_c \Delta T}{1-\mu_c} + \frac{2\mu_c E_c C_{c1}}{(1+\mu_c)(1-2\mu_c)} \tag{4.86}$$

其中，系数 C_{c1} 计算式如下：

$$C_{c1} = \frac{\alpha_c \Delta T(1-2\mu_c)(r_{co}^2 - r_{ci}^2)\left(\dfrac{E_c}{E_f} - \dfrac{1+\mu_c}{1+\mu_f}\right)}{2(1-\mu_c)\left[\dfrac{E_c}{E_f}\dfrac{r_{co}^2 - r_{ci}^2}{1+\mu_c} + \dfrac{(1-2\mu_c)r_{co}^2 - r_{ci}^2}{1+\mu_f}\right]} \tag{4.87}$$

套管材料在这个阶段的应力应变曲线与升温阶段套管应力在压缩屈服强度以内时的一致。

④ 降温阶段套管应力超过拉伸屈服强度时：

$$\sigma_z''' = \sigma_s' - \frac{\alpha_c E_c''' \Delta T}{1-\mu_c} + \frac{2\mu_c E_c''' C_{c1}'''}{(1+\mu_c)(1-2\mu_c)} \tag{4.88}$$

其中，系数 C_{c1} 计算式如下：

$$C_{c1}''' = \frac{\alpha_c \Delta T(1-2\mu_c)(r_{co}^2 - r_{ci}^2)\left(\dfrac{E_c'''}{E_f} - \dfrac{1+\mu_c}{1+\mu_f}\right)}{2(1-\mu_c)\left[\dfrac{E_c'''}{E_f}\dfrac{r_{co}^2 - r_{ci}^2}{1+\mu_c} + \dfrac{(1-2\mu_c)r_{co}^2 - r_{ci}^2}{1+\mu_f}\right]} \tag{4.89}$$

由于套管材料的鲍辛格（Bauschinger）效应，使得拉伸屈服强度有所降低，其拉伸屈服强度为

$$\sigma_s' = \min(\sigma_z') - 2\sigma_s \tag{4.90}$$

当温度降低至初始温度时，式（4.88）中计算出来的 σ_z''' 就是第一次循环周期的残余应力。如果这个应力超过了套管的抗拉强度，套管就会出现拉断的损坏形式。

4.3.4 任意循环周期残余应力计算

得到第一个循环周期后，就可以根据单向累积效应得到任意循环周期残余应力的计算式。

根据拉伸—压缩时的单向累积效应理论，当平均应力不为零时，也就是在非对称循环载荷作用下，在控制应力的拉伸—压缩时，渐进变形（单向累积效应）将会发生。每个循环的渐进变形可表示为：

$$\Delta\varepsilon = \frac{1}{\gamma}\lg\left[\frac{\left(\dfrac{C}{\gamma}\right)^2 - (\sigma_{\min}+k)^2}{\left(\dfrac{C}{\gamma}\right)^2 - (\sigma_{\max}+k)^2}\right] \tag{4.91}$$

式中：γ、C、k 为材料特性系数，可以由循环塑性特性系数表查得。

$\Delta\varepsilon$ 为循环的渐进变形，由单向累积效应理论可得循环的渐进应力可表示为

$$\Delta\sigma = 2\left[k + \frac{C}{\gamma}\text{th}\left(\gamma\frac{\Delta\varepsilon}{2}\right)\right] \tag{4.92}$$

由此可以得到任意循环周期的应力应变，同样也可以知道每一周期的残余应力。

4.3.5 计算实例

考虑 4 个注蒸汽循环，对克拉玛依油田百重 7 井区某井套管残余应力进行计算。

（1）基本数据。

克拉玛依油田百重 7 井区的某井的基本数据如表所示。蒸汽吞吐 4 个循环周期，每个循环周期注汽参数一致。如表 4.3 所示，在一个循环周期中，注汽压力提高到了 13.8MPa，注汽温度相应地提高到了 335℃。

表 4.3　百重 7 井区某井基本数据

井深（m）	468.73	注汽速率（kg/h）	4106.25
油管内径（mm）	77.9	地层热传导率[W/(m·K)]	1.7307
油管外径（mm）	88.9	水泥热传导率[W/(m·K)]	0.35
套管内径（mm）	161.7	地层热扩散系数（m^2/h）	0.00265
套管外径（mm）	177.8	套管内表放射系数	0.9
井眼直径（mm）	215.9	油管外表放射系数	0.9
注汽压力（MPa）	13.8	地温梯度（℃/100m）	3
注汽温度（℃）	335	地表温度（℃）	20
注汽干度（%）	80	环空压力（MPa）	0.10135

（2）计算结果分析。

在上述基本数据的基础上，运用第二章的井筒-地层温度场理论首先计算出井筒-地层温度场，得到井下 400m 处生产套管温度随时间变化的关系，得到温度的变化后，就知道了循环周期的载荷，再运用本书的理论计算 N80 套管和 TP90H 套管的应力分布及其变化，得到每个循环周期的残余拉伸应力。

生产套管温度随时间变化曲线，如图 4.3 所示。由于每个注汽周期的注汽参数都一致，所以图中的四个注蒸汽循环过程中生产套管的温度变化关系也都一致。最高温度出现在注汽阶段结束前，其温度为 271.0℃。

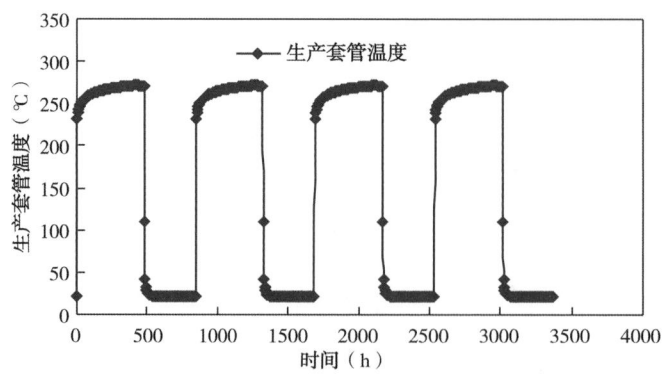

图 4.3　生产套管温度随时间变化曲线（N80）

得到了生产套管温度随时间变化关系是计算套管应力的基础，通过本书的理论，计算了套管任意时刻的应力，并得到其残余应力值，如图 4.4 和图 4.5 所示为 N80 套管和 TP90H 套管轴向应力随时间变化曲线。

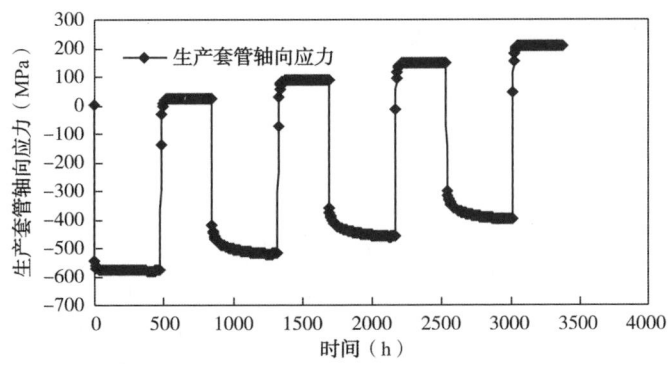

图 4.4　N80 套管轴向应力随时间变化曲线

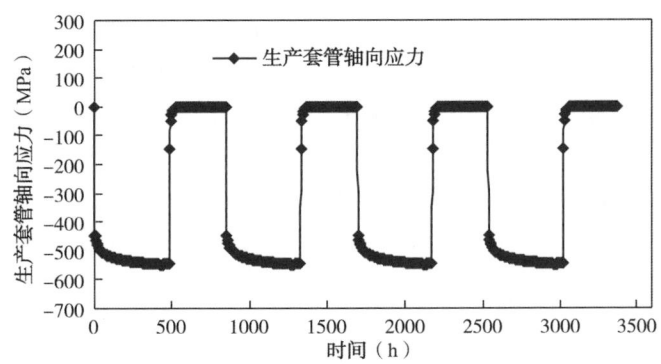

图 4.5　TP90H 套管轴向应力随时间变化曲线

如图 4.4 所示，拉伸应力为正，压缩应力为负。井下 400m 处的生产套管轴向应力随着蒸汽的注入压缩应力迅速增加，达到屈服极限后，其应力增加得缓慢，到注汽阶段末期压缩应力增加到最大，在注蒸汽前套管中存在初始应力为 5.4MPa，注汽阶段末期压缩应力为 -578.3MPa。第一轮注汽完成后，经过一段时间的采油阶段，其温度降低至初始地层温度，其应力为 26.8MPa，比初始应力大 21.4MPa，这就是 N80 套管第一轮注汽周期产生的残余应力。随着注汽周期的增加其应力曲线向拉伸方向移动，残余应力依次增大，第三轮循环注汽前套管中的残余拉伸应力为 87.7MPa，第四轮循环注汽前套管中的残余拉伸应力为 148.5MPa，第四轮循环采油阶段结束后，套管中的残余拉伸应力为 209.4MPa。

如图 4.5 所示，在同样的注蒸汽工况下，TP90H 没有产生残余应力，注汽阶段末期其压缩应力为 -544.3MPa，在此后的几个注蒸汽循环中，其拉伸应力没有增加，一直处于稳定的状态。这说明 TP90H 套管在抗拉压循环应力方面的性能比 N80 套管要好。

残余应力受到套管材料和套管温度变化等的影响，如果套管温度变化加大，则产生的残余应力就会更大，如果套管材料的抗拉压循环性能好，其产生的残余应力就小。

4.4 热采井套损防治技术对策

4.4.1 热采井套管损坏的主要原因

(1) 热采井高温及温度剧烈变化是套管损坏的主要原因。

注蒸汽井注蒸汽平均温度在320℃左右,有的甚至达到了350℃。超过了API N80套管允许最大温度值204~220℃。N80套管因高温屈服强度降低约18%,弹性模量降低约38%,抗拉强度降低7%,以及蒸汽吞吐套管存在残余应力,使套管基本处于屈服状态。

因高温作用,套管和水泥环胶结面上产生的张力超出了水泥环和套管之间的胶结强度,同时有研究提出在封隔器附近靠近接头端面的地方,套管柱可能产生严重的缩径变形,其变形值与套管柱的热胀冷缩造成的接头端面对水泥环台肩的推力有关。

在持续高温和轴向拉应力作用下,套管产生疲劳裂纹和压缩变形,造成套管损坏。松弛现象使套管接头的密封性能受到影响。目前普遍应用的圆螺纹和偏梯形螺纹耐温极限都在300℃以下,在高温轴向载荷作用下,接头与套管螺纹的径向变形超过允许公差,加上上扣不紧会造成泄漏和脱扣。

残余应力也有较大影响。随着注汽周期增加,残余应力越大,井况和套管性能则越来越差。在前7轮注汽中,套管损坏占81.7%,前3轮注汽过程中套管损坏约占35.4%;当第3周期之后,N80套管残余应力将会达到屈服极限。

(2) 油井出砂。

注蒸汽井出砂是稠油油藏岩石结构和性质的特征。同时,在蒸汽吞吐过程中油井回采水率低,地下大量存水,如某稠油油藏地下存水量达$500×10^4$t,相当数量的单井存水量在$1.0×10^4$t以上。地下大量积水,不仅直接影响吞吐效果,还会造成泥岩膨胀流动和油井大量出砂。油层压力也很低,上覆地层压力增加,会使套管受挤错位。

(3) API圆螺纹接头和偏梯形螺纹接头不符合要求。

经证实,套管损坏发生在螺纹连接部位,多数是圆螺纹连接的J55套管。圆螺纹接头和偏梯形螺纹接头的抗高温密封极限都低,后者虽然抗拉强度较高,但密封性更差。这两种螺纹接头的环向装配应力较大,有可能导致管体屈服。

(4) 水泥封固质量不好与水泥空段套管易变形。

在持续高温下水泥强度降低或有微环空隙,在油层部位水泥环强度因射孔而降低,甚至将套管射裂,加上油井出砂地层亏空等,这些都是套管在外压力作用下失稳造成螺纹泄漏和套管损坏的主要原因。当温度急剧变化时,内压力和轴向力也急剧变化,尤其在上部水泥空段更容易造成套管变形。

(5) 隔热管和隔热措施。

当隔热管接头部位偏离中心线1cm,套管热应力就增加36MPa,造成局部热应力增加,当此处的水泥环质量好或为窜槽段时,套管就容易发生弯曲变形。注蒸汽井都有一定的井斜,要求隔热管加扶正器,使其在井眼里居中,但注汽施工时往往不加扶正器,甚至使用光管或老式隔热管隔热,造成井筒热损失大,套管内壁温度过高而造成套管损坏。所以采用长效隔热管和封隔器是相当重要的。如果没有长效隔热管和封隔器,不仅对开采有危害,也会影响完井阶段对防治套管损坏所采取的一系列措施的有效性。

4.4.2 热采井套管损坏防治方法

针对注蒸汽井套管损坏的原因,进行深入的研究,提出防治套管损坏的方法,主要有以下几个方面:

(1) 套管柱设计的改进。

根据稠油油藏的特点,注蒸汽井套管柱是按照射孔完井和先期防砂井设计的。这两种完井方法都必须考虑热应力变化与油井出砂的影响,在进行热采井套管柱设计时提高安全系数。

(2) 稠油热采井先期防砂完井技术。

注蒸汽井控砂稳油是防治套管损坏的另一关键技术。有一种金属纤维防砂筛管,能够在直井、定向井和水平井中广泛使用,而且能进一步提高完井质量,更能满足稠油热采开发的要求。

(3) 缓解热应力的补偿工具。

热应力补偿器是为缓解油层段套管因高温产生的轴向应力的一种工具,由套管、耐高温波纹管及密封部位、保护管外管组成。波纹管在外力作用下可产生一定量的上下运动,上端内螺纹与下端外螺纹和套管连接在一起,固井时都被水泥封固。在蒸汽吞吐过程中因温度变化引起套管轴向应力变化时,应力补偿器中的波纹管可以伸长或压缩,对套管的微量伸缩进行补偿,达到保护套管的目的。

(4) 保护环。

套管接头和水泥环台肩的相互啮合作用,给套管接头增加了很大的应力,这种应力包括管体热应力和缩径变形引起的局部应力。保护环是基于这种分析而设计的,目的是能将封隔器附近接头对水泥环台肩的巨大推力降低,大大减小套管损坏的程度。

(5) 提拉预应力。

针对注蒸汽井在首次注蒸汽时会产生很大的轴向压缩应力的问题,可以在注水泥之前对套管进行提拉,等水泥凝固之后就会在套管内部产生一定的预拉力。当蒸汽的注入使得套管伸长产生压缩应力的时候,这些预拉力就可以抵消一部分压缩应力,改善套管内的应力分布。

4.4.3 提拉预应力固井

对于提拉预应力法防治套管损坏的有效性,目前国内有两种争论:一种认为提拉预应力可以有效地防止套管损坏;另一种认为提拉预应力效果不大,且当所提拉的预应力使套管轴向应力为零时,反而降低其承受高温的能力,并建议不采用预应力固井。前一种观点通过现场实践来证实,指出:基础固井地锚提拉套管预应力技术,1986年在曙1-07-5块试验3口井,1987年在锦45块试验3口井,1988—1989年在曙一区、锦7块、锦45块、欢127块和高升油田全面推广应用,预应力施工成功率和固井质量合格率都达到了100%。后一种观点通过计算指出:对完全被水泥环固结良好的套管柱,没有必要采用预应力固井法，预应力固井只能减小套管中的轴向应力 σ_z，通过第四强度理论研究表明，轴向应力减小与套管许可承温能力之间是一个复杂函数关系，在全拉预应力时，套管承温能力反而下降 3.5%。

4.4.3.1 提拉预应力方法

注蒸汽井固井时对套管进行预应力，国内外围绕对套管柱施加预应力方法和固定方法经历了几个阶段：

（1）第一阶段：注水泥施工中提高碰压压力，并一直保持到套管被水泥固牢后才予以释放。

（2）第二阶段：采用两凝水泥，当速凝水泥固住套管底部后，上部缓凝水泥未凝固时，使用地面提升设备提拉套管产生预应力。

（3）第三阶段：采用二次施工地锚提拉预应力法，即先将作为地锚的一段套管用钻杆送到井底注水泥固住，再起出钻杆下套管。通过可释放打捞矛捞到地锚后，用地面提升系统提拉套管产生预应力，然后进行基础固井作业。

（4）第四阶段：采用卡瓦式套管地锚，将套管地锚接在套管下部下到井底，然后进行常规固井作业，并可按技术规程要求活动套管。碰压后，再用水泥车向套管内顶压 15～20MPa。该压力推动地锚中的顶杆剪断销钉，通过顶杆和连杆组将撑爪打开，同时撑爪嵌入地层与井壁锚定，再利用大钩提拉套管柱，产生预应力。

4.4.3.2 提拉套管轴向应力计算

对套管进行提拉的计算中，常规的算法考虑了管外水泥浆、管内流体、套管自重等的影响。但是却忽略了摩擦对套管提拉力的影响，尤其在定向井和水平井中，必须考虑摩擦力。本书在常规算法的基础上，考虑了摩擦对提拉力的影响。

（1）基本假设。

常规算法和改进的算法基于以下几个基本假设：

① 管柱的变形曲线与井眼轴线重合，单元体与井壁连续接触；

② 忽略水泥浆与套管的摩擦力；

③ 不考虑井壁变形的影响；

④ 在单元体上，线密度相同、截面积相同。

（2）常规计算方法。

常规的提拉预应力计算方法没有考虑摩擦阻力对提拉时轴向力的影响，同时该方法只考虑了直井的情况，没有考虑井斜的影响。

① 提拉前轴向力。

固井前套管柱在井下受自重和钻井液浮力作用，中和点以上受拉力，中和点以下受压力，其轴向力计算公式为：

$$T = 9.8W(H-h) - 0.769H\gamma_m(D^2 - d^2) \tag{4.93}$$

式中：T 为固井前套管柱在井深 h 点所受轴向拉力，N；W 为套管单位重量，kg/m；H 为套管下深，m；γ_m 为钻井液密度，g/cm³；D 为套管外径，cm；d 为套管内径，cm。

上式计算的是离地面 h 深处的套管轴向力。同时也可以通过上式计算出中和点的位置。

② 提拉后轴向力。

固井碰压后,水泥浆返到地面,套管内为钻井液,在向套管内顶压后,套管在内压作用下受到径向应力的同时受到轴向拉力。地锚抓紧地层后,大钩向上提拉,其轴向力计算公式为:

$$T = 9.8W(H-h) - 0.769H(D^2\gamma_c - d^2\gamma_m) + 78.5Pd^2 + F \tag{4.94}$$

式中:T 为提拉后套管柱在井深 h 点所受轴向拉力,N;W 为套管单位重量,kg/m;H 为套管下深,m;γ_m 为钻井液密度,g/cm³;γ_c 为水泥浆密度,g/cm³;D 为套管外径,cm;d 为套管内径,cm;P 为预定压力,N;F 为预应力施工时,大钩上提拉力,N;公式(4.94)中后两项分别为顶压和提拉产生的轴向力。

(3) 改进的计算方法。

常规计算方法中并未考虑弯曲井段对轴向力的影响,同时也没有考虑在提拉过程中摩擦阻力的影响,为了更加适合实际情况,本书推导出来了考虑弯曲井段和摩擦阻力影响的计算公式,使得计算更加符合实际情况。同时将直井和弯曲井段合并成一个公式,并且将整个套管柱分成若干个单元体,便于用计算机叠加计算。

在套管柱中任取一段长度为 L_i 的管柱单元体,如图 4.6 所示。同时,该力学模型还考虑了单元体的上、下端有弯矩和剪力的作用。

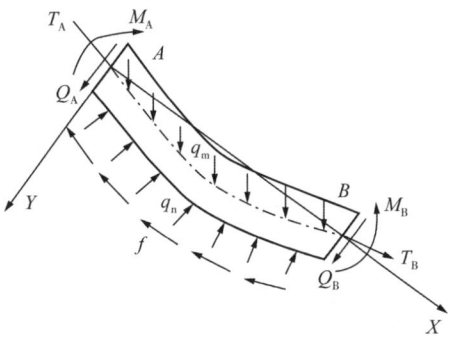

图 4.6 弯曲段套管柱单元体受力模型

由受力分析和基本假设,采用弹性梁的变形平衡微分方程及单元体的静力平衡和力矩平衡关系可以推出单元体上端的轴向力 T_A 的计算模型为:

$$T_A = T_B + \frac{(Q_B - Q_A)\sin\frac{\Delta\alpha_i}{2} + q_m L_i \cos\overline{\alpha_i} + \mu_i |N_i|}{\cos\frac{\Delta\alpha_i}{2}} \tag{4.95}$$

由顶压所产生的轴向拉力用下式计算:

$$T = 78.5Pd^2 \tag{4.96}$$

式中:P 为预顶压力,N;d 为胶塞相碰处套管内径,cm。

在公式(4.95)中:

$$N_i = (T_A + T_B)\cos\frac{\Delta\alpha_i}{2}\tan\frac{\Delta\alpha_i}{2} - q_m L_i \sin\overline{\alpha_i} \tag{4.97}$$

$$Q_B - Q_A = \frac{2(M_B - M_A) + (T_A - T_B)L_i \sin\frac{\Delta\alpha_i}{2} + M_F}{L_i \cos\frac{\Delta\alpha_i}{2}} \tag{4.98}$$

$$M_F = 2A\overline{X} - AL_i - 2M_q \tag{4.99}$$

$$A = (T_A + T_B)\tan\frac{\Delta\alpha_i}{2} \tag{4.100}$$

$$\overline{X} = R_i\left(\frac{1-\cos\dfrac{\Delta\alpha_i}{2}}{\sin\dfrac{\Delta\alpha_i}{2}}\right) \tag{4.101}$$

$$M_q = q_m R_i^2 \sin(\overline{\alpha}) \tag{4.102}$$

$$M_A = EI_i\frac{\Delta\alpha_i}{L_i} \quad M_B = EI_{i-1}\frac{\Delta\alpha_{i-1}}{L_{i-1}} \quad R_i = \frac{L_i}{\Delta\alpha_i} \tag{4.103}$$

通过公式(4.95)至式(4.103)可以由单元体下端的拉力 T_B 求出该单元体上端的拉力 T_A，在直井段中只要取角度变化值为 0 即可计算出直井段中的拉力 T_A，其计算公式是统一的。在整个套管柱的计算中，先假设地锚处有一大小已知的拉力，再由公式(4.95)求出最下面一个单元体上端的拉力，这个拉力作为其上面一个单元体下端的拉力，依次向上计算，可以计算出井口处的拉力值，如果该值与需要提拉的拉力相差甚远，就需要再假设一个地锚处的拉力，直到计算出来的井口拉力与需要提拉的拉力一致为止。

4.4.3.3 提拉预应力算例分析

前面已经得出了提拉预应力的计算公式，那么在注蒸汽井中提拉套管是否能有效地防止套管损坏，如果能够防止套管损坏，那么需要提拉多少才能满足要求又使得提拉时其应力控制在抗拉强度内？本书通过算例分析说明上述问题。

（1）直井。

由于直井中没有明显的弯曲井段，所以在直井中施加提拉预应力很直观，将由于温度变化产生的轴向应力叠加到提拉之后的轴向应力上就是最终的轴向应力。

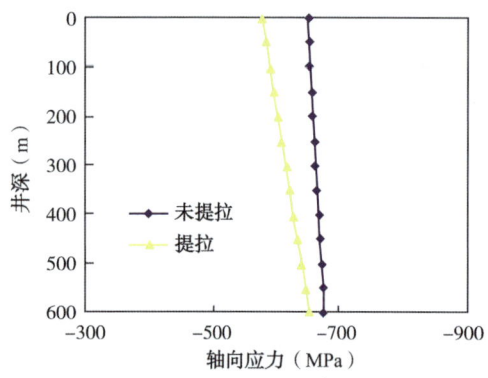

图 4.7 直井是否提拉对套管轴向应力沿井深分布影响图

图 4.7 是直井中提拉前后套管的轴向应力沿井深分布图。其中注汽压力为 8MPa，注汽速率为 2268kg/h，井口提拉力为 100kN。在提拉之后注蒸汽之前，由于提拉所引起的轴向应力最大值出现在井口，其值为 70.21MPa，此应力不会超过套管的抗拉强度。

如图 4.7 所示，提拉之后套管中的轴向应力普遍降低，井口处降低得更多。如果不进行提拉操作，井底套管轴向应力为 697.57MPa，如果进行提拉操作，井底套管轴向应力为 654.27MPa。由于在该温度下 J55 套管抗拉强度为 689.3MPa，所以提拉之后就可以采用 J55 钢级的套管，而不需要采用 N80 钢级的套管，从而可以节约套管的费用。

（2）定向井。

定向井的造斜率不大，对沿井深的蒸汽参数、套管温度和套管轴向应力影响不大，在进行提拉时弯曲井段要产生摩擦力，所以要达到降低井底套管轴向应力就需要加大井口的提拉力，如果提拉得很大就需要校核提拉之后套管的强度。

图4.8是定向井中提拉前后套管的轴向应力沿井深分布图。其中注汽压力为5MPa，注汽速率为2268kg/h，造斜率为4°/30m，井口提拉力为200kN。在提拉之后注蒸汽之前，由于提拉所引起的轴向应力最大值出现在井口，其值为132.57MPa，该应力不会超过套管的抗拉强度。

如图4.8所示，提拉之后套管中的轴向应力普遍降低，井口处降低得更多。如果不进行提拉处理，井底套管轴向应力为569.89MPa，进行提拉之后为527.31MPa。此时井底温度为191.42℃，该温度下J55钢级的套管抗拉强度为765.38MPa，不管是否进行提拉操作都可以使用J55套管，但是提拉之后井底套管的轴向应力降低了8%，提高了套管使用的可靠性，降低了损坏的可能性。

（3）水平井。

水平井弯曲井段的造斜率很大，在蒸汽的作用下形成了很大的热应力，所以水平井更需要进行提拉操作。

图4.9是水平井中提拉前后套管的轴向应力沿井深分布图。其中注汽压力为5MPa，注汽速率为2268kg/h，造斜率为10°/30m，井口提拉力为200kN。在提拉之后注蒸汽之前，由于提拉所引起的轴向应力最大值出现在井口，其值为118.68MPa，该应力也不会超过套管的抗拉强度。

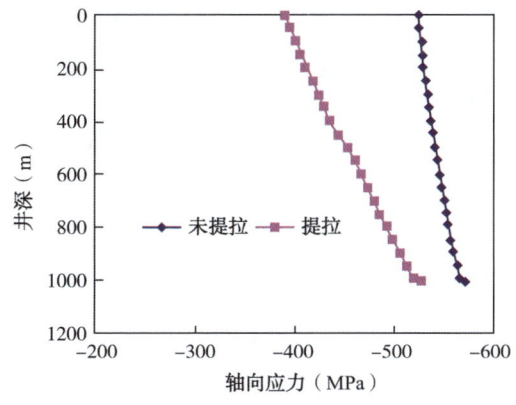

图4.8 定向井是否提拉对套管轴向应力沿井深分布影响图

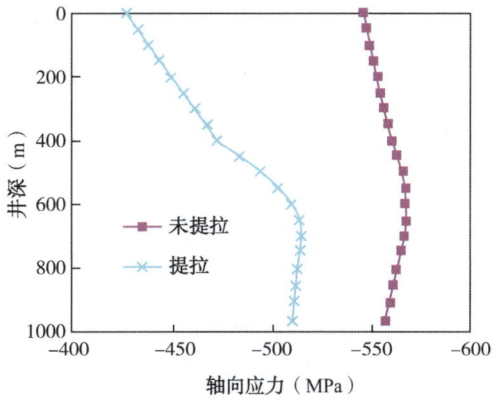

图4.9 水平井是否提拉对套管轴向应力沿井深分布影响图

如图4.9所示，提拉之后套管中的轴向应力普遍降低，井口处降低得更多。如果不进行提拉处理，弯曲井段套管最大轴向应力为566.87MPa，进行提拉处理之后该处应力降为514.27MPa。同时，在造斜段的套管温度为185℃左右，该温度下J55钢级套管的抗拉强度为737.71MPa，不管是否进行提拉操作都可以使用J55套管，但是提拉之后井底套管的轴向应力降低了10%左右，提高了套管使用的使用寿命，同时也降低了损坏的可能性。

第5章 热采水平井抗高温水泥浆体系

稠油热采井固井通常采用的是加入石英砂或硅粉的加砂水泥浆体系。采用火驱或蒸汽驱的稠油开采温度都在300℃以上，有时温度更高，当温度超过300℃时，这种体系就不稳定，水泥石出现大的裂缝，强度迅速下降，造成水泥环破裂，在热应力的作用下套管变形或破裂，甚至井壁垮塌，气窜严重，影响正常生产，油井的使用寿命大大缩短。在稠油热采井水泥环力学分析的基础上开发了适用于新疆油田热采井固井要求的抗高温水泥浆体系。

5.1 热采水平井水泥环受力分析

在油田气井的开发和测试作业过程中，当套管处在温升过高和套管内测试压力过高的环境时，它就会发生径向膨胀和周向膨胀。这种周向力会在水泥—套管界面上产生剪切力，使水泥—套管界面上的水泥胶结而破坏，或使水泥环在套管外壁与地层井壁产生径向破裂。水泥环一旦破坏，轻则导致地层间环空流体窜流以及套管周围某处存在异常高的环空压力，严重时将使油气井报废，造成严重的经济损失。因此，以测试作业中套管内压和温度升高对水泥环应力状态的影响规律为基础，建立了高温注汽条件下水泥环的应力分析模型。

5.1.1 套管内压对水泥环应力影响模型

5.1.1.1 基本假设条件

（1）所有受力均匀分布。
（2）套管与水泥环，水泥环与地层完全接触，既没有滑动也不脱离。
（3）水泥环为理想的圆环。

5.1.1.2 模型建立与求解

将由套管、水泥环和井眼周围的岩石圈所组成的体系看成是由不同材料构成的组合筒体，其横截面如图5.1所示。

在水泥环受力分析中有几个力的共同作用：岩层的挤压应力q_a和套管内压升高值q_b。

其中有q_b为已知条件，本书研究水泥环的应力状况时由于套管与水泥环之间的受力状况为未知，因此必须分别求解套管和水泥环的应力状态。只有套管与水泥环之间的相互作用力为已知后，方能求解水泥环的应力。

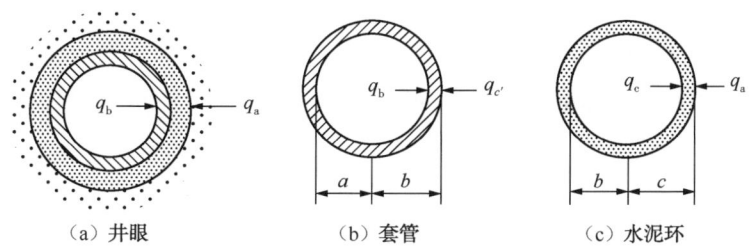

图 5.1 套管、水泥环和井眼周围的岩石圈所组成的体系

由于体力与所受内外压相比是很小的，在本书的所有讨论中均忽略体力的影响，同时因为体力与 q_b、q_a 均垂直，所以这样做不会带来多少误差。

在极坐标系中，应力函数的相容方程为：

$$\left(\frac{\partial^2}{\partial r^2}+\frac{1}{r}\frac{\partial}{\partial r}+\frac{1}{r^2}\frac{\partial^2}{\partial \theta^2}\right)^2 \varphi=0 \tag{5.1}$$

运用递解法，假设应力函数 φ 只是径向坐标 r 的函数即：

$$\varphi=\varphi(r)$$

又由于极坐标系中的应力分量为：

$$\sigma_r=\frac{1}{r}\frac{\partial \varphi}{\partial r}+\frac{1}{r^2}\frac{\partial \varphi}{\partial \theta^2} \tag{5.2}$$

$$\sigma_\theta=\frac{\partial^2 \varphi}{\partial r^2} \tag{5.3}$$

$$\tau_{r\theta}=-\frac{\partial}{\partial r}\left(\frac{1}{r}\frac{\partial \varphi}{\partial \theta}\right) \tag{5.4}$$

将 $\varphi=\varphi(r)$ 代入式(5.2)~式(5.4)有：

$$\begin{cases} \sigma_r=\dfrac{1}{r}\dfrac{\partial \varphi}{\partial r} \\ \sigma_\theta=\dfrac{\partial^2 \varphi}{\partial r^2} \\ \tau_{r\theta}=\tau_{\theta r}=0 \end{cases} \tag{5.5}$$

将式(5.5)代入式(5.1)化简后有：

$$\left(\frac{d^2}{dr^2}+\frac{1}{r}\frac{d}{dr}\right)^2 \varphi=0 \tag{5.6}$$

微分方程(5.6)的通解可表示为：

$$\varphi=A\ln r+Br^2\ln r+Cr^2+D \tag{5.7}$$

其中，A、B、C、D 为任意常数。

将式(5.7)代入式(5.5)后有：

$$\sigma_r=\frac{A}{r^2}+B(1+2\ln r)+2C \tag{5.8}$$

$$\sigma_\theta=-\frac{A}{r^2+B(3+2\ln r)}+2C \tag{5.9}$$

$$\tau_{r\theta} = \tau_{\theta r} = 0 \tag{5.10}$$

根据不同的边界条件要求可以求出 σ_r、σ_θ 和 $\tau_{r\theta}$。

对于图 5.1 中套管、水泥环和井眼周围的岩石圈所组成的体系，套管有如下边界条件成立：

$$\begin{cases} (\tau_{r\theta})_{r=a} = (\tau_{r\theta})_{r=b} = 0 \\ \sigma_r|_{r=a} = -q_a \\ \sigma_r|_{r=b} = -q_c' \end{cases} \tag{5.11}$$

前两个条件自然满足，后两个条件代入式(5.8)、式(5.9)得：

$$\begin{cases} \dfrac{A}{a^2} + B(1+2\ln a) + 2c = -q_b \\ \dfrac{A}{b^2} + B(1+2\ln b) + 2c = -q_c' \end{cases} \tag{5.12}$$

式中：a 为套管内径；b 为套管外径。

在式(5.12)的两个方程中有三个未知数，还须观察位移单值条件：对于同一个 r 值，θ 和 $\theta+2\pi$ 应该是同一个点，根据轴对称应力状态下的位移分量表达式：

$$u_\theta = \frac{4Br\theta}{E'} + u'r + I\sin\theta + K\cos\theta \tag{5.13}$$

其中，A、B、C、H、I、K 为任意常数，$E' = \dfrac{E}{1-u^2}$，$u' = \dfrac{u}{1-u}$ 必有下式成立：

$$u_\theta|_{\theta=\theta_1} = u_\theta|_{\theta=\theta+2\pi}$$

即 $B=0$

这样应力表达式变为：

$$\left. \begin{array}{l} \sigma_r = \dfrac{A}{r^2} + 2C \\ \sigma_\theta = -\dfrac{A}{r^2} + 2C \end{array} \right\} \tag{5.14}$$

对于套管其应力表示为：

$$\left. \begin{array}{l} \sigma_{r1} = \dfrac{A_1}{r^2} + 2C_1 \\ \sigma_{\theta 1} = -\dfrac{A_1}{r^2} + 2C_1 \end{array} \right\} \tag{5.15}$$

对于水泥环有：

$$\left. \begin{array}{l} \sigma_{r2} = \dfrac{A_2}{r^2} + 2C_2 \\ \sigma_{\theta 2} = -\dfrac{A_2}{r^2} + 2C_2 \end{array} \right\} \tag{5.16}$$

对于地层有：

$$\left.\begin{array}{l}\sigma_{r3}=\dfrac{A_3}{r^2}+2C_3\\[2mm]\sigma_{\theta 3}=-\dfrac{A_3}{r^2}+2C_3\end{array}\right\} \tag{5.17}$$

由于弹性模量各不相同,因此系数 A 和 C 也不相同,下面联立求解式(5.13)~式(5.15)。

对于套管有

$$\sigma_{r1}\big|_{r=a}=-q_b$$

即

$$\dfrac{A_1}{a^2}+2c_1=-q_b \tag{5.18}$$

对于地层当 $r \to \infty$ 到无穷远处时由于模间应力影响有:

$$\left.\begin{array}{l}\sigma_{r3}\big|_{r\to\infty}=0\\ \sigma_{\theta 3}\big|_{r\to\infty}=0\end{array}\right\} \tag{5.19}$$

$$C_3=0$$

在套管和水泥环的接触面上有:

$$\sigma_{r1}\big|_{r=b}=\sigma_{r1}\big|_{r=b} \tag{5.20}$$

可以得到

$$\dfrac{A_1}{b^2}+2C_1=\dfrac{A_2}{b^2}+2C_2 \tag{5.21}$$

在水泥环和地面之间有:

$$\sigma_{r2}\big|_{r=c}=\sigma_{r3}\big|_{r=c} \tag{5.22}$$

即

$$\dfrac{A_2}{b^2}+2C_2=\dfrac{A_3}{b^2}+2C_3 \tag{5.23}$$

因为本书所研究的水泥环为平面应变,而且有 $B=0$,由此可得出如下位移表达式。

套管的径向位移为:

$$u_{r1}=\dfrac{1-u_1^2}{E_1}\left[-\left(1+\dfrac{u_1}{1-u_1}\right)\dfrac{A_1}{r}+2\left(1-\dfrac{u_1}{1-u_1}c_1r_1\right)\right]+I_1\cos\theta+K_1\sin\theta \tag{5.24}$$

水泥环的径向位移为:

$$u_{r2}=\dfrac{1-u_2^2}{E_2}\left[-\left(1+\dfrac{u_2}{1-u_2}\right)\dfrac{A_2}{r}+2\left(1-\dfrac{u_2}{1-u_2}c_2r_2\right)\right]+I_2\cos\theta+K_2\sin\theta \tag{5.25}$$

地层的径向位移:

$$u_{r3}=\dfrac{1-u_3^2}{E_3}\left[-\left(1+\dfrac{u_3}{1-u_3}\right)\dfrac{A_3}{r}+2\left(1-\dfrac{u_3}{1-u_3}c_3r_3\right)\right]+I_3\cos\theta+K_3\sin\theta \tag{5.26}$$

式中:E_1、u_1 为套管的弹性常数;E_2、u_2 为水泥环的弹性常数;E_3、u_3 为地层的弹性常数。

根据前面的假设在接触面上位移相同即有

$$u_{r1}|_{r=b} = u_{r2}|_{r=b}$$
$$u_{r2}|_{r=c} = u_{r3}|_{r=c} \tag{5.27}$$

代入式(5.20)~式(5.22)中可得

$$\frac{1-u_1^2}{E_1}\left[-\left(1+\frac{u_1}{1-u_1}\right)\frac{A_1}{r}+2\left(1-\frac{u_1}{1-u_1}c_1r_1\right)\right]+I_1\cos\theta+K_1\sin\theta$$

$$=\frac{1-u_2^2}{E_2}\left[-\left(1+\frac{u_2}{1-u_2}\right)\frac{A_2}{r}+2\left(1-\frac{u_2}{1-u_2}c_2r_2\right)\right]+I_2\cos\theta+K_2\sin\theta \tag{5.28}$$

$$\frac{1-u_2^2}{E_2}\left[-\left(1+\frac{u_2}{1-u_2}\right)\frac{A_2}{r}+2\left(1-\frac{u_2}{1-u_2}c_2r_2\right)\right]+I_2\cos\theta+K_2\sin\theta$$

$$=\frac{1-u_3^2}{E_3}\left[-\left(1+\frac{u_3}{1-u_3}\right)\frac{A_3}{r}+2\left(1-\frac{u_3}{1-u_3}c_3r_3\right)\right]+I_3\cos\theta+K_3\sin\theta \tag{5.29}$$

式(5.25)和式(5.26)中，在接触面上任意一点都应该成立，也可为任意值，这样自由项应该相等，于是有：

$$\frac{1-u_1^2}{E_1}\left[-\left(1+\frac{u_1}{1-u_1}\right)\frac{A_1}{r}+2\left(1-\frac{u_1}{1-u_1}c_1r_1\right)\right]=\frac{1-u_2^2}{E_2}\left[-\left(1+\frac{u_2}{1-u_2}\right)\frac{A_2}{b}\right.$$

$$\left.+2\left(1-\frac{u_2}{1-u_2}c_2b\right)\right]^{(2)}\left|\frac{1-u_2^2}{E_1}\left[-\left(1+\frac{u_2}{1-u_2}\right)\frac{A_2}{C}+2\left(1-\frac{u_2}{1-u_2}c_2c\right)\right]\right.$$

$$=\frac{1-u_3^2}{E_3}\left[-\left(1+\frac{u_3}{1-u_3}\right)\frac{A_3}{r}+2\left(1-\frac{u_3}{1-u_3}c_3b\right)\right] \tag{5.30}$$

$$n_1\left[2c_1(1-2u_1)-\frac{A_1}{b^2}\right]=2c_2(1-2u_2)-\frac{A_2}{b^2} \tag{5.31}$$

$$n_2\left[2c_2(1-2u_2)-\frac{A_2}{b^2}\right]+\frac{A_3}{c_2}=0 \tag{5.32}$$

其中

$$n_1=\frac{E_2(1+u_1)}{E_1(1+u_2)}$$

$$n_2=\frac{E_3(1+u_2)}{E_2(1+u_3)}$$

根据式(5.1)~式(5.19)和式(5.27)~式(5.32)可以分别求出 A_1、A_2、A_3、C_1、C_2、C_3 系数值，最终可以求得水泥环的应力。

综合以上方程可得系数的矩阵方程为

$$\begin{bmatrix} \dfrac{1}{a^2} & 2 & 0 & 0 & 0 & 0 \\ \dfrac{1}{b^2} & 2 & -\dfrac{1}{b^2} & -2 & 0 & 0 \\ 0 & 0 & -\dfrac{1}{c^2} & 2 & -\dfrac{1}{c^2} & -2 \\ 0 & 0 & 0 & 0 & 0 & 1 \\ -\dfrac{n_1}{b^2} & 2n_1(1-2u_1) & \dfrac{1}{b^2} & -2(1-2u_2) & 0 & 0 \\ 0 & 0 & -\dfrac{b_2}{c^2} & 2n_2(1-2u_2) & \dfrac{1}{c^2} & 0 \end{bmatrix} \begin{bmatrix} A_1 \\ c_1 \\ A_2 \\ c_2 \\ A_3 \\ c_3 \end{bmatrix} = \begin{bmatrix} -q_b \\ 0 \\ 0 \\ 0 \\ 0 \\ 0 \end{bmatrix} \quad (5.33)$$

求解以上方程组可得：

$$A_1 = -\dfrac{2a^2}{b^2-a^2}[(1+q_b)b^2+n'_2 c^2] \quad (5.34)$$

$$K = \sqrt{K_\alpha^2 + K_\phi^2 \sin^2\alpha}$$

$$c_1 = \dfrac{1}{b^2-a^2}(a^2+b^2+n'_2 c^2)$$

$$A_2 = \dfrac{2n'_2 n_1 c^2[(1-2u_1)b^2(a^2+b^2+n'_2 c^2)]+a^2[(1+q_b)b^2+n'_2 c^2]}{(b^2-a^2)[(1-2u_2)b^2-n'_2 c^2]}$$

$$c_2 = \dfrac{n_1[(1-2u_1)b^2(a^2+b^2+n'_2 c^2)]+a^2[(1+q_b)b^2+n'_2 c^2]}{(b^2-a^2)[(1-2u_2)b^2-n'_2 c^2]} \quad (5.35)$$

$$A_3 = \dfrac{2(n'_2+1)n_1 c^2[(1-2u_1)b^2(a^2+b^2+n'_2 c^2)]+a^2[(1+q_b)b^2+n'_2 c^2]}{(b^2-a^2)[(1-2u_2)b^2-n'_2 c^2]} \quad (5.36)$$

$$c_3 = 0$$

其中

$$n'_2 = \dfrac{(1-2u_2)n_2+1}{n_2-1}$$

将以上系数代入式(5.16)中即可得到水泥环的径向应力为：

$$\sigma_{r2} = \dfrac{A_2}{r^2}+2c_2 = \dfrac{\left(\dfrac{n'_2 c^2}{r^2}+1\right)\cdot 2n_1\{(1-2u_1)b^2(a^2+b^2+n'_2 c^2)+a^2[(1+q_b)b^2+n'_2 c^2]\}}{(b^2-a^2)[(1-2u_2)b^2-n'_2 c^2]} \quad (5.37)$$

分析式(5.37)当 $r=b$ 时，水泥环的径向应力最大，即有

$$\sigma_{rr\max} = \sigma_{r2}|_{r2=b}$$

式中：q_b 为套管内压。

令：$\sigma_{r\max} = P_s$

将以上条件代入式(5-30)可得径向最大应力为：

$$P_s = \frac{\left(\dfrac{n_2'c^2}{b^2}+1\right)\cdot 2n_1\{(1-2u_1)b^2(a^2+b^2+n_2'c^2)+a^2[(1+q_b)b^2+n_2'c^2]\}}{(b^2-a^2)[(1-2u_2)b^2-n_2'c^2]} \tag{5.38}$$

在式(5.38)中，只要分别给出 a、b、c 和 E_1、U_1、E_2、U_2、E_3、U_3 的值，就可以计算出在套管内压力 q_B 时的水泥环的最大径向应力 P_s。

5.1.2 温度变化对水泥环应力影响模型

在油气井开发过程中，由于井筒温度变化，将导致水泥环的应力变化，将温度应力考虑到水泥环的应力分析中是非常重要和必要的。本书只考虑纯温度应力作用下的水泥环应力变化。在套管内压对水泥环应力影响中已知最大应力发生在套管与水泥环的交界面上，因此对于水泥环与地层的作用不作考虑，并且认为在离水泥环无穷远处的地层温度应力为0。如图5.2所示，有边界条件：

$$\left.\begin{array}{l}\sigma_r|_{r=a}=\delta_a\\ \sigma_r|_{r=b}=\delta_a\end{array}\right\} \tag{5.39}$$

式中，σ_a 为套管内压。因为对水泥环与地层的作用可不作考虑，这样有边界条件(5.39)就足够了，其中 σ_b 是要求的应力。

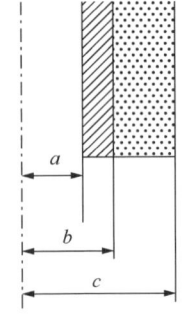

图 5.2 井筒内套管与水泥环结构示意图

基本假设条件：在油气井作业过程中，温升 T，套管内 T_a，套管与水泥环交界面上的温度为 T_b，如果作业过程时间足够长，则 $T_a=T_b=T$，因为是平面应变问题，所以由于温度变化所引起的应力变化可由公式(5.40)进行描述。

$$\left.\begin{array}{l}\sigma_r = -\dfrac{E}{1-u^2}\dfrac{a}{r^2}\left(\int_\rho^r Tr\mathrm{d}r+A\right)\\ \sigma_\theta = -\dfrac{E}{1-u^2}\dfrac{a}{r^2}\left(\int_\rho^r Tr\mathrm{d}r+A-Tr^2\right)\\ \tau_{r\theta}=0\end{array}\right\} \tag{5.40}$$

其中，ρ 为任意常数，取 $\rho=a$，可得

$$\left.\begin{array}{l}\sigma_r = -\dfrac{E}{1-u^2}\dfrac{a}{r^2}\left(\int_a^r Tr\mathrm{d}r+A\right)\\ \sigma_\theta = -\dfrac{E}{1-u^2}\dfrac{a}{r^2}\left(\int_a^r Tr\mathrm{d}r+A-Tr^2\right)\\ \tau_\theta=0\end{array}\right\} \tag{5.41}$$

将边界条件 $\sigma_r|_{r=a}=\sigma_a$ 代入(5.41)并注意到 T 为常数，可得

$$A = -\frac{a\sigma_a}{E} \tag{5.42}$$

$$\left.\begin{array}{l}\sigma_r = -\dfrac{E}{1-u^2}\dfrac{a}{r^2}\left[\dfrac{1}{2}T(r^2-a^2)-\dfrac{\sigma_a(1-u^2)}{E}\cdot a\right]\\ \sigma_\theta = -\dfrac{E}{1-u^2}\dfrac{a}{r^2}\left[\dfrac{1}{2}T(a^2+r^2)-\dfrac{\sigma_a(1-u^2)}{E}\cdot a\right]\\ \tau_{r\theta}=0\end{array}\right\} \tag{5.43}$$

由式(5.43)可知当 $r=b$ 时，由于温度升高在套管和水泥环交界面上产生的径向应力最大，即

$$\sigma_b = -\frac{E}{1-u^2}\frac{a}{b^2}\left[\frac{1}{2}T(b^2-a^2)-\frac{\sigma_a(1-u^2)}{E}\cdot a\right] \quad (5.44)$$

如果不考虑初始内压 σ_a 的影响，则有：

$$\sigma_b = -\frac{Ea}{1-u^2}\frac{b^2-a^2}{2b^2}T \quad (5.45)$$

式(5.45)相当于温度升高所产生的附加应力。

5.1.3 套管内压和温度共同作用对水泥环应力影响模型

如果考虑水泥环在破坏前是弹性的，并且变形为小变形，那么水泥环在套管内压和温度升高下的应力则符合应力迭加原理，将式(5.43)加入式(5.37)可以得出水泥环套管内压和温度应力下的最大径向应力

$$\sigma_r = \sigma_{r2}+\sigma_b = \frac{\dfrac{n'_2c^2+1}{b^2}\cdot 2n_1[(1-2u_1)b^2(a^2+b^2+n'_2c^2)+a^2[(1+q_b)b^2+n'_2c^2]]}{(b^2-a^2)[(1-2u_2)b^2-n'_2c^2]}$$
$$-\frac{Ea}{1-u^2}\frac{b^2-a^2}{2b^2}T \quad (5.46)$$

5.2 加砂水泥体系的抗高温性能分析

稠油热采井固井水泥浆应具有如下特点：在低温下快速凝结，防止候凝过程中的环空窜流，形成连续、完整、层间分隔与密封性能良好的优质水泥环；在生产过程中，水泥石要具有长期的抗高温强度衰退性能，水泥环不发生破坏，才能满足油气井正常生产和高温注汽提高采收率的需要。

普通油井水泥凝固后在高温环境下，水泥石技术性能将发生明显的改变，主要表现在水泥石强度发生衰退，并伴随着渗透率增加，从而不能满足高温注汽对固井质量的要求。目前，国内外针对稠油热采井固井水泥浆的设计常规做法是在水泥浆中加入了石英砂。优选高纯度的石英砂，选用适当粒径的粗砂和细砂，利用合理的粒度级配，可以提高水泥石的密实性。改变水泥石的硅钙比（C/S 比），从而提高水泥石的抗高温性能。

高温注汽工艺的实施通常是处于一个几百摄氏度的高温环境中，固井水泥石在这样的特殊条件下服役，水泥石的技术性能会发生变化，主要表现为随着温度的升高水泥石强度出现衰退现象，水泥石的渗透率也随之发生变化，从而对火烧油层的固井质量产生一定的负面影响。

5.2.1 加砂水泥浆体系简介

加砂水泥是现场固井工程中常用的水泥浆体系，在对热采井、稠油井固井水泥浆进行设计时，主要采用的方法是在水泥原浆中加入一定成分的石英砂，优选高纯度的石英砂、

选用适当的石英砂颗粒级配可以有效地提高水泥石密实性能,并且可以提高后期水泥石的抗压强度,因此,加砂水泥浆体系在油田现场被广泛使用。

石英砂是以 SiO_2 为主要成分的比表面极大、活性很高的硅质材料,由于石英砂含有 85% 以上的 SiO_2,故能提高油井水泥的热稳定性,它的加入改变了水泥的 C/S 比,使水泥的水化产物 C—S—H 的组成和结构发生了变化。实验证明,在 SiO_2 的存在下,C_3S 粒子周围存在着三层不同 C/S 比的 C—S—H 凝胶,最内层 C/S 比为 115 左右,最外层 C/S 比小于 1。C/S 比不同,产物的结构不同,其性能也不同。Eilers 等人认为,在加入硅灰的水泥中,随加量和环境温度的不同,可得到一系列热稳定性好、强度高、渗透率低的水化产物。当 SiO_2 加量在 35% 左右,水泥体系 C/S 比接近于 1 时,如温度高于 120℃,主要形成雪硅钙石,当温度高于 150℃ 时,则主要形成硬硅钙石和少量白钙沸石,它们在 400℃ 以内均稳定存在。除此之外,产物中少量白钙镁沸石、针钠钙石、片柱钙石等对水泥的热稳定性也有一定作用,因此提高了水泥的耐高温性能。

通过调研发现,加砂水泥浆在 150~300℃ 温度范围内可以有效地提高水泥的耐高温性能,使水泥浆保持较高的抗压强度,但是超稠油开发井的温度环境是 300~350℃ 的范围。因此,在更高温度条件下加砂水泥浆能否仍然满足高温固井技术的要求就需要用实验来进行验证。

5.2.2 高温注汽条件下水泥石的强度衰退

高温注汽开采稠油过程中,在热力场作用下,温度超过 110℃ 时,油井水泥的水泥石强度将逐渐发生变化。随着开发时间的延长,温度逐渐升高,水泥石的强度衰退越来越严重,直到温度达到强度衰退临界点时,水泥石发生崩溃。

5.2.2.1 水泥石强度衰退机理

不同种类的油井水泥,其熟料矿物如 C_3S、C_2S、C_3A、C_4AF 以及起调凝作用的石膏($CaSO_4 \cdot H_2O$)含量各不相同,且 f-CaO(游离的 CaO)和 f-SiO_2(游离的 SiO_2)含量也各异。组成水泥的熟料主要矿物的比例极大地影响水泥石(机械性能)的热稳定性。水泥石中的 C_3S、C_2S、C_3A 及 C_4AF 等熟料矿物的水化反应可以描述为以下各式:

$$\begin{aligned} 2C_3S + 6H_2O &\longrightarrow C_3S_2H_3 + 3Ca(OH)_2 \\ 2C_2S + 4H_2O &\longrightarrow C_3S_2H_3 + Ca(OH)_2 \\ C_3A + 6H_2O &\longrightarrow C_3AH_6 \\ C_4AF + 7H_2O &\longrightarrow C_3AH_6 + CFH \end{aligned} \quad (5.47)$$

从水化反应式可以得出,C_3S 和 C_2S 的水化产物都为水化硅酸钙凝胶 $C_3S_2H_3$[也可写成 C_2SH_2 或 CSH(Ⅱ),其 C/S=1.5~2] 和 $Ca(OH)_2$ 晶体。但 C_3S 的水化反应速度比 C_2S 快得多,且相同物质的量时,生成的 $Ca(OH)_2$ 晶体也更多。这是由于水泥生产工艺中,在 1300~1450℃ 的高温条件下,C_2S 液相吸收 CaO 而生成 C_3S,即

$$2CaO \cdot SiO_2 + CaO \xrightarrow{1300 \sim 1450℃} 3CaO \cdot SiO_2 \quad (5.48)$$

然后以骤冷方式使 C_3S 固溶体保持了一种亚稳状态。因而 C_3S 的化学结构较之 C_2S 更不稳定,水化能力更强。在无限稀释条件下,对 C_3S 单矿物的水化分解速度分析表明,在

水化反应初期,约有 1/3 的 CaO 被很快析出来。可见,水泥中 C_3S 和 C_2S 含量不同,其水化产物的结构会有显著区别。

在低于 110℃ 的温度下,C_3S 和 C_2S 的水化产物主要是高强度低碱度的水化硅酸钙凝胶 $C_3S_2H_3$ 和 $Ca(OH)_2$ 晶体;在温度高于 110℃ 后,除了生成上述产物外,随温度的提高,低强度高碱度的 $C_2SH(A)$ 逐渐增多;也可能是由于动力学原因,先生成的 $C_3S_2H_3$ 经较长时间的高温养护后,便逐步转化成低强度的 $C_2SH(A)$,从而导致水泥石的高温强度衰退。

高温条件下,水泥石中形成了 $C_2SH(C)$ 和 $C_2SH(A)$ 混合物相。这两种物质的单体强度均小于 2MPa,加上在固体状态下晶体转化,破坏了水泥石的内部结构,造成水泥石在高温下强度急剧衰退下降。

5.2.2.2 石英砂对水泥石强度的影响

国内外固井工作者普遍采用掺加石英砂(SiO_2)的方法来抑制高温条件下水泥石的强度衰退现象。不同种类的油井水泥,其主要矿物成分的组成及比例不尽相同,固井水泥水化产物的相组成取决于其矿物的组成及比例,水泥石机械性能的热稳定性又取决于水化产物的相组成,因此,水泥石发生高温强度衰退的临界点也不同。换言之,不同种类的油井水泥,应该存在不同的掺加石英砂的临界静止温度,而且掺加量也应该不同。例如,按 API 标准推荐,在静止温度达到 110℃ 时,就必须掺加的 20%~50% 石英砂,通常加量为 30%~40%。

当加入适量石英砂参与高温下水泥的水化反应时,可有效地降低水泥水化产物的碱度。如表 5.1 所示,C/S 比(CaO/SiO_2)为 1.2~1.37 时,水泥石的强度高;而 C/S 小于 1.2 和大于 1.37 时,水泥石的强度明显下降。

表 5.1 不同加砂比例对某水泥石的强度影响

石英砂:水泥	水灰比 W/C	抗压强度(MPa)	C/S 比
0:100	0.5	6.7	2.64
10:90	0.45	4.9	1.89
20:80	0.45	41.6	1.37
25:75	0.45	48.5	1.20
30:70	0.45	27	1.03
40:60	0.45	21.9	0.77

因此,在一定条件下,C/S 比也是在适当的情况下,才能获得高强度的水泥石。这与加砂量应适当是完全一致的。在高温下,石英砂与水泥熟料初期水化产物的反应可描述为

$$Ca(OH)_2 + SiO_2 \longrightarrow CSH(B)$$
$$C_3S_2H_3 + SiO_2 \longrightarrow 3CSH(B) \quad (5.49)$$
$$C_3AH_6 + 2SiO_2 \longrightarrow C_3AS_2H_2 + 4H_2O$$

可见,在高温下,石英砂与初期水化产物作用生成高强度低碱度的 CSH(B),且减少了对水泥石强度不利的 $Ca(OH)_2$ 的量。而且,CSH(B) 在高温下还要发生相转变,即

$$\mathrm{CSH(B)} \xrightarrow{\text{高温}} \mathrm{C_5S_6H_4}$$
$$\mathrm{CSH(B)} \xrightarrow{\text{高温}} \mathrm{C_5S_6H_4} \tag{5.50}$$
$$\mathrm{C_6S_6H} \xrightarrow{\text{高温}} \mathrm{C_6S_6H}$$

产物中雪硅钙石($\mathrm{C_5S_6H_4}$)和硬硅钙石($\mathrm{C_6S_6H}$)的生成,大大地提高了高温下水泥石的强度。可见,水泥熟料矿物的组成及其比例与该水泥石的水化速度、水泥石的强度以及为抑制水泥石高温强度衰退,应掺石英砂的临界温度和合理掺砂比例等密切相关。

5.2.3 外加剂优选

5.2.3.1 早强剂材料优选

井底温度低也会导致水泥石早期强度发挥缓慢,因此应优选低温下性能优良的早强剂提高体系的早期强度。选用了常用的几种低温早强剂 SW-1A、ZQ-1、SWT 和 CS-2 进行对比实验,实验结果数据见图 5.3。

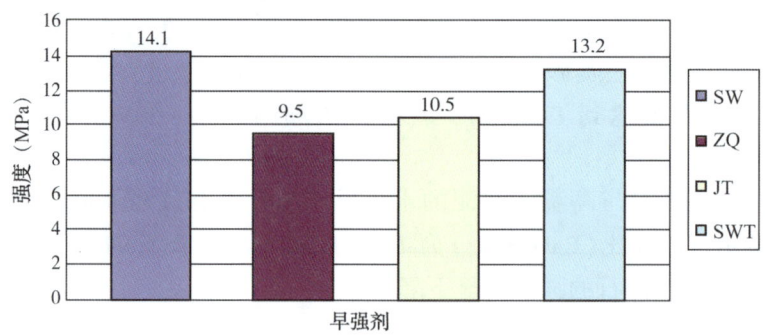

图 5.3 早强剂优选实验结果

由图 5.3 可以看出,在相同条件下,SW-1A 的早强效果较好,它的加入使水泥石早期强度发挥快,有助于防气窜,阻止地层流体的侵入。同时早强剂进行颗粒级配掺入水泥浆中,可以进一步充填水泥石空隙,形成更加致密的水泥石,可显著提高水泥浆的强度、稳定性等综合性能。

5.2.3.2 促凝剂材料优选

促凝剂会使水泥浆的动切力值增大,使浆体增稠,影响体系流变性和稠化时间,也影响体系滤失控制能力。常见的促凝剂有硫酸盐类、硝酸盐类和氯离子类。

促凝剂主要存在以下问题:
(1)使水泥浆浆体增稠,现场混配困难;
(2)低温下随加量的增大浆体流变性变差,但水泥浆的稠化时间较难缩短,给水泥浆性能调节带来困难;
(3)影响水泥浆体系流变性,顶替效率低;
(4)体系滤失量大,初终凝间隔时间长。

因此通过不同品种的促凝剂的评价,优选一种效果良好的促凝剂是很有必要的,它不仅可以改善水泥浆的综合性能，而且在低温下缩短了稠化时间，并使浆体具有良好的流动性能。

配方：TH.G+3%WG+35%石英砂+4%促凝剂+(4%ST900L+1.2%SXY-Ⅱ)。

在35℃条件下，不同促凝剂对水泥浆性能的影响见表5.2。加有ST400S的水泥浆早期强度值最高，从稠化过渡时间看，只有12min，有利于阻止地层流体侵入，而其他促凝剂均存在过渡时间长的缺点，因此ST400S具有明显的促凝优势和提高强度优势，可以缩短水泥浆液态向固态转化时间，减少地层流体侵入机会，更有利于低温井下固井质量的提高。

表5.2 不同促凝剂对水泥浆的影响

材料名称	6h 强度(MPa)	12h 强度(MPa)	24h 强度(MPa)	流动度(cm)	过渡时间(min)
HDC	1.4	10.8	30.5	23	30
DC-1	1.7	8.6	22.4	18	54
JTC	3.5	10.2	27.5	21	40
DS-B	4.9	10.6	29.6	20	34
ST400S	5.4	11.5	30.2	22	12

5.2.3.3 降失水剂优选

降失水剂的选用是至关重要的，稠油热采水泥浆固相含量较高，若浆体失水过大，将导致水泥浆密度升高，出现自由水离析污染油层的现象，因此稠油热采水泥浆应选用胶乳或水溶性高分子聚合物类的降失水剂。

选用三种常用降失水剂做对比，基础配方为：G+35%SiO₂+2%WG+3%膨胀剂+(3%降失水剂+0.8%SXY+1%促凝剂)+58%W/C，实验温度：30℃，实验时间：30min。图5.4为降失水剂优选实验结果。

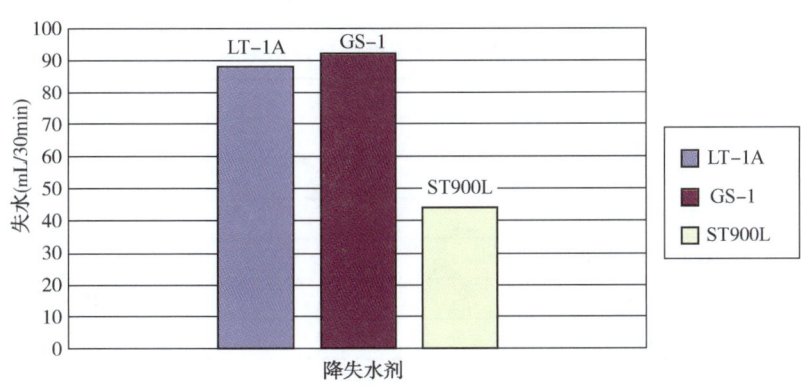

图5.4 降失水剂优选实验结果

通过图5.4可以看出，在相同条件下，ST900L失水量远小于另两种外加剂，这是因为当水泥浆运动着的时候ST900L主要通过包裹较小的颗粒和水分子起着降失水的作用，当水泥浆静止后，ST900L在水泥水化前期与水泥生成$CaSO_4$和活性盐，$CaSO_4$和活性盐产生同离子效应和盐效应，改变水泥颗粒表面的吸附层，提高水化矿物的溶解度，使水泥浆的水化诱导期提前结束，加速水泥水化进程，温度越高，水化进程越快。

5.2.4 加砂水泥浆性能实验测试研究

5.2.4.1 实验材料

阿克苏 G 级油井水泥；硅粉；自来水；SWT 油井水泥早强剂；SXY-2 油井水泥减阻剂；KTC-2 油井水泥促凝剂；KT-1 油井水泥降失水剂；KP-100 油井水泥消泡剂。

5.2.4.2 实验条件

实验温度：30℃；
水泥浆密度：1.90g/cm³；
液灰比：52%。

5.2.4.3 实验加砂水泥浆配方

阿 G+30%硅粉+4%SWT+0.7%SXY-2+2%KTC-2+6%KT-1+46%水。

5.2.4.4 实验步骤

(1) 选取需要进行实验的水泥浆配方材料及添加剂；
(2) 将硅灰水泥浆体系配置完成；
(3) 测量水泥浆的密度、析水量、流动度、稠化时间、API 失水量等性能参数；
(4) 实验结果评价分析。

5.2.4.5 实验结果分析

对配好的水泥浆体系进行性能测试，测试结果如表 5.3 所示。由测试结果可知，在常温条件下水泥浆的密度、析水量、流动度、稠化时间、API 失水量等参数均能满足固井工程对水泥浆体系性能的要求，但是水泥浆凝结后在高温条件下的抗压强度是否能够满足工程技术的要求，是否能够适应高温条件下的井眼应力环境，其性能是否能够保持稳定，则需要做进一步的验证。

表 5.3 硅灰水泥浆性能测试结果表

测试项目	测试结果
密度(g/cm³)	1.90
析水(mL)	0
流动度(cm)	23
API 失水量(mL)	46
30℃，70Bc 稠化时间(min)	156
30℃，24h 强度(MPa)	15.2

5.2.5 高温条件下加砂水泥石性能评价

纯水泥随养护温度的增加、养护期龄的延长，抗压强度将发生急剧衰退。加有石英砂的水泥石强度不断提高，但加砂配比过大时，强度又呈减小的趋势。根据表 5.4 和图 5.5 的实验结果可得，35%碛砂加量时，性价比最高。

表5.4 不同加砂量条件下水泥浆的强度表

加砂配比 （石英砂：水泥）	液固比	水泥石抗压强度（MPa）	
		35℃，0.1MPa 24h	290℃，21MPa 24h
0：100	0.44	14.6	6.5
15：100		15.2	22.7
25：100		16.0	24.6
35：100		16.9	26.9
45：100		15.9	24.0
55：100		14.5	20.6
65：100		9.8	18.0

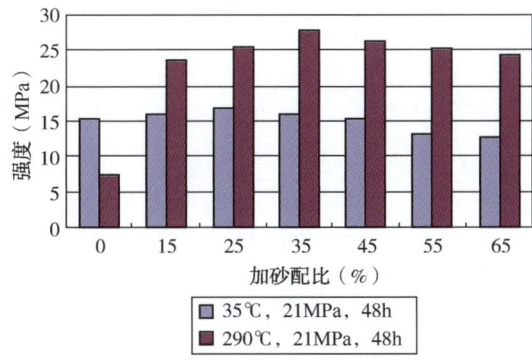

图5.5 不同加砂量对水泥石抗温性能的影响图

5.2.5.1 加砂水泥浆水泥石抗折强度

加砂水泥浆随养护时间的延长及温度的升高水泥石抗折强度增大（表5.5）。

表5.5 加砂水泥浆水泥石抗折强度表

序号	养护条件	抗折强度（MPa）
1	23℃，0.1MPa，24h	3.5
2	23℃，0.1MPa，48h	5.3
3	110℃，21MPa，24h	6.2
4	110℃，21MPa，48h	8.8
5	290℃，21MPa，24h	12.3
6	290℃，21MPa，48h	13.5
7	290℃，21MPa，7d	15.6
8	290℃，21MPa，15d	16.2

5.2.5.2 加砂水泥浆水泥石抗高温性能

加砂水泥浆体系抗高温性能见表5.6。

表 5.6 加砂水泥浆体系抗高温性能表

序号	养护条件	强度1(MPa)	强度2(MPa)	渗透率	胶结强度(MPa)
1	23℃，0.1MPa，24h	13.1	6.8	20MPa，未穿	2.12
2	23℃，0.1MPa，48h	24.3	15.7	20MPa，未穿	2.56
3	110℃，21MPa，24h	20.8	16.3	20MPa，未穿	3.66
4	110℃，21MPa，48h	28.4	22.3	20MPa，未穿	4.40
5	290℃，21MPa，24h	33.4	28.8	20MPa，未穿	—
6	290℃，21MPa，48h	36.6	29.3	20MPa，未穿	—
7	290℃，21MPa，7d	37.1	29.6	20MPa，未穿	—
8	290℃，21MPa，15d	37.3	29.2	20MPa，未穿	—
9	290℃，21MPa，15d，2周	37.1	29.4	20MPa，未穿	—
10	290℃，21MPa，15d，3周	37.2	29.0	20MPa，未穿	—

实验条件说明：强度1表示在水泥试块第一次在抗压实验机上的读数；强度2表示，第一次抗压实验过后，第二次抗压实验水泥石能够达到的强度值。序号9、10是模拟井下吞吐开采的2、3个周期。渗透率实验是在试块两端施加20MPa的压力，水泥石未穿透。

从实验结果可以看出：水泥石具备抗高温"强度衰退"性能；水泥石抵抗变形能力强，抗裂性好；水泥石能经受多次周期性吞吐开采；水泥石渗透率低，能保持良好的层间封隔性能。

5.2.5.3 加砂水泥浆性能评价

加砂水泥浆配方：水泥+砂+WG+膨胀剂+促凝剂+58%水灰比。加砂水泥浆体系性能见表5.7。

表 5.7 加砂水泥浆体系性能表

参数	密度（g/cm³）	温度/压力（℃/MPa）	稠化时间（min）	流变性能	24h 常温强度（MPa）	24h 胶结强度（MPa）	膨胀率（%）	24h 350℃强度（MPa）	游离液（mL）
数值	1.89	30/7	102	n=0.52 K=1.88	14.8	3.4	1.04	34	0

5.3 热采水平井抗高温水泥浆新配方

在高温注汽开采过程中，要求热采井中的水泥环在高温热循环的条件下应具有一定的可塑性和稳定性，这样才能保证固井水泥浆的固结性能，为超稠油高温注汽开发提供保障。从油层高温注汽过程中的高温条件下水泥环的应力状态分析结果可以得出，常规的热采井固井水泥浆体系已经不能满足油层高温注汽的要求，因此急需研制出一种新型的固井水泥浆体系来满足高温注汽的固井要求。

通过研究，提出了一种新型的高温固井水泥浆组分，该种新型水泥组分由一种含碳的天然矿物结构和一种硅酸铝外加剂与波特兰水泥混合而成，因为该水泥组分在高温热循环中的耐久性和与波特兰水泥的互配性使其成为一种十分适用于热采井的水泥组分。这种含有石墨和变高岭石的具有热稳定性的水泥浆，在高温热循环中对其形成的水泥石的抗压强度和液体渗透率都没有显著的影响,它在固井过程中能够有效抑制固井失败的因素,因此其适应于高温注汽区域。

经加工处理过的火山灰材料与波特兰水泥混合,可得到具有热稳定性的水泥石。与其他已发现的在高温热循环中有效的火山灰相比,变高岭石为水泥石提供了更高的抗压强度,为水泥浆提供了更高的流动度。

5.3.1 耐高温水泥浆体系关键材料

5.3.1.1 含碳材料(石墨)

经养护过的水泥石含有大量的碳或含碳材料,就如一种外加剂,比起该水泥来说,这种水泥外加剂可塑性更强,在水泥经过一段时间热循环后,压力使水泥破裂的程度减小,因此,作为水泥外加剂的含碳材料是从含碳量高的材料中选取的,如煤、无烟煤、石墨等。这些外加剂含碳量都在85%~90%之间,因为其含有挥发性物质,所以采用这些外加剂十分必要。无定形石墨作为含碳量高的含碳材料被选作研究对象,因为它是一种低挥发性的物质(15%)且具有高的热导率和电导率。石墨具有层状结构,原子在层面上下,仅仅依靠很弱的键连接,在具有薄片韧性等性能的六角形体系中,石墨是碳和晶体组成的多晶状物质。有研究指出:关于耐久长效水泥体系的发展表明了碳结构对拉伸强度的改善作用,它可供拉伸强度增加2~3倍,同时会增加水泥的耐久性。加有10%石墨的API-G级水泥在65℃下养护72h的拉伸强度,比不含石墨的纯水泥增加了55%。

5.3.1.2 变高岭石

变高岭石是一种含有硅和氧化铝的材料,它不具有胶黏性,但在潮湿条件下甚至常温也可与$Ca(OH)_2$反应,形成具有胶黏性的复合物,$Ca(OH)_2$是波特兰水泥水化的副产品,能够从水泥浆中凝析出来,变高岭石与凝析出来的$Ca(OH)_2$反应后变得稳定,如同胶黏材料一样,从而增加了该材料的强度,降低了渗透率。$Ca(OH)_2$胶体在高温热循环条件下脱水为石灰,石灰与变高岭石反应形成石灰—火山灰的复合物,该复合物甚至在更高的温度下仍具有更高的抗压强度和液体渗透率,所配制出的含有变高岭石的API-G级水泥降低了从水泥中释放的$Ca(OH)_2$的量。因此,在高温注汽过程中的高温循环条件下,该水泥石具有足够的抗压强度和低的渗透率(<0.1mD),在API-G级水泥中混有高活性的变高岭石(10%~20%),使$Ca(OH)_2$稳定,减小高达350℃的热循环对渗透率和抗压强度的影响。

5.3.2 耐高温水泥浆性能实验测试研究

5.3.2.1 实验材料

阿克苏G级油井水泥;硅粉;自来水;JKW-1型高温稳定剂;JKS-1型高温增塑剂;SWT油井水泥早强剂;SXY-2油井水泥减阻剂;KTC-2油井水泥促凝剂;KT-1油井水泥降失水剂;KP-100油井水泥消泡剂。

5.3.2.2 实验条件

实验温度:30℃;

水泥浆密度:1.90g/cm³;

液灰比:52%。

5.3.2.3 实验耐高温水泥浆配方

阿克苏 G 级水泥+JKW-1 型高温稳定剂+JKS-1 型高温增塑剂+SWT 油井水泥早强剂+KTC-2 油井水泥促凝剂+SXY-2 油井水泥减阻剂+KT-1 油井水泥降失水剂+适量 KP-100 油井水泥消泡剂+自来水。

5.3.2.4 实验步骤

(1) 选取需要进行实验的水泥浆配方材料及添加剂;
(2) 将水泥浆体系配置完成;
(3) 测量水泥浆的密度、析水量、流动度、稠化时间、API 失水量等性能参数;
(4) 实验结果评价分析。

5.3.2.5 实验结果分析

对配好的水泥浆体系进行性能测试,测试结果如表 5.8 所示。

表 5.8 抗高温水泥浆性能测试结果

项 目	测试结果	项 目	测试结果
密度(g/cm³)	1.90	30℃,70Bc 稠化时间(min)	154
析水(mL)	0	30℃,24h 强度(MPa)	14.3
流动度(cm)	27	350℃,4h 强度(MPa)	29.8
API 失水量(mL)	40		

由测试结果可知,水泥浆的密度、析水量、流动度、稠化时间、API 失水量等参数均能满足固井工程对水泥浆体系性能的要求,从 API 失水量、稠化时间等参数可知,该新型水泥浆体系性能得到了优化,水泥浆具有更好的稳定性,但其抗压强度是否能够满足固井工程技术的要求及对井眼应力环境的适应性好坏仍然需要做进一步的验证。

5.3.3 抗高温固井水泥石性能评价

5.3.3.1 高温条件下普通硅灰水泥石强度评价

将普通硅灰水泥浆凝结后形成水泥石柱试样进行实验,实验条件为常温(30℃)条件和高温(350℃)条件。

图 5.6 350℃条件下养护 1d 后水泥石外观

在常温条件下分别养护 1d、3d、5d 后,观察水泥石外观未发现异常,水泥浆抗压强度满足工程要求。

在高温条件下分别养护 1d、3d、5d 后,观察水泥石外观均出现异常,实验结果如图 5.6、图 5.7、图 5.8 所示。

(1) 30℃养护 1d 后,再 350℃养护 1d:放在常温下冷却时发现开裂(图 5.6)。

(2) 30℃养护 1d 后,再 350℃养护 3d:放在常温下冷却时发现开裂(图 5.7)。

(3) 30℃养护 1d 后,再 350℃养护 5d:放在

常温下冷却时发现开裂(图5.8)。

图 5.7　350℃条件下养护 3d 后水泥石外观

图 5.8　350℃条件下养护 5d 后水泥石外观

由高温养护实验可知，在 350℃高温条件下，加砂水泥浆在养护后出现不同程度的开裂，在高温条件下水泥石的抗压强度衰退很快，不能满足高温固井工程技术的要求，因此硅灰水泥浆不能作为超稠油固井用水泥浆，它不能适应超稠油的特殊高温条件的应力环境。

5.3.3.2　高温条件下抗高温水泥石强度评价

将抗高温水泥石样品分别在常温(30℃)和高温(350℃)条件下进行了单轴抗压实验，每种温度条件下的水泥石岩样均为 3 个，编号依次为 30℃：T1-1、T1-2、T1-3；500℃：T2-1、T2-2、T2-3。图5.9 与图5.10 分别为常温和高温条件下的水泥石试样。

图 5.9　常温条件下的水泥石试样

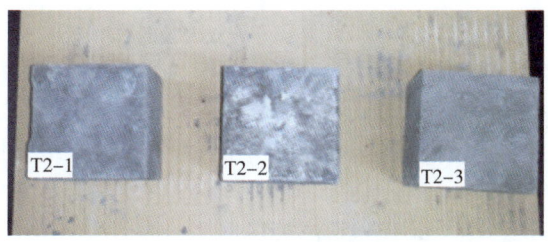

图 5.10　高温条件下的水泥石试样

图 5.11 为进行高温(350℃)实验时的高温养护仪器。图 5.12 为高温养护仪器的温度控制设备，通过温度控制设备上的电流调节旋钮和温度调节旋钮来实现对养护箱温度的控制。

图 5.11　水泥石高温养护仪器　　　　图 5.12　水泥石高温养护仪温度控制设备

从常温实验和高温实验后岩样的外观表现分析可知，经高温条件养护后的水泥石岩样没有出现裂纹。实验过程中对岩样外观尺寸进行了测量，对屈服载荷下的抗压强度进行了测量，测试结果如表 5.9 和表 5.10 所示。

表 5.9　常温条件下水泥石岩样抗压强度实验结果

岩样编号	长度(mm)	宽度(mm)	载荷(kN)	抗压强度(MPa)	抗压强度均值(MPa)
T1-1	51.00	51.40	53.9	14.3	14.7
T1-2	51.00	51.00	49.3	14.4	
T1-3	51.00	51.36	43.8	15.3	

表 5.10　高温条件下水泥石岩样抗压强度实验结果

岩样编号	长度(mm)	宽度(mm)	载荷(kN)	抗压强度(MPa)	抗压强度均值(MPa)
T2-1	49.67	50.14	36.3	29.8	30.5
T2-2	49.75	49.68	34.9	31.3	
T2-3	50.00	49.85	35.5	30.5	

由表 5.9 的实验结果数据可知，在常温(30℃)条件下，水泥石岩样的抗压强度为 18.7MPa，因此，在常温条件下水泥石的抗压强度符合固井水泥浆抗压强度性能的要求。

由表 5.10 的实验结果数据可知，在高温(350℃)条件下，水泥石岩样的抗压强度为 30.5MPa、注汽压力为 6MPa 条件下，应力状态分析结果的最大应力为 5.8MPa，因此实验岩样的抗压强度在安全范围以内，完全能够满足固井水泥浆抗压强度性能的要求。

5.4　耐高温水泥浆体系现场应用

新型耐高温固井水泥在红浅 1 井区进行了 8 口试验井的现场试验，这 8 口试验井分别为 h2097A 井、hH020 井、hH021 井、hH022 井、hH023 井、hH024 井、hH025 井、hH026 井。对固井结果进行了声幅测井，其测试结果如表 5.11 所示。

表 5.11 耐高温水泥浆现场应用情况

井号	井深(m)	水泥浆体系	水泥返高	固井质量	水泥浆密度(g/cm³)
h2097A	605	G级加砂+抗高温水泥	地面	优	1.91
hH020	595	G级加砂+抗高温水泥	地面	优	1.91
hH021	610	G级加砂+抗高温水泥	地面	优	1.91
hH022	602	G级加砂+抗高温水泥	地面	优	1.91
hH023	610	G级加砂+抗高温水泥	地面	优	1.91
hH024	609	G级加砂+抗高温水泥	地面	优	1.91
hH025	619	G级加砂+抗高温水泥	地面	合格	1.91
hH026	628	G级加砂+抗高温水泥	地面	合格	1.91

由表 5.11 耐高温水泥浆现场应用情况可得，h2097A 井、hH020 井、hH021 井、hH022 井、hH023 井、hH024 井 6 口井固井质量为优，hH025 井、hH026 井 2 口井固井质量为合格，固井质量固井合格率为 100%，固井优质率为 75%，保证了火驱热采先导试验井的固井质量及生产安全。

第6章 热采水平井防砂筛管完井技术

新疆油田有相当部分的稠油资源井区为疏松砂岩地层,许多油井因出砂严重而停产或报废。使用筛管或膨胀筛管进行防砂完井作业,是提高出砂井区开发效益的有效措施。

6.1 筛管完井技术在新疆油田应用条件分析

新疆油田浅层稠油油藏水平井主要集中在百口泉采油厂百重7井区克上组油藏,重油公司九6区齐古组和八道湾组油藏、九7+8井区齐古组油藏,克浅109井区齐古组油藏。有关各区块的油藏基本参数见表6.1。

表6.1 稠油水平井部署区域油藏基本参数

参数、区块	克浅109井区齐古组	九7+8区齐古组	九6区		百重7井区克上组
			八道湾组	齐古组	
主力油层	J_3q_{3-2}	J_3q_2	J_1b_5	J_3q_2、J_3q_3	克上组
油藏中部深度(m)	380	160	270~490	200、250	540
含油岩性	中细砂岩	中细砂岩	中细砂岩及含砾砂岩	中细砂岩、砂砾岩、粉砂岩	中细砂岩和砂砾岩
油层孔隙度(%)	28.6	30.4	26.1	29.8、27.6	23
水平渗透率(mD)	1467	1525	842	2077、756	286
油层有效厚度(m)	7.4	9.6~16.4	8.0		8.4
原始含油饱和度(%)		72	66		68.7
原油密度(g/cm³)	0.9285	0.9612~0.9546	0.946	0.945、0.927	0.939
20℃地面脱气原油黏度(mPa·s)	2593~9673	250000~400000	3343~287200	2779~166815、5000~80000	1168~38070
原始地层压力(MPa)	3.28	1.58	3.0(270m)	2.38、2.88	5.2
原始地层温度(℃)	16.1	17.4	21.1(490m)	18.1、19.1	21

6.1.1 冲缝筛管完井情况

统计2005—2006年稠油区块水平井采用冲缝筛管完井情况,详见表6.2,完井结构中101口水平井采用冲缝筛管完井,其中2005年完钻的2口井(HW9803、HW9804)采用 ϕ244.5mm+ϕ139.7mm 冲缝筛管完井;2005—2006年共99口水平井采用 ϕ244.58mm+ϕ168.3mm 冲缝筛管完井。

表6.2 新疆油田浅层稠油水平井冲缝筛管完井情况调查表

区块	层位	完井情况	缝宽	井数（口）	井号
九7+8	J_3q	ϕ244.5mm+ϕ168.3mm 冲缝管	0.40±0.05mm	17	HW9802、HW9805、HW9806、HW9807、HW9808、HW9809、HW9810、HW9811、HW9813、HW9814、HW9815、HW9816、HW9701、HW9702、HW9703、HW9707、HW9712
		ϕ244.5mm+ϕ139.7mm 冲缝管	0.40±0.05mm	2	HW9803、HW9804
九6	J_1b	ϕ244.5mm+ϕ168.3mm 冲缝管	0.40±0.05mm	20	HW9601Z、HW9602、HW9603、HW9604、HW9605、HW9606、HW9607、HW9608、HW9609、HW9610、HW9611、HW9613、HW9614、HW9615、HW9616、HW9617、HW9618、HW9619、HW9620、HW9621
	J_3q	ϕ244.5mm+ϕ168.3mm 冲缝管	0.40±0.05mm	12	HW9622、HW9624、HW9625、HW9627、HW9629、HW9630、HW9631、HW9632、HW9633、HW9634、HW9635、HW9636
百重7	T_2K_2	ϕ244.5mm+ϕ168.3mm 冲缝管	0.40±0.05mm	47	bHW002、bHW003、bHW004、bHW005、bHW006、bHW007、bHW009、bHW010、bHW011、bHW012、bHW013、bHW014、bHW015、bHW016、bHW017、bHW018、bHW019、bHW020、bHW021、bHW022、bHW023、bHW024、bHW026、bHW027、bHW028、bHW029、bHW030、bHW031、bHW032、bHW034、bHW035、bHW036、bHW037、bHW038、bHW039、bHW040、bHW041、bHW042、bHW043、bHW044、bHW045、bHW046、bHW047、bHW048、bHW053、bHW054、bHW01Z
克浅109	J_1b	ϕ244.5mm+ϕ168.3mm 冲缝管	0.40±0.05mm	3	HWkq001、HWkq002、HWkq003

完井使用冲缝筛管的规格，如图6.1所示：

基管：ϕ168.3mm（或ϕ139.7mm）×N80-8.94mm；

缝宽：0.4±0.05mm；

缝长：8mm；

冲缝密度：18mm×8mm 范围内2条，每圈不少于140条缝；

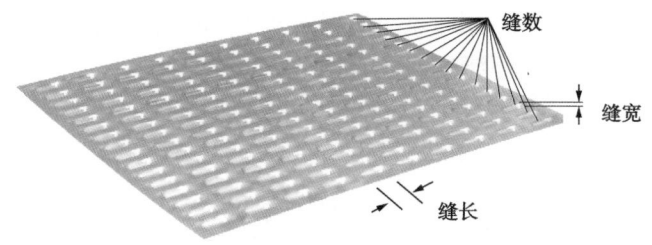

图6.1 冲缝筛管平面展布示意图

冲缝套材质、厚度：304不锈钢，厚度1.5mm；
单根筛管长度：11m；
扣型：API扁梯型螺纹；
盲管段长：内螺纹端400mm（不含接箍），外螺纹端300～400mm，水平段全部下入冲缝筛管，筛管引鞋至井底距离4～6m，留有足够的膨胀空间。

6.1.2 割缝筛管完井情况

统计2005—2006年稠油区块水平井完井采用割缝筛管情况，有8口水平井采用割缝筛管完井，如表6.3所示，2005年完钻井HW9801采用ϕ244.5mm+ϕ139.7mm割缝筛管完井；2006年为实验ϕ177.8mm套管钻采工艺，bHW050、bHW051、bHW052三口井采用ϕ177.8mm+ϕ177.8mm割缝管完井；HW9817因为钻井过程中井漏，采用ϕ244.5mm+ϕ127mm割缝管完井；其余井均采用ϕ244.5mm+ϕ177.8mm割缝筛管完井。

表6.3 新疆油田浅层稠油水平井割缝筛管完井情况调查表

区块	层位	完井情况	缝宽	完钻年度	井数（口）	井号
九7+8	J_3q	ϕ244.5mm+ϕ177.8mm 割缝管	0.45±0.05mm	2005	1	HW9801
		ϕ244.5mm+ϕ127mm 割缝管	0.4±0.05mm	2006	1	HW9817
六1	J_3q	ϕ244.5mm+ϕ177.8mm 割缝管	0.4±0.05mm	2005	1	HW6001
九6	J_3q	ϕ244.5mm+ϕ177.8mm 割缝管	0.6±0.05mm	2005	1	HW9601
百重7	T_2K_2	ϕ244.5mm+ϕ177.8mm 割缝管	0.5±0.05mm	2005	1	bHW001
		ϕ177.8mm+ϕ177.8mm 割缝管	0.4±0.05mm	2006	1	bHW050
			0.4±0.05mm	2006	1	bHW051
			0.5±0.05mm	2006	1	bHW052
合计					8	

完井使用割缝筛管规格，如图6.2所示。

基管：ϕ177.8mm（或127mm）×N80-8.05mm；

缝宽4种：0.4±0.05mm（4口井，HW9817、HW6001、bHW050、bHW051）、0.45±0.05mm（1口井，HW9801）、0.5±0.05mm（2口井，bHW001、bHW052）、0.6±0.05mm（1口井，HW9601）；

缝长：60±3mm；

缝数：720条/m（或600条/m），每米分10段，每圈均布72（或60）个矩形槽。

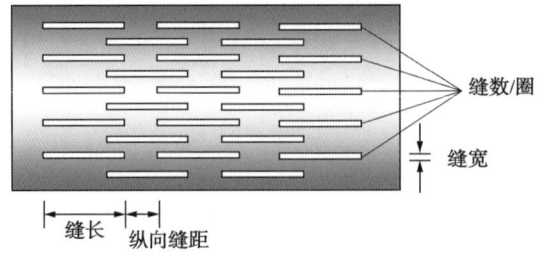

图6.2 割缝筛管平面展布示意图

割缝筛管缝与缝之间的轴向距离为40mm。

割缝筛管技术要求：两端割缝的起始位置离套管螺纹的消失端不得小于400mm；割缝均匀，内、外径不得有变形；割缝平整，内外割缝处的尺寸不得高于管体；清除所有加工毛刺。

6.1.3 稠油水平井出砂情况

通过调查，目前百口泉采油厂百重七井区克拉玛依组水平井、重油公司九6区齐古组和八道湾组油藏水平井、克浅109井区齐古组油藏水平井，生产情况很好，基本不出砂。九7+8区齐古组油藏水平井因为储层物性原因，出砂比较严重，情况如下：

（1）百重七井区克拉玛依组油藏水平井仅bHW001在转第二轮注汽前冲砂，冲砂冲不动，冲出少量砾砂，最大直径为60mm左右砾石，目前该井已交大修，由于天气原因，大修停工。就目前情况分析，出砾石原因是套损或是筛管破裂造成，但有待大修结果证实。

（2）九7+8区齐古组油藏油层胶结疏松，且原油黏度高，容易出砂。其中HW9803、HW9805、HW9806、HW9811、HW9702在首轮生产出砂卡泵，HW9702尤其严重，砂埋。九7区3口井和九8区1口井目前因砂卡关井，详见表6.4。

表6.4 九7+8区水平井出砂情况统计

区块	井号	问题	原因
九7	HW9702	卡泵	出砂
九7	HW9707	卡泵	出砂
九7	HW9712	卡泵	出砂
九8	HW9810	砂卡	注汽气窜出砂

分析出砂水平井完井结构，bHW001缝宽为0.5±0.05mm割缝筛管完井，九7+8出砂水平井中均为缝宽为0.4±0.05mm冲缝筛管完井。

6.2 抗高温膨胀尾管悬挂器筛管完井技术

6.2.1 膨胀尾管悬挂器工作原理

稠油水平井完井过程中下入膨胀尾管悬挂器系统的主要任务是将 ϕ177.8mm 筛管悬挂到 ϕ244.5mm（9⅝in）套管尾端，并且密封筛管和上层套管之间的环形空间，如图6.3所示。

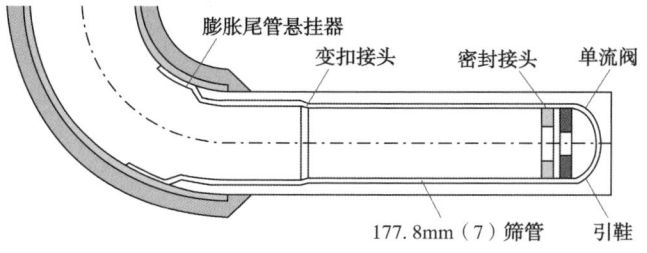

图6.3 膨胀尾管悬挂器坐封原理示意图

将筛管悬挂到上层套管尾部，通过筛管和上一层套管之间的密封连接使筛管连通到井口，可以节约筛管以上的套管，从而节省套管费用和固井费用，因此这种悬挂筛管的方式得到了广泛应用。此时，悬挂器成为这项技术成功与否的关键，如果悬挂器不能有效的密封环形空间，那么筛管防砂的作用将形同虚设，砂粒会经过悬挂器直接进入到井筒内堆积到 A 点，影响原油流动，甚至造成卡泵等事故，使采油作业中断。

膨胀悬挂器以自身的结构和特点达到了悬挂和坐封的双重目的。如图 6.4 所示，悬挂器下入到套管中的设计位置后，启动膨胀锥相对膨胀管向下运动，挤压膨胀管内壁，使膨胀管达到屈服极限，产生永久性的塑性变形，直到悬挂器外壁紧紧贴住套管内壁，这样悬挂器的悬挂能力越强，其密封能力也越强，实现尾管悬挂在上层套管内的同时密封了尾管和套管之间的环空(图 6.5)。

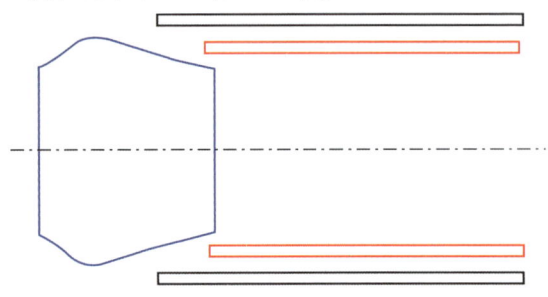 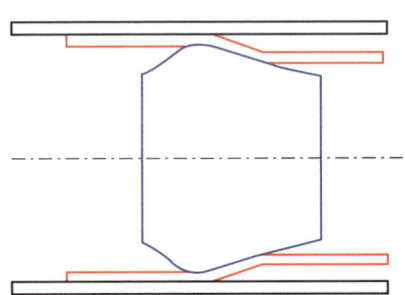

图 6.4　悬挂器膨胀前结构示意图　　　　图 6.5　悬挂器膨胀后结构示意图

6.2.2　膨胀尾管悬挂器工作过程

根据膨胀尾管悬挂器的工作原理和"挂得住、封得严、丢得掉"的原则，可以把整个系统的工作过程划分为四个部分：下入过程、坐封过程、丢手过程、提出送入管柱过程。这四个过程都顺利实现才能使膨胀悬挂器能够在规定位置牢固坐封，并且可靠工作。

(1) 下入过程。

由于悬挂器的优点之一是节省上部套管，因此悬挂器和筛管完井管柱本身没有连接到井口，这就需要在安装悬挂器和完井管柱时，使用一套送入管柱连接悬挂器，将完井管柱送到指定位置。毫无疑问，使用钻杆送入完井管柱是最简单、最可靠的方法，而钻杆和悬挂器之间的连接就成为关键。按照要求，完井管柱在下入过程中要求可以循环钻井液冲洗筛管管串和井眼；能够克服较大摩阻旋转和上下活动管柱，并且管柱不能提前脱落，因此，钻杆和完井管柱的可靠连接需要得到保证。

(2) 坐封过程。

完井管柱下入到设计位置后，膨胀工具相对整个管柱轴向移动挤压膨胀管，实现悬挂器坐挂，这是整个过程的关键动作。必须严格掌握膨胀工具动作的时机，如果膨胀工具提前运动，则会造成提前坐挂事故；若膨胀工具不能完成轴向相对运动，悬挂器就不能膨胀贴到上层套管上，完井管柱的安装过程就无法实施。

(3) 丢手过程。

膨胀尾管悬挂器坐封后，必须取出送入工具，留出通畅的井眼才能进行后续的采油作业。通过地面控制使送入管柱和完井管柱顺利、可靠地分离就是丢手过程的关键。

(4)提出送入管柱。

丢手动作完成后,送入管柱与完井管柱的机械连接已经完全脱离,将送入管柱全部提出井口。在提出送入管柱时要注意按照操作规程严格执行,避免提出过程中造成复杂情况。

6.2.3 膨胀尾管悬挂器关键系统结构评价

6.2.3.1 丢手系统结构评价

丢手工具是送入系统的核心,其可靠性包括以下几个方面:入井过程中连接可靠、悬挂器坐挂后丢手顺利、丢手前或丢手后能够带动尾管转动。丢手工具主要分为机械式丢手工具和液压式丢手工具,在工作原理和结构上两者的差别都比较大。随着水平井、大位移井、深井技术的发展,要求尾管下入过程中可以上下活动并旋转尾管。因此出现了液压式丢手方式。液压式丢手方式防止了因为活动管柱而提前丢手的情况发生。为了提高丢手系统的可靠性,后来又出现了组合丢手方式,通常是剪钉和倒扣式丢手方式组合或剪钉和液压式丢手方式组合,两种方式相结合,其中一种作为主要的丢手方式,另一种在第一种失效时作为备用方式,提高了丢手动作的可靠性。

(1)剪钉式机械丢手方式。

剪钉式机械丢手方式是通过销钉连接送入工具和悬挂器,它具有结构简单、成本低廉的特点。剪钉式机械丢手方式可以实现工具下入过程中活动或旋转管柱,但是管柱轴向力和旋转扭矩受销钉强度限制,管柱下入过程中遇阻时,极有可能发生提前丢手,造成事故。现在,剪钉式丢手通常与倒扣式丢手方式或液压式丢手方式组合使用,形成组合丢手方式或作为另外两种丢手方式的启动装置。

如美国 TIW 公司的 XPAK 可膨胀尾管悬挂器的丢手系统和哈利伯顿公司的 Versa Flex 可膨胀尾管悬挂器的组合式丢手的机械丢手方式,如图 6.6 所示。丢手销钉示意图如图 6.7 所示。

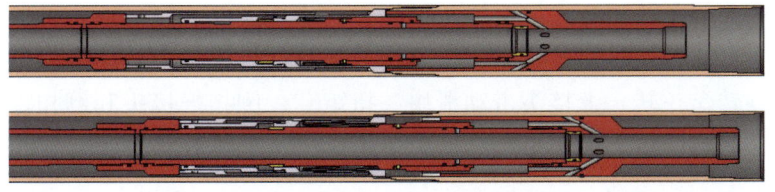

图 6.6 哈利伯顿公司的 Versa Flex 可膨胀尾管悬挂器的丢手方式示意图

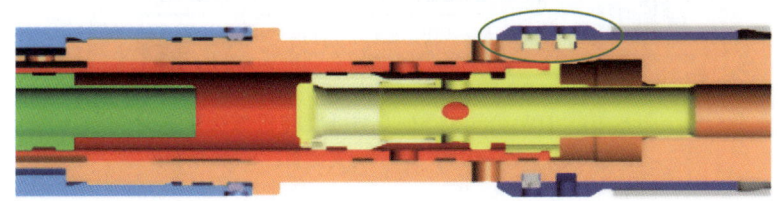

图 6.7 丢手销钉示意图

图 6.8 为丢手前结构示意图,图 6.9 为丢手后结构示意图。丢手前,套爪锁紧块固定在套爪承留器内部,如图 6.8 所示,套爪锁紧块内部有中心管支撑,套爪锁紧块和套爪承

留器之间既不能相对滑动也不能相对旋转；当悬挂器坐挂牢固，下放管柱悬重剪断丢手销钉，内管柱下移，套爪内部失去支撑，锁紧块收回，送入工具与悬挂器脱离，可提出送入管柱。

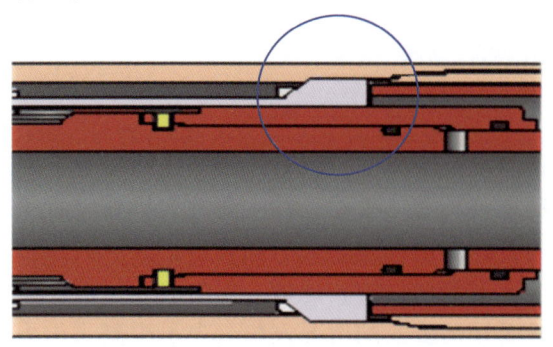 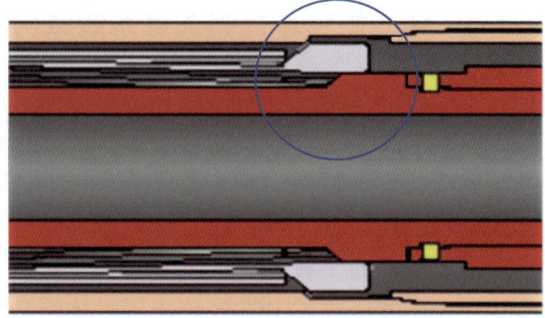

图 6.8　丢手前套爪结构示意图　　　　图 6.9　丢手后套爪结构示意图

这种丢手方式需要根据井深、井斜等因素计算尾管下入摩阻，根据不同的井调整丢手销钉的数量和强度控制管柱下入过程中允许释放的悬重和施加的扭矩。但销钉强度需要控制的比较精确，防止提前丢手或无法丢手。

（2）倒扣丢手方式。

倒扣是现在最常用的一种丢手方式，将送入工具和悬挂器用反扣连接起来，通过正转钻具实现丢手。其优点在于：利用螺纹连接，承载力大，连接可靠。但由于钻具中既有正扣又有反扣，管柱下入过程中不允许旋转管柱。现在的倒扣丢手工具大多都和剪切销钉结合起来，利用销钉限制工具的相对转动，实现旋转下入管柱的功能，当剪断销钉后再正转丢掉悬挂器。如 TIW 公司的 SJ-T 型可旋转机械丢手工具和 Cardium 公司的可收缩键块式机械丢手工具。

TIW 公司的 SJ-T 型可旋转机械丢手工具，如图 6.10 所示，其特点是设计了扭矩套和扭矩下接头之间的不到位螺纹连接来解决倒扣和传递旋转扭矩的问题。丢手动作前滑块在滑块槽的上端，可通过扭矩接头带动尾管旋转。下放钻具悬重，会使倒扣螺母处于可工作状态，这时开动转盘正转，上接头带动滑块、扭矩套、倒扣下接头和倒扣螺母转动，倒扣螺母开始倒扣，通过扭矩下接头下端部的齿可带动尾管继续旋转。

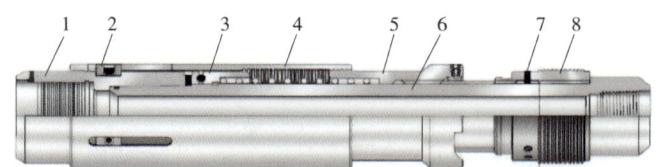

图 6.10　TIW 公司的 SJ-T 型可旋转机械丢手工具
1—上接头；2—滑块；3—载荷支撑套；4—扭矩套；
5—扭矩下接头；6—倒扣下接头；7—剪钉；8—倒扣螺母

这种丢手结构配合坐挂后可旋转的尾管悬挂器可以实现丢手后继续传递扭矩旋转尾管，其特点是丢手前后都可以传递扭矩。缺点是下放管柱时释放的悬重不能过大，否则会剪断剪钉，再旋转管柱时会提前丢手。

Cardium公司的可旋转机械丢手工具是改进了的常规倒扣丢手方式，它具有结构简单、可靠、承载能力强的特点。如图 6.11 所示，倒扣螺母连接尾管，承受尾管的轴向载荷。倒扣螺母通过花键与下接头连接并由剪钉固定。丢手前，键块和槽啮合能够传递扭矩，可实现旋转下入尾管。下放管柱悬重可启动丢手程序，此时开动转盘正转可释放倒扣丢手。之后通过活动钻具可以使键块和花键槽重新啮合，继续传递扭矩。

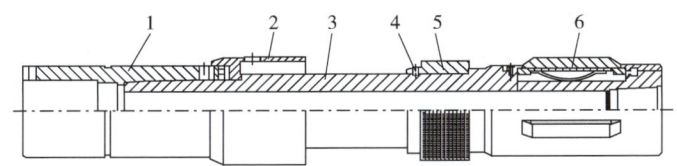

图 6.11　Cardium 公司的可收缩键块式机械丢手

1—上接头；2—载荷支撑套；3—下接头；4—剪钉；5—倒扣螺母；6—键块和弹簧

这种丢手结构通过螺纹连接，承载载荷大，连接可靠；但需精确计算销钉强度，否则容易提前丢手或销钉剪不断无法丢手。

由这两种改进的倒扣丢手方式可以看出，机械丢手都受到销钉剪切强度的限制，如果销钉剪切强度过低，管柱下放过程中遇阻时，释放的悬重不能太大，否则存在提前剪断销钉掉落钻具的可能；而销钉剪切强度也不能太高，那样剪销钉的过程有可能带动整个尾管一起运动，最终无法实现丢手。因此，对于机械式丢手都要计算尾管下入摩阻，根据摩阻精确控制销钉的数量和强度范围。

(3) 液压丢手方式。

液压丢手方式起步较晚，这种丢手方式是利用其内部几个零件的自锁结构来连接固定尾管，在管柱下入过程中上下活动管柱或旋转管柱都不会使丢手中自锁结构失效，只有升高管柱内的压力解开自锁结构，才能启动丢手动作，这样就防止了因为活动管柱而造成工具掉落的事故。而钻井液中的固相杂质有时会影响液压系统正常工作，所以在工具设计过程中除了提高工具可靠性以外，液压丢手方式经常还会配合机械丢手方式形成液压——机械双作用的组合丢手方式，有的以液压丢手为主，有的以机械剪销钉丢手为主。如哈利伯顿公司的 Versa Flex 可膨胀尾管悬挂器的组合式丢手的液压丢手方式；Weatherford 公司的一种液压丢手工具，它利用液压方式进行丢手。

哈利伯顿公司的 Versa Flex 可膨胀尾管悬挂器的液压丢手部分，如图 6.12 和图 6.13 所示，套爪锁紧块嵌入悬挂器和扭矩接头，三者承担了尾管的轴向载荷和旋转扭矩，尾管悬挂器下入过程中可以旋转尾管，并且可以承受较大的轴向载荷。当悬挂器坐挂后，投球憋压，液压滑套剪断销钉下行，使套爪锁紧块内部失去支撑，上提钻柱即可轻松丢手。

图 6.12　哈利伯顿公司的 Versa Flex 可膨胀尾管悬挂器的液压丢手

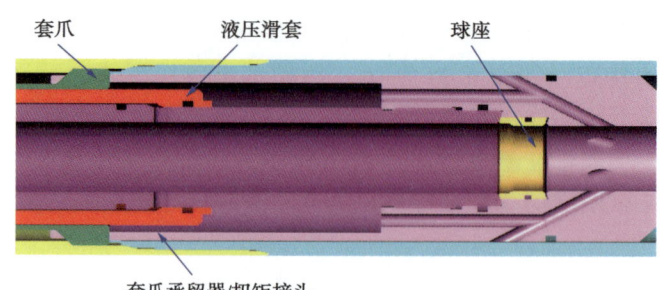

图 6.13　哈利伯顿公司的 Versa Flex 可膨胀尾管悬挂器的液压丢手结构示意图

　　Weatherford 公司的一种液压丢手工具由上接头、扭矩套、心轴、收缩卡簧、液缸、弹性爪和下接头等部件组成，如图 6.14 所示。尾管下入过程中的轴向载荷和旋转扭矩由弹性爪、下接头和扭矩套承担，尾管下入时弹簧爪嵌入悬挂器凹槽内形成稳固连接。悬挂器坐挂牢固后，先下放钻具悬重，使弹性爪和下接头脱离，之后憋压使液缸上行推动弹性爪回收脱离悬挂器，完成丢手。当液压丢手失效时，启动转盘反转钻具，剪断丢手销钉，心轴继续下行一段位移，收缩卡簧嵌入心轴槽内，上提钻具实现机械丢手。

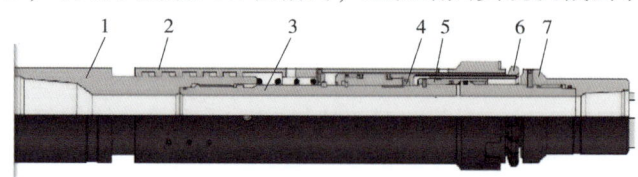

图 6.14　Weatherford 公司的一种液压丢手工具结构示意图
1—上接头；2—扭矩套；3—心轴；4—收缩卡簧；5—液缸；6—弹性爪；7—下接头

　　液压丢手方式不受钻具轴向载荷和旋转扭矩的影响，只受管件工具内液体压力的控制，运用更加自由、方便，是一种更加先进的丢手方式。但是，为了提高其丢手可靠性，满足现代钻井的需要，液压丢手方式往往和机械丢手方式互做备用。

6.2.3.2　膨胀方式及膨胀工具结构评价

（1）膨胀方式评价。

　　现场施工要求可膨胀尾管悬挂器要在较小的压力下完成膨胀坐挂，操作要简单可靠，以降低固井风险。国内外花费很大精力对膨胀方式进行了研究，形成几种典型膨胀方式并在现场成功应用。这几种典型的膨胀方式分别为膨胀锥式、楔形体式、旋转滚轮式和液压式，下面对这几种膨胀方式逐一进行分析。

① 膨胀锥式。

膨胀锥式采用液压直接或间接驱动膨胀锥在膨胀本体内运行，通过冷拔膨胀完成坐挂的方法。膨胀锥沿轴向运动可分为自上而下与自下而上两种运动方式，如图 6.15 所示。

杨斌等人对两种膨胀工艺进行了有限元模拟研究，得出了自下而上膨胀方式的轴向

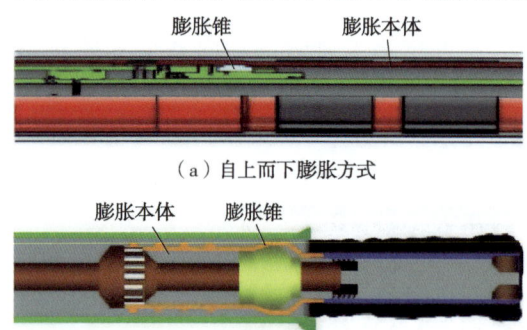

图 6.15　膨胀锥的膨胀方式

总位移大于自上而下方式、自上而下膨胀方式所需膨胀力大于自下而上膨胀方式所需的膨胀力、自下而上膨胀产生的最大接触应力大于自上而下膨胀产生的最大接触应力等结论。

不管膨胀锥是何种运动方式，对膨胀锥的力学性能要求都很高，即具有高硬度、高强度和高耐磨性，同时还要有良好的润滑和适宜的摩擦因数。膨胀锥结构设计要满足使膨胀本体在接触变形区的金属流动尽量流畅、润滑条件良好、膨胀力小等条件。付胜利等人认为，不同的摩擦因数、内径膨胀率等导致所需的最大膨胀力不同，所需最小膨胀力的膨胀锥接触角也不同。实验证明，不同的膨胀锥体结构参数和不同的摩擦系数对膨胀坐挂有直接影响，如驱动膨胀锥所需的动力大小、膨胀本体在膨胀后残余应力的大小、膨胀本体的壁厚减少量、膨胀本体与外层套管间接触应力产生的摩擦力的大小等，都直接关系到悬挂器的悬挂与密封能力。

该膨胀方式发展较早，技术成熟，可以膨胀较长的膨胀本体，膨胀坐挂后膨胀锥与送入工具一起回收。不足之处是膨胀锥外径一定，对外层套管内壁适应性差，如外层套管变形或膨胀锥轴线与套管轴线重合度不理想，在膨胀过程中易发生卡阻现象，使膨胀坐挂不能进行完全，降低了悬挂器的悬挂与密封能力。

② 楔形体式。

楔形体式膨胀方式是采用机械挤压胀形方法完成悬挂器膨胀坐挂，没有专门的膨胀锥体，而是将回接筒前端作膨胀心体，在外力驱动下楔入到悬挂器膨胀本体内，膨胀后留在膨胀本体内，如图 6.16 所示。

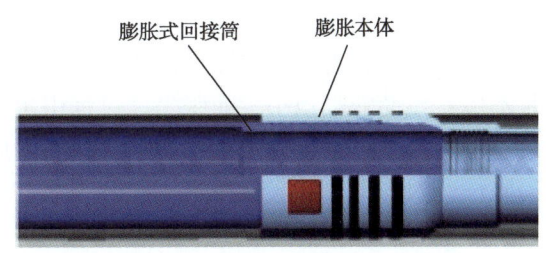

图 6.16 楔形体的膨胀方式

该膨胀方式充分利用尾管固井工艺与回接筒外径尺寸大的特点，巧妙地将回接筒与膨胀锥体融为一体，简化了设计，减少了膨胀悬挂器组成部件。膨胀时，活塞推动位于送入工具和悬挂器本体之间的膨胀式回接筒楔入到悬挂器膨胀本体内，迫使悬挂器本体径向扩张；随着膨胀长度的增加，接触面积随之增加，产生的摩擦力逐渐增大，所需膨胀力也不断增加，最终导致驱动液压不断升高，给现场操作带来一定困难。

膨胀式回接筒留在膨胀本体内的主要作用是便于以后进行尾管回接固井，使回接插头坐封在回接筒内；其次是防止膨胀后的膨胀本体在弹塑性变形后的弹性回弹，保持与外层套管间较大的接触压应力，增加悬挂器的悬挂与密封能力，提高膨胀本体抗外挤压力与内压力的能力。

该膨胀方式有利于加强膨胀后本体抗挤压能力，但膨胀时需要较大的膨胀力，膨胀段较短；对外层套管内壁适应性差。然而短小的膨胀段，减小了卡阻现象的发生，却不利于悬挂器密封性能的提高，而膨胀楔形体留在膨胀本体内，弥补了这方面的缺陷。

③ 旋转滚轮式。

旋转滚轮式是一种新型膨胀方式，结构特点是沿膨胀工具的周向安装了几组滚轮，滚轮在高压液体作用下同时向外径运动对膨胀管材膨胀，且这些滚轮相互独立，如图 6.17 所示。

图 6.17　旋转滚轮膨胀方式

膨胀坐挂时，膨胀工具在轴向上直线运动，在周向上随钻具旋转运动。滚轮在液压作用下，集中力量对膨胀本体进行挤压膨胀；在钻具拖力与旋转的过程中，使膨胀本体沿径向均匀地膨胀。滚轮与膨胀本体间的接触属于线性接触，接触处理论上是一条线，实际上接触面积很小，在液压推动滚轮向外径方向挤压时，滚轮在径向运动有一定的柔性空间，在外层套管不规则的情况下，该膨胀方式根据外层套管内壁形状的约束进行膨胀，膨胀后的膨胀本体更能贴紧外层套管内壁，提高悬挂器的密封与悬挂能力，避免膨胀时因为外层套管内壁不规则产生的卡阻现象。滚轮在随钻具旋转的同时，在摩擦力的作用下又绕各自的主轴做旋转运动。滚轮与膨胀本体之间产生的摩擦是滚动摩擦，产生的摩擦力要小于在同等膨胀情况下膨胀心体在拉压运动状态下产生的滑动摩擦力。该膨胀方式的工作原理是旋转、膨胀、轴向进给同时进行，因此，在膨胀作业中它需要较小的轴向力。

该膨胀方式为柔性膨胀，需要的膨胀力小，对外层套管内壁适应性强，可膨胀较长膨胀本体；柔性膨胀减小了膨胀坐挂过程中出现的卡阻等风险，提高了可膨胀尾管悬挂器的可靠性。但是该膨胀方式操作复杂，需在膨胀前预坐挂，同时，在尾管固井方面有一定的局限性，因为不容易实现注水泥固井工艺，所以常与筛管完井或套管补贴配合使用。

④ 液压式。

液压膨胀方式是靠封隔在膨胀本体与封隔器之间的腔内高压液体直接对膨胀本体进行膨胀，属于柔性膨胀，如图 6.18 所示。

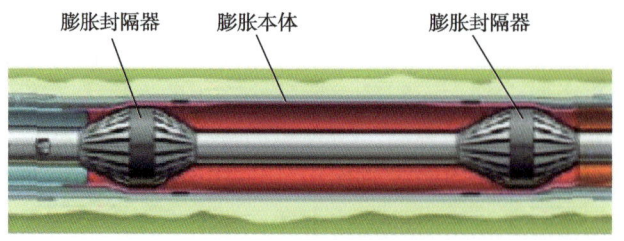

图 6.18　液压式膨胀方式

在膨胀过程，要保持密封元件与膨胀本体同步膨胀，保证密闭腔内高压液体不泄漏，无压降。持续升高的高压液体对膨胀本体径向压迫，使之屈服，发生塑性变形，完成径向膨胀坐挂。

膨胀时，高压液体向四周均匀传递，根据外部约束情况进行柔性扩张膨胀，外部约束的条件决定膨胀后膨胀管材的形状，所以，这种膨胀方式对外层套管内壁形状要求低，适应性强；膨胀后膨胀本体与外层套管贴合紧密，膨胀密封效果好，悬挂能力强。其特点是高压柔性膨胀，膨胀过程无相对运动部件，无摩擦产生，无需润滑，膨胀压力高，膨胀过程无卡阻现象发生，但易产生泄露，要求膨胀密封件密封能力高，在膨胀工具内要有单独的提供高压液体的机构。该膨胀方式结构复杂，要求施工设备性能优良，且辅助设备较多。

虽然国外对可膨胀尾管悬挂器膨胀方式进行了多方面的研究，取得了很大成就，但现有膨胀方式并不完美，还存在不少缺点，如定径的膨胀锥膨胀方式或楔形体膨胀方式，存在对外层套管内壁条件适应能力差、地面提供压力高等问题；滚轮膨胀方式存在不容易实现注水泥固井工艺、操作复杂等问题；液压膨胀方式存在辅助设备多、液压高、封隔器容易泄露等问题。为解决这些问题，需要研发具有在较低液压下产生较大膨胀力、操作简单及适应能力强等优点的新型柔性膨胀方式。

（2）膨胀工具结构评价。

目前膨胀管技术中所使用的膨胀工具主要有实体膨胀锥和液压滚动膨胀锥。实体膨胀方式的膨胀动力主要是通过机械拉拔的方式产生，辅助液压动力只有在特殊情况下使用，其原理如图 6.19 和图 6.20 所示；液压滚动膨胀工具的膨胀动力由液压和机械两种方式同时作用产生，液压动力主要给滚轮组提供径向动力，使滚轮向管壁施加径向压紧力，同时膨胀工具在机械动力的作用下沿自己的轴心旋转，为膨胀工具提供周向扭矩，如图 6.21 和图 6.22 所示。可以看出，实体膨胀工具是通过自身几何结构控制膨胀管的变形量；液压滚动膨胀工具是通过液体压力控制工具和膨胀管之间的作用力。

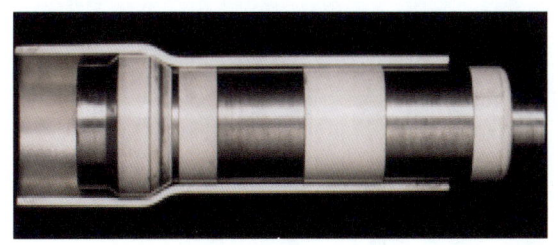

图 6.19 实体膨胀实物图

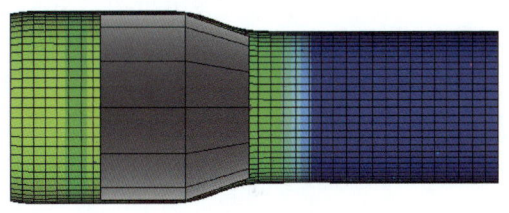

图 6.20 实体膨胀模型图

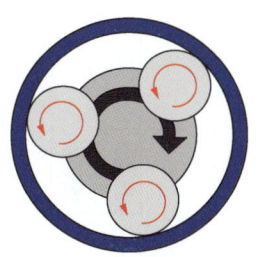

图 6.21 滚动液压膨胀示意图

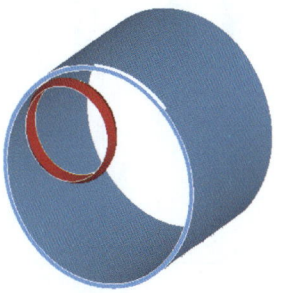

图 6.22 滚动液压膨胀模型

实体锥膨胀的优点是结构简单，操作方便，能通过轴向力提供足够大的径向膨胀力，膨胀后的管具内径统一稳定。不足之处就是锥体大小是定值，属于强制膨胀；膨胀作业时，要求把膨胀锥和膨胀管一起下入井内，膨胀过程结束后，取出膨胀锥，膨胀过程必须一气呵成，无论是自下向上的膨胀工艺（图 6.23），还是自上向下的膨胀工艺（图 6.24），如果膨胀过程中遇到井径不规则或者井眼缩径，导致无法继续进行膨胀作业时，没有任何补救办法,只有强制丢手后下钻头,将膨胀锥钻毁。这样复杂苛刻的作业要求,导致很多条件下都不能实施膨胀管作业。于是出现了液压滚动膨胀,弥补了实体锥膨胀的不足之处。

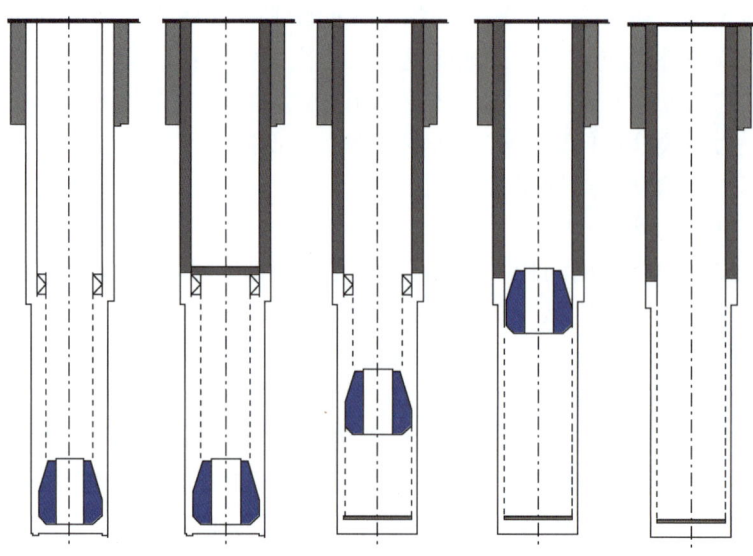

图 6.23 实体锥膨胀示意图(自下向上)

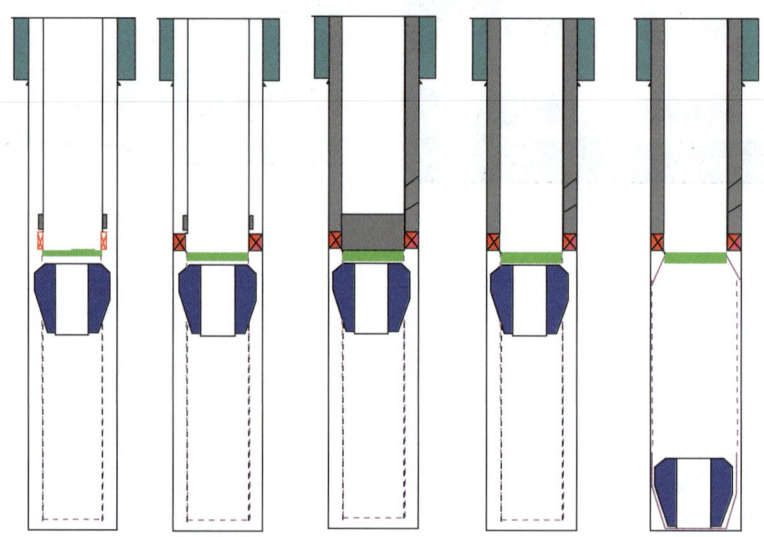

图 6.24 实体锥膨胀示意图(自上向下)

液压滚动膨胀工具可以在工具外径缩小状态时顺利下入到井内指定位置,通过升高管柱内部压力向外推出滚轮,使膨胀工具外径变大。结束膨胀作业时泄压收回滚轮,取出膨胀工具,如图 6.25 所示。液压滚动膨胀的优势在于能够通过液压控制,随时开始或停止膨胀作业,并顺利取出膨胀工具。其缺点也显而易见:结构复杂,对材料、加工的要求很高造成工具成本居高不下;液压滚动膨胀属于柔性膨胀工具,管具膨胀后的内径得不到保证,存在因胀不动膨胀管而膨胀工具柔性回缩直接通过井眼的可能。

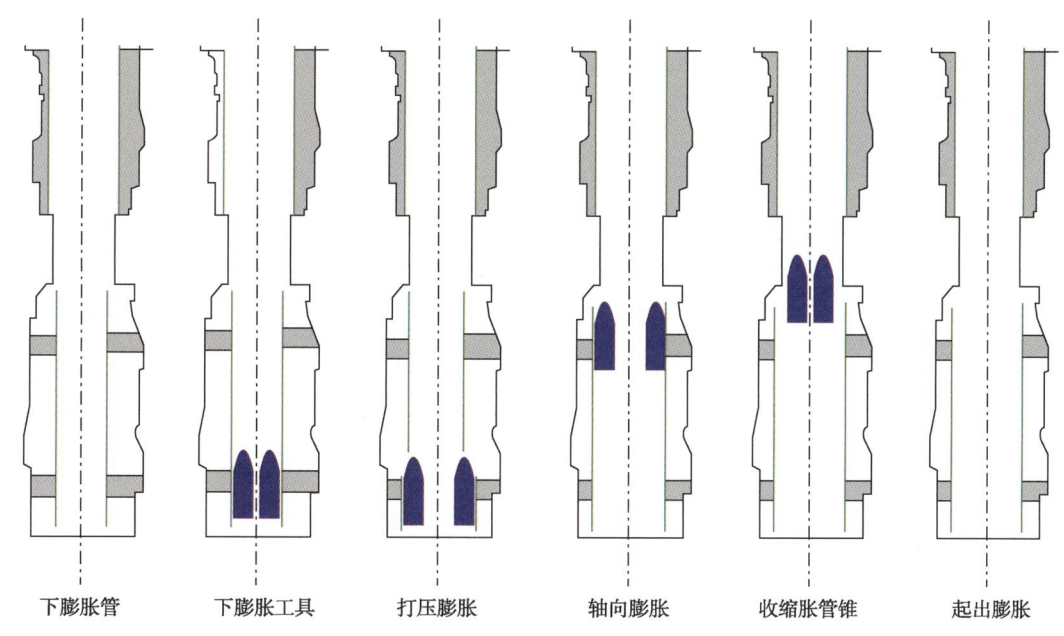

图 6.25 液压滚动膨胀示意图

6.2.3.3 膨胀尾管悬挂器动力系统结构评价

国内外膨胀尾管悬挂器的动力系统多采用液压动力传递系统,液压缸是液压系统中最重要的组成原件,它将液压能转变为机械能,带动与液压缸配合的各传动机构,完成复杂的机械运动。为了能够更好地适应各用户对液压缸动力系统的需要,液压缸的品种、规格日趋成熟,而且结构也在不断地改进。根据常用液压缸的结构类型,可分为活塞式、柱塞式、双作用伸缩式、摆动式四种类型。

（1）活塞式液压缸。

活塞式液压缸可分为单杆活塞式液压缸和双杆活塞式液压缸。

双杆活塞式液压缸活塞的两侧都有杆伸出。当两侧活塞杆直径相同、供油压力和流量不变时,活塞(或缸体)在两个方向上的运动速度和推力 F 都相等。双杆活塞式液压缸结构示意图如图 6.26 所示。

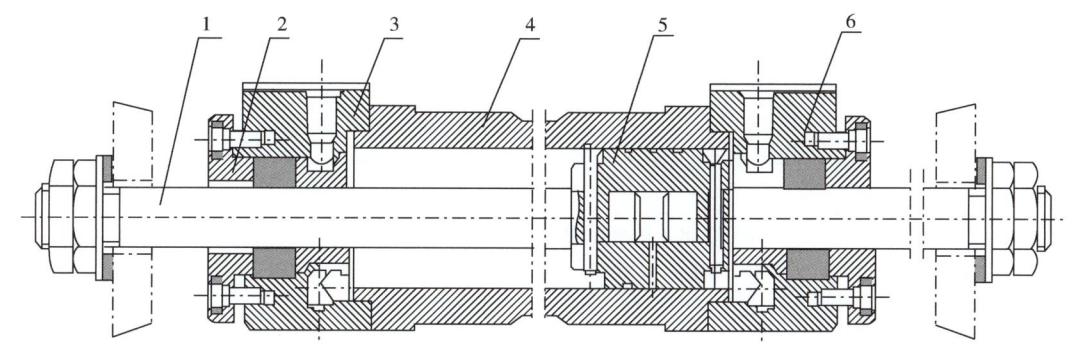

图 6.26 双杆活塞式液压缸结构示意图
1—活塞杆；2—压盖；3—缸盖；4—缸筒；5—活塞；6—密封圈

单活塞杆液压缸只有一端有活塞杆。液压缸的一端有活塞杆伸出，在另一端没有活塞杆伸出，其两端进出油口都可通压力油或回油，以实现双向运动，故称为双作用缸。单杆活塞式液压缸结构示意图如图 6.27 所示。

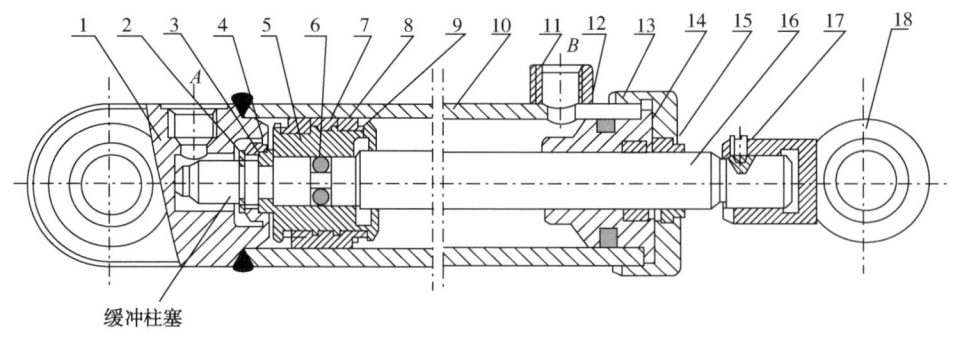

图 6.27　单杆活塞式液压缸结构示意图

1—缸底；2—弹簧挡圈；3—套环；4—卡环；5—活塞；6—O 形密封圈；7—支撑环；
8—挡圈；9—Y 形密封圈；10—缸筒；11—管接头；12—导向套；13—缸盖；
14—密封圈；15—防尘圈；16—活塞杆；17—定位螺钉；18—耳环

（2）柱塞式液压缸。

柱塞式液压缸是一种单作用式液压缸，其行程一般较活塞式液压缸大，靠液压力只能实现一个方向的运动，柱塞回程要靠其他外力或柱塞的自重。柱塞式液压缸结构示意图如图 6.28 所示。

柱塞式液压杆结构特点主要有：

① 柱塞只靠缸套支承而不与缸套接触，这样缸套极易加工，故适于做长行程液压缸；

② 工作时柱塞总受压，因而它必须有足够的刚度；

③ 柱塞重量往往较大，水平放置时容易因自重而下垂，造成密封件和导向套单边磨损，故其垂直使用更有利。

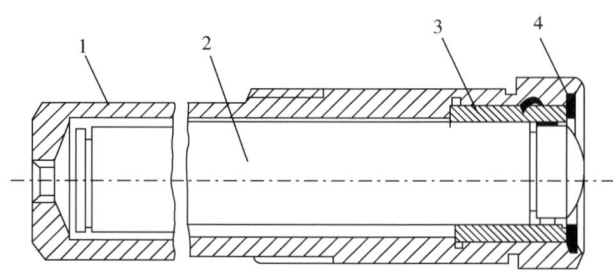

图 6.28　单杆活塞式液压缸结构示意图

1—缸体；2—柱塞；3—导向套；4—钢丝卡圈

（3）双作用伸缩式液压缸。

伸缩式液压缸具有二级或多级活塞，伸缩式液压缸中活塞伸出的顺序是从大到小，而空载缩回的顺序则一般是从小到大。伸缩缸可实现较长的行程，而缩回时长度较短，结构较为紧凑。此种液压缸常用于工程机械和农业机械上。双作用伸缩式液压缸结构示意图如图 6.29 所示。

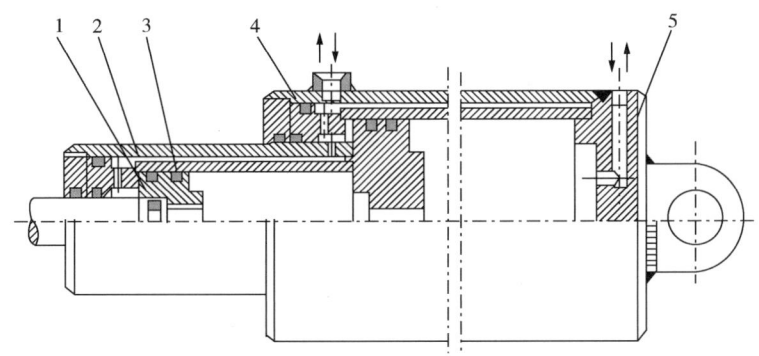

图 6.29 双作用伸缩式液压缸结构示意图
1—活塞；2—套筒；3—O 形密封圈；4—缸筒；5—缸盖

（4）摆动式液压缸。

摆动式液压缸是输出扭矩并实现往复运动的执行元件，也称摆动式液压马达。有单叶片和双叶片两种形式。定子块固定在缸体上，而叶片和转子连接在一起。根据进油方向，叶片将带动转子作往复摆动。摆动式液压缸结构示意图如图 6.30 所示。

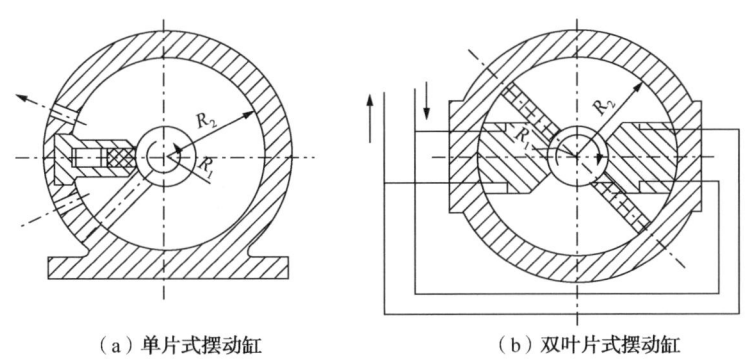

（a）单片式摆动缸　　　　（b）双叶片式摆动缸

图 6.30 摆动式液压缸结构示意图

当液压缸的一个油口进压力油，另一油口回油时，叶片在压力油作用下往一个方向摆动，带动轴偏转一定角度(小于 360°)当进回油口互换时，马达反转。该缸体结构紧凑，输出转矩大，但密封困难，一般只用于中低压系统。

6.2.4 新疆油田抗高温膨胀尾管悬挂器优选研究

新疆油田浅层稠油资源的主要开采模式为水平井筛管完井结合注蒸汽热采的方法，要求在筛管完井过程中准确、安全的将具有能够抵抗 300℃ 高温的膨胀尾管悬挂器系统送入到指定位置并完成一系列配套动作，为后期的注采作业提供良好的井筒条件。稠油水平井井身结构示意图如图 6.31 所示。

通过对目前国内外多种膨胀式尾管悬挂器的调研分析，结合对工具工作原理、工具性能指标、工具成本、施工难度、配套工作复杂程度、坐挂和密封效果等因素的综合考虑，优选了抗高温膨胀尾管悬挂器系统，系统结构图如图 6.32 所示。

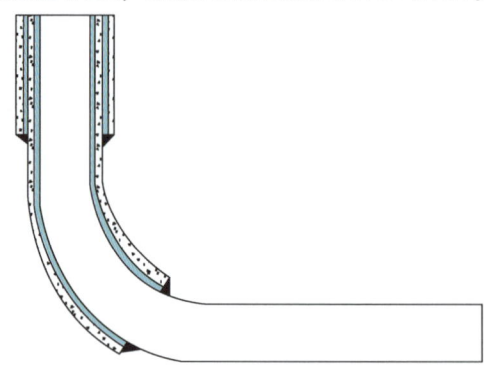

图 6.31　新疆油田稠油水平井井身结构示意图

图 6.32　膨胀尾管悬挂器结构示意图

抗高温膨胀尾管悬挂器系统具有坐挂可靠、操作方便、成本合理等特点，适合在新疆油田稠油水平井中使用。系统的工艺原理、特点、技术参数及使用要求如下。

6.2.4.1　工艺原理

将膨胀尾管悬挂器与完井尾管连在一起下到设计位置，当压力达到 25MPa 时，液缸开始推动变径膨胀锥膨胀悬挂器本体，悬挂器本体向外胀开，使其与上一级套管形成牢固的锚定连接，从而实现悬挂尾管。膨胀完毕后，投入电木球进行打压，支撑环下移，套抓回缩，实现液压丢手。上提管柱，膨胀锥变小，提出送入工具。

6.2.4.2　工具特点

（1）液力推动装置。压力经进液孔进入液缸高压腔内，低压腔内的流体从泄流孔排入环空，不会阻碍液缸正常工作。液压缸组合产生足够大的推力推动变径膨胀锥工作。

（2）变径膨胀装置。可变径膨胀锥既弥补了实体锥不能变径膨胀的不足之处，又克服了液压滚动膨胀工具高压密封困难的问题。可变径膨胀锥具有以下特点：结构简单，工具本身不涉及液压密封问题；结构稳定，膨胀量和膨胀变形能得到很好的保证；膨胀过程中遇阻或膨胀作业结束后，膨胀锥可以变小提出，减少了卡钻风险。

（3）特殊悬挂密封材料。采用特种合金钢，通过多密封件组合的方式支撑尾管的重量，提供充足的密封能力；尾管悬挂器和尾管顶部封隔器为一整体，避免了出砂的可能性；采用多组橡胶环与金属环进行多层次密封，既有金属对金属的密封，又有橡胶对金属的密封，密封能力进一步提高。

（4）独特的丢手装置。通过液压传递，丢手装置工作释放套抓。即可轻松提出送入工具。在异常情况下也可通过备用机械丢手方式释放套抓提出送入钻具。

6.2.4.3　主要技术参数

悬挂器采用特种合金钢，其外表面加工了凹槽安装耐高温橡胶环和金属密封环，既有橡胶对金属密封,又有金属对金属密封,保证了悬挂器在高温热采环境中的密封可靠性。其结构示意图如图6.33所示。主要技术参数见表6.5。

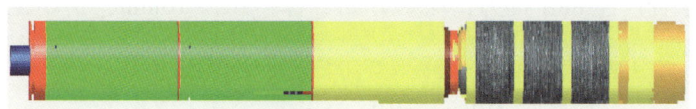

图 6.33 工具结构示意图

表 6.5 技术参数

技术参数	数值	技术参数	数值
上层套管公称尺寸(mm)	244.5	最大悬挂力(ft)	70
尾管公称尺寸(mm)	177.8	密封能力(MPa)	18
最大外径(mm)	200	耐温(℃)	300
最小内径(mm)	24	最大工作压力(MPa)	27
工具总长(m)	8.94	膨胀力(ft)	66

6.2.4.4 工具使用要求

(1)井眼轨迹要求。定向施工单位在二开时控制井斜和方位的变化,防止井眼曲率发生突变,保证井眼平滑,全角变化率达到该井设计要求。控制膨胀尾管悬挂器坐封井段附近30m内全角变化率在4°/30m以内。

(2)井上层套管要求。上层套管要求采用φ244.5mm,壁厚10.03mm套管。上层套管在中完固井时要严格按八道工序认真检查。

(3)完井泥浆性能要求。完钻后用原钻具通井,对缩径遇阻遇卡、全角变化率超标井段进行认真划眼或短程起下钻,确保井眼稳定、畅通,无阻卡;以钻进时排量循环洗井,直到振动筛上无岩屑返出。塑性黏度控制在18~22s;含砂≤0.5%。

(4)刮壁要求。下入专用刮壁器,在阻位以上5~35m,平稳提下钻柱4次,最后洗井循环一周。在坐挂位置上提下放、钻井液静止状态下进行称重并做好记录。

(5)洗井要求。通井管柱至悬挂器坐挂位置,进行大排量洗井,并上下活动管柱破坏岩屑床,开启所有固控设备彻底清除井底岩屑。

(6)灌浆要求。接入悬挂器后每三柱钻具灌满一次泥浆;完井管柱下到位,灌满泥浆后方可进行施工。

6.2.5 抗高温膨胀尾管悬挂器筛管完井技术应用实例

6.2.5.1 抗高温膨胀尾管悬挂器筛管完井施工工艺

由于设计的抗高温膨胀尾管悬挂器系统施工程序是依照安全可靠、切实可行、操作方便的原则制定,抗高温膨胀尾管悬挂器系统施工工艺过程应保证完井管串"下得去、挂得住、封得严、丢得掉",并且在关键程序上设计应急方案,避免制造复杂情况。

抗高温膨胀尾管悬挂器系统工作原理如图6.34所示,将膨胀尾管悬挂器及其送入管柱按设计下入井内到指定深度,接方钻杆,开泵循环泥浆,一切正常后上提管柱卸下方钻杆，投入直径 48mm 的憋压球，再次连接方钻杆，下放到指定深度。连接打压管汇，开泵低压缓慢供液，待憋压球下落到球座位置时，泵压升高；泵车降低排量，缓慢升压至 25MPa 时液压缸组合产生 88tf 推力，胀封开始，保持压力 10min，密切记录压力变化曲线。

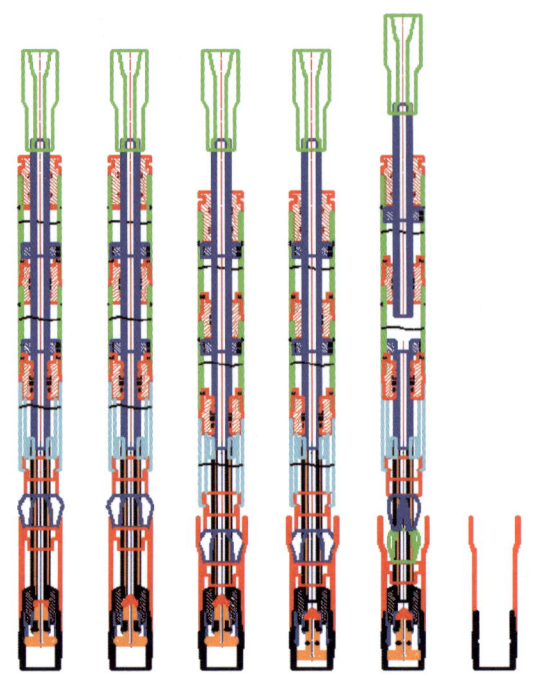

图 6.34 抗高温膨胀尾管悬挂器系统施工工艺原理图

正常情况下压力变化曲线应符合如图 6.35 所示的理论计算规律。膨胀过程的最大压力产生于膨胀锥刚开始进入悬挂器的时刻，称为启动压力，图上接近 27MPa，之后泵车压力会稳定在一个略低于启动压力的值附近，膨胀锥满行程后无法继续运动，泵压再次快速上升，剪断丢手销钉后再次建立循环，泵压迅速下降。图中负值是上提钻具时，膨胀锥从悬挂器中提出，之前的压力变为拉力，故为负值。在图 6.35 中位移为 240mm 的点附近可暂停打压，释放部分悬重检验悬挂器坐挂是否牢固。

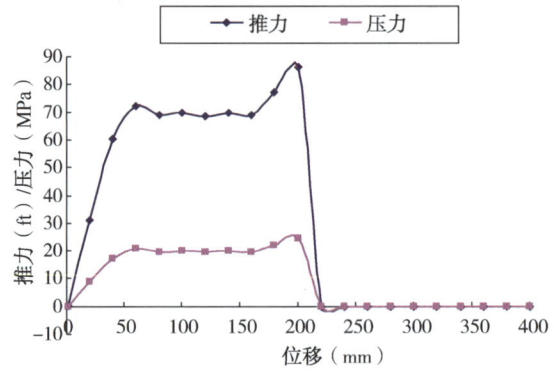

图 6.35 膨胀锥工作参数理论曲线

胀封过程完成后,释放悬重 5~8t,钻柱除正常伸长外无明显下滑,说明胀封完毕、悬挂牢固。恢复悬重,继续打压至 30MPa,剪断丢手销钉,球座下行释放压力,泵压大幅下降,说明丢手成功,缓慢上提管柱,回收工具。

结合抗高温膨胀尾管悬挂器系统施工工艺原理图,施工步骤可归纳为:
(1)将膨胀悬挂器下入到要求深度,循环洗井;
(2)一切正常后投入直径 48mm 电木球,低排量,等待小球到位;
(3)泵压升高后降低泵车排量,缓慢升压至 25MPa,悬挂器开始胀封;
(4)根据泵车压力变化判断膨胀悬挂器工作情况,确定胀封完毕,升压至 20MPa 丢手;
(5)上提管柱,变径膨胀锥直径变小;
(6)缓慢提出送入工具,避免工具因猛烈磕碰井壁而受损,完成膨胀悬挂作业。

6.2.5.2 送入管柱结构

抗高温膨胀尾管悬挂器系统送入管柱的基本结构为:φ210mm 滚动引鞋+单流阀+密封接头+φ177.8mm(7in)筛管+变扣接头++扶正器+丢手接箍+抗高温膨胀尾管悬挂器系统+内冲管+丢手+变径膨胀锥+扶正器+液压缸组合+变扣接头+钻杆。

内冲管管柱从丢手处延伸到密封接头,完井管柱到位后或下入过程中遇阻时可接方钻杆开泵循环洗井。丢手方式首选液压式丢手,悬挂器胀封和丢手可通过控制打压压力一次完成;备用丢手方式为机械式倒扣丢手,由于配备有扭矩滑套,打压胀封前可以旋转管柱帮助尾管下入,而不会提前丢手。抗高温膨胀尾管悬挂器系统送入管柱管串结构如图 6.36 所示。

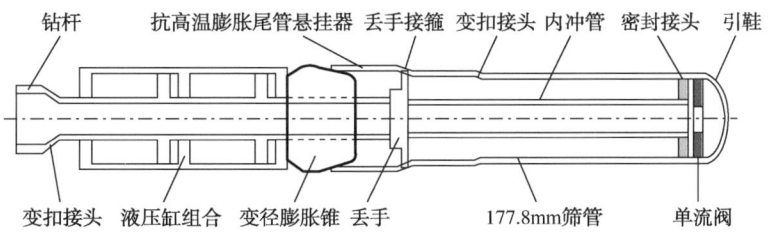

图 6.36 送入管柱管串结构

6.2.5.3 抗高温膨胀尾管悬挂器系统现场操作过程

抗高温膨胀尾管悬挂器系统现场操作过程要求安全、方便、可靠、稳妥,避免使用大型非常规设备和增加工人劳动强度,严格禁止违章操作。主要操作过程分为准备工作阶段、下入工作阶段及坐封操作阶段三个部分。

(1)准备工作阶段。

仔细检查悬挂器及现场的设备和所有附件,保证工具和设备齐全、完好。

彻底模拟通井、洗井,循环干净,至振动筛无反出钻屑,保证悬挂器能顺利下到设计深度,通井管柱结构如图 6.37 所示,模拟通井要求:

① 要求对缩径遇阻遇卡及全角变化率超标井段进行划眼或短程起下钻,做到通井全过程下钻顺畅,无卡阻;

② 以保证井下稳定为前提,钻井液性能原则上不做大幅度调整,但必须保持钻井液

有良好的流变性,保证完井管柱顺利下入。如果携砂不理想时,则需调整钻井液性能;

③ 循环排量由小到大,泵压控制在安全允许范围内,最后排量要达到30L/s。洗井时间不少于两个循环周,做到彻底洗井;

④ 采用由井底向上段清砂的办法净化井眼,用好固控设备,在钻井液性能稳定、井眼清洁、井下无卡阻后方可起钻,起钻连续灌钻井液,确保井下压力稳定。

刮壁称重要求:

① 用刮管器刮到悬挂器设计位置,在坐挂位置反复刮3遍;

② 下钻到悬挂器设计位置时钻杆称重,并记录称重重量(刮管用的钻杆与送入完井管柱的钻杆相同);

③ 刮管过程中分段进行钻井液循环,直到出口泥浆与钻井设计的钻井液性能相同,循环钻井液时必须过筛滤掉可能存在的颗粒状杂质;

④ 如刮管不顺畅,在阻力大的井段反复活动3~5次;

⑤ 严禁刮管器超出套管末端。

校核坐挂位置,悬挂器应避开9⅝in套管接箍。

计算好方余,悬挂器到位后,方钻杆下端下入转盘面以下2~3m。

校核指重表和泵压表,保证灵敏准确。

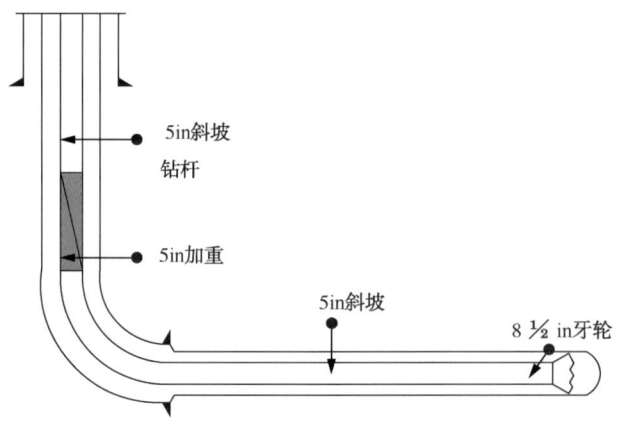

图6.37　通井管柱结构

(2)下入工作阶段。

管串结构:φ210mm滚动引鞋+单流阀+密封接头+φ177.8mm(7in)筛管+变扣接头+扶正器+丢手接箍+抗高温膨胀尾管悬挂器+内冲管+丢手+变径膨胀锥+扶正器+液压缸组合+变扣接头+钻杆。下入完井管柱结构如图6.38所示。具体操作过程:

① 按顺序下入尾管及附件,按标准上够扭矩;

② 用吊卡将筛管管串坐于转盘面,下入内冲管,并用油管吊卡将内冲管坐在尾管上;

③ 悬挂器吊上钻台时注意轻起轻放,严禁发生磕碰;

④ 连接内冲管,由于内冲管接头挂在丢手系统内部可以任意旋转,但安装过程中仍然要缓慢操作,注意调整悬挂器高度,防止拉伤销钉和损坏密封件;

⑤ 下压内冲管,使内冲管下端插入密封接头,之后连接丢手接箍和尾管,严禁在膨胀管管体和液压缸缸体上打钳;

⑥ 称重并做好记录；
⑦ 连接送入钻杆，缓慢下放钻具；
⑧ 悬挂器接近指定深度时连接方钻杆，上下活动钻具测量摩阻并称重，做好记录。

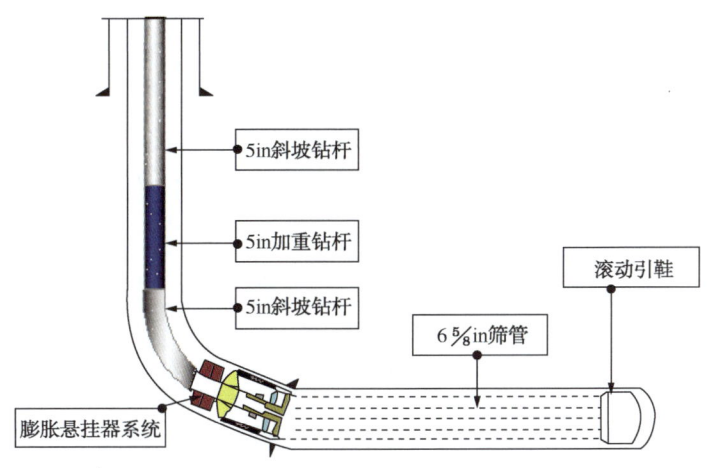

图 6.38　下入完井管柱结构示意图

（3）坐封操作阶段。

抗高温膨胀尾管悬挂器下到预设位置后，接来下进行坐封操作，其操作步骤为：

① 将打压管汇连接在水龙头上，开泵循环，观察循环情况；

② 一切正常后，上提管柱卸下方钻杆，投入一个直径 48mm 的憋压球，再次连接方钻杆，下放到指定深度，开泵低压缓慢供液，等待憋压球下落到球座位置；

③ 循环至泵压升高，说明憋压球落至球座，泵车降低排量，缓慢升压至 25MPa 时液压缸组合产生 88t 推力，以 58L/min 的排量完成胀封过程，稳压 10min，密切记录压力变化曲线和悬重变化；

④ 当泵压超过稳定值再次开始上升时，暂停打压，释放悬重 5~8t，钻柱除正常伸长外无明显下行，说明胀封完毕、悬挂牢固。恢复悬重，继续打压至 20MPa，球座下行释放压力，泵压大幅下降，说明丢手成功；

⑤ 缓慢上提管柱，防止液压缸和膨胀锥在套管内发生碰撞，回收工具。

6.2.5.4　FHW34048 井膨胀尾管悬挂器筛管完井现场试验

在新疆油田重 18 井区的 FHW34048 井、FHW34140 井、FHW34097 井、FHW34160 井和 FHW34148 井进行了膨胀尾管悬挂器现场应用，检测膨胀尾管悬挂器整装入井试验性能，为后续工具优化、试验提供数据。

在新疆油田重 18 井区的 FHW34048 井开展的膨胀尾管悬挂器整装入井性能检测试验是膨胀尾管悬挂器首次入井试验，其施工过程如下。

6.2.5.5　施工过程描述

（1）刮壁称重。

通井管柱组合：刮壁器+φ127mm 加重钻杆 26 根+φ127mm 钻杆 24 根；

技套下深：521.53m；

阻位：496.64m；

刮壁井段：461~491m；

刮壁称重：19t。

（2）通井。

用原钻具通井，通井过程无卡阻。通井到底后洗井两周，循环调整泥浆性能。

（3）下入完井管柱。

完井管柱组合：ϕ210mm 滚动引鞋+ϕ168.3mm 筛管 17 根+ϕ168.3mm 盲管 3 根+转换接头+膨胀尾管悬挂器+ϕ127mm 加重钻杆 26 根+ϕ127mm 钻杆 24 根+倒滑眼装置+水泥头。

管柱下入过程相关数据见表6.6。

表 6.6 管柱下入相关数据

项目	井深(m)	下深(m)	喇叭口(m)	筛管段(m)	悬挂段(m)	悬挂点井斜角(°)	狗腿度(°)
参数	718	716	489	524.4~713.4	489~490	85	10

（4）膨胀坐封。

完井管柱下到位后，用泵车将钻具内灌满清水。连接好固井管线后，指挥泵车进行缓慢打压至10MPa，压力不降。

指挥泵车缓慢升压至25MPa，压力下降至17MPa，膨胀液缸开始工作，膨胀基管。

继续指挥泵车升压至25MPa，压力下降为4MPa，通过振动筛人员观察，振动筛有泥浆返出，膨胀坐挂完毕，膨胀时间10s左右。

（5）机械丢手。

上提管柱至20t，正转转盘18圈后，倒扣丢手。缓慢上提管柱，悬重20t，机械丢手成功。

（6）工具回收检查。

工具回收后经检查，附件齐全，未有工具遗落井内。套爪丢手部分脱开，膨胀锥分离，经拆卸后检查，电木球在内滑套下端。

6.3 稠油水平井半程固井筛管完井技术

水平井半程固井筛管完井技术是将半程注水泥固井技术与水平段筛管防砂完井技术结合在一起的一项完井新技术。其施工工艺是先将完井管柱下至水平段末尾，首先坐挂液压式尾管悬挂器，再升压胀封造斜段下部水力扩胀式管外封隔器，然后升压打开压差式分级箍，对筛管顶部注水泥，以实现造斜段以上的有效封堵。水平井半程固井筛管完井井身结构示意图如图6.39所示。

水平井半程固井筛管完井技术是一项安全可靠的完井工艺技术，通过在筛管内安装内管柱，使下列工作得以实现：

（1）当下入筛管特别是带封隔器的筛管遇阻时，可以在套管鞋处循环泥浆实现边冲边下，保证完井管柱安全下入；

（2）可以保证完井液或遇油、遇水膨胀封隔器需要浸泡的液体有效充满筛管环空；

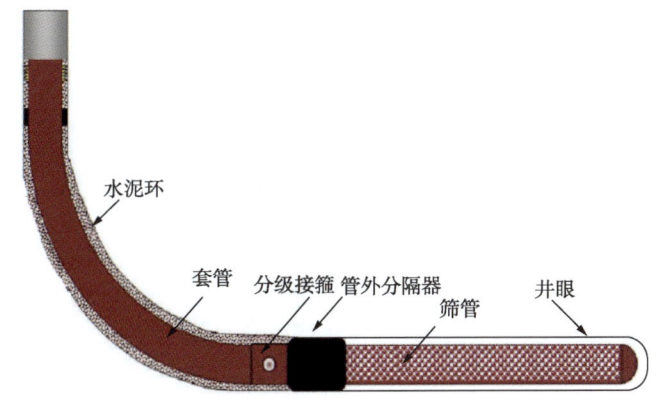

图 6.39　水平井半程固井筛管完井井身结构示意图

(3) 可以有效地对筛管环空井壁进行酸洗;
(4) 可以确保筛管顶部注水泥封隔器坐封后注水泥。

该技术具有如下两大优势:一是实现边循环边下钻,提高完井管柱顺利下入井内的安全系数;二是在油层上部套管固井前,可用油层破乳剂置换筛管内外环空油层保护剂,冲刷泥饼,清洗筛管缝隙,解放油层。

6.3.1　水平井半程固井筛管完井管柱结构

水平井半程固井筛管完井管柱结构如图 6.40 所示。

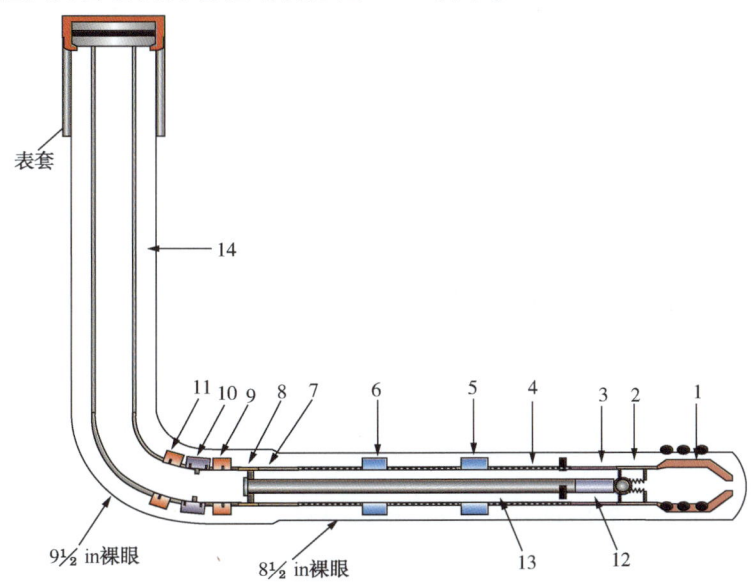

图 6.40　水平井半程固井筛管完井管柱结构示意图

1—ϕ210mm 滚动引鞋；2—ϕ154mm 单流阀；3—ϕ154mm 密封接头；4—ϕ139.7mm 筛管；
5,6—ϕ200mm 遇油封隔器；7—ϕ139.7mm 套管；8—ϕ139.7mm×73mm 内管悬挂器；
9,11—ϕ210mm 注水泥封隔器；10—ϕ193mm 注水泥器；12—ϕ73mm 插入管；
13—ϕ73mm 油管；14—ϕ139.7mm 套管；15—悬挂头；16—回接筒

6.3.2 水平井半程固井筛管完井工艺

水平井半程固井筛管完井工艺为:

(1) 先把完井管柱按设计连接入井后坐于井口(图6.41)。

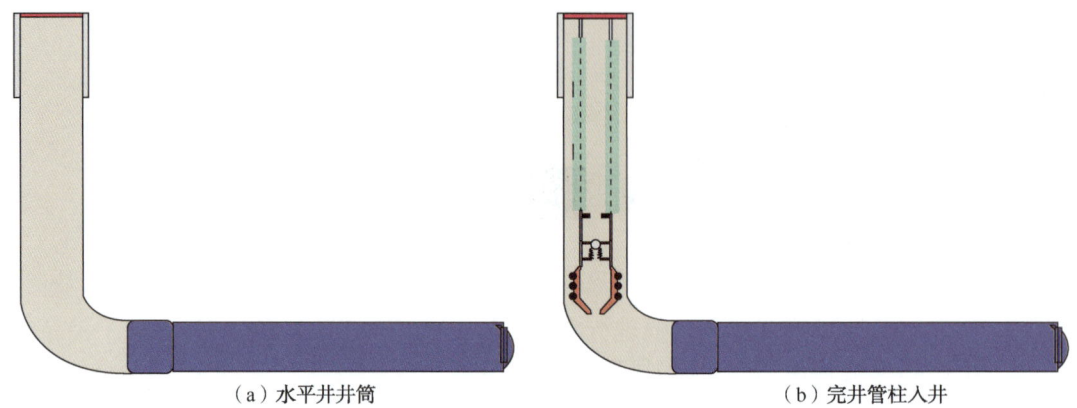

(a) 水平井井筒　　　　　　　　(b) 完井管柱入井

图6.41　完井管柱坐于井口

(2) 再下入内管柱到完井管柱内;连接内管悬挂器;然后连接上部管柱(图6.42)。

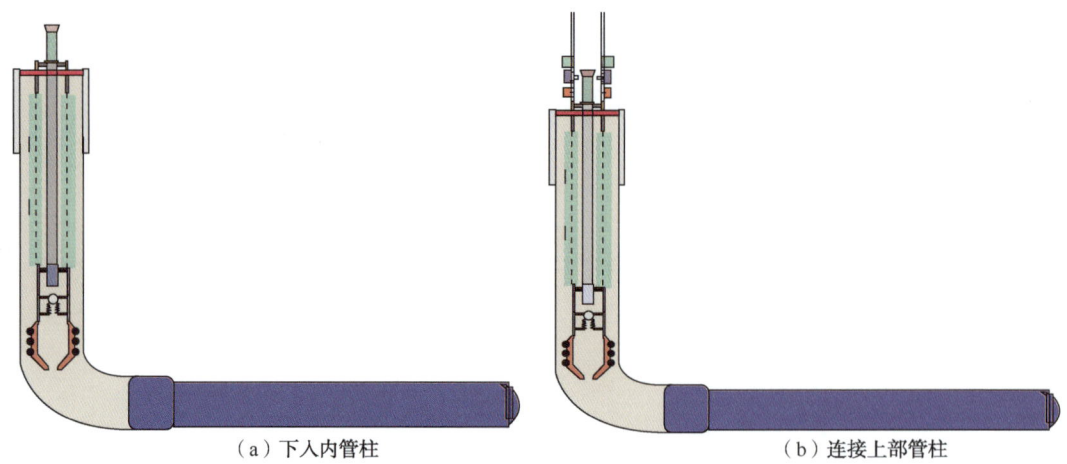

(a) 下入内管柱　　　　　　　　(b) 连接上部管柱

图6.42　连接内管柱及上部管柱

(3) 下入完井管柱。如果在下入过程中需要冲砂,可接方钻杆开泵循环泥浆,实现边冲边下。

(4) 完井管柱下到预定位置后,下入回接工具,回接下部内管柱(图6.43)。回接成功后,可以向油层注入保护液。

(5) 投入 $\phi50mm$ 电木球,准备进行注水泥开孔作业。

(6) 打压至10MPa,胀封下部管外封隔器(图6.44)。

(7) 打压至15MPa,打开分级注水泥器。

(8) 回接出内冲洗管柱(图6.45)。

(9) 投入第一个胶塞,循环洗井。按设计量注入水泥(图6.46)。

第6章 热采水平井防砂筛管完井技术

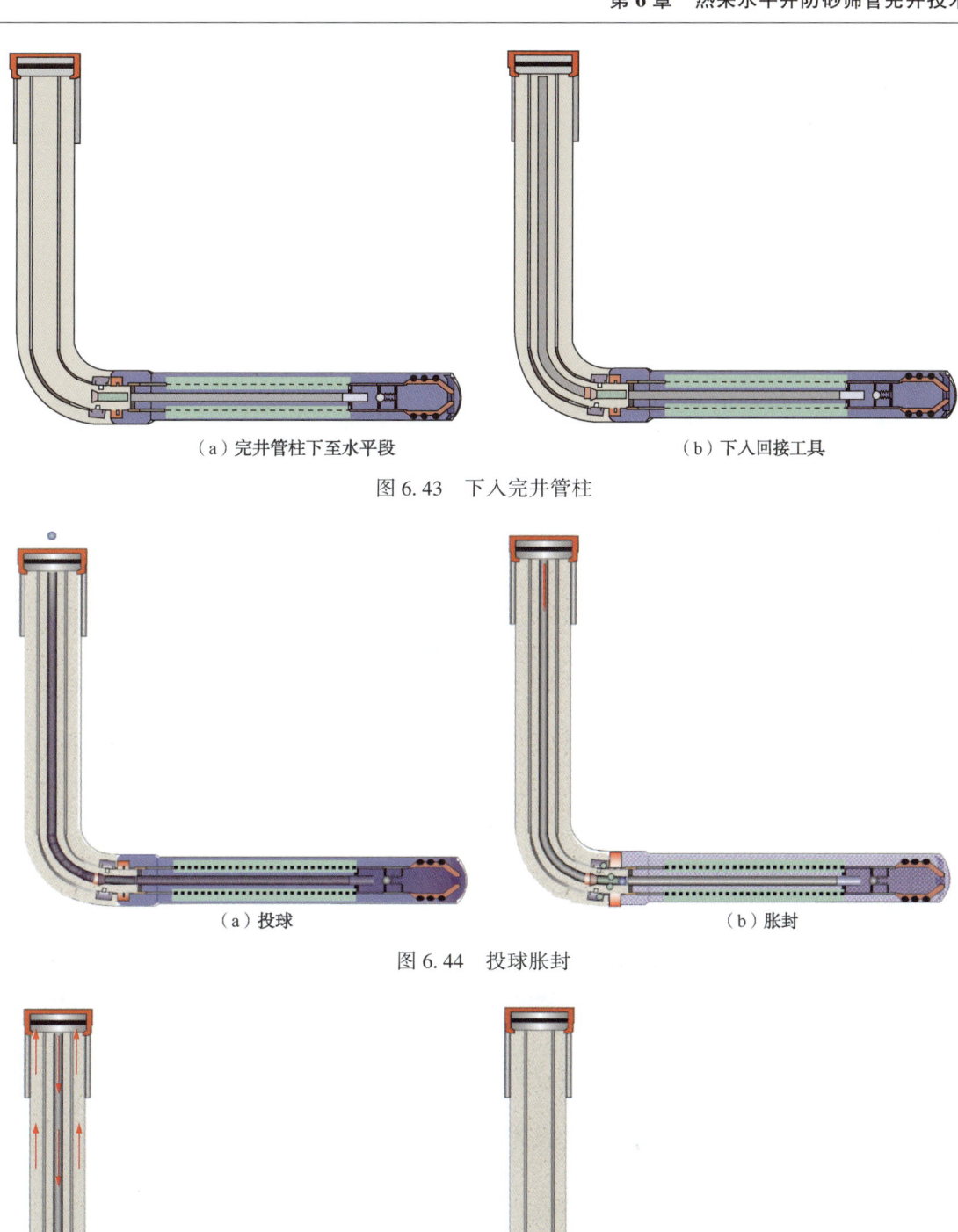

(a) 完井管柱下至水平段　　　　　　　　(b) 下入回接工具

图 6.43　下入完井管柱

(a) 投球　　　　　　　　(b) 胀封

图 6.44　投球胀封

(a) 打开注水泥器　　　　　　　　(b) 回接出内管柱

图 6.45　打开注水泥器回接内管柱

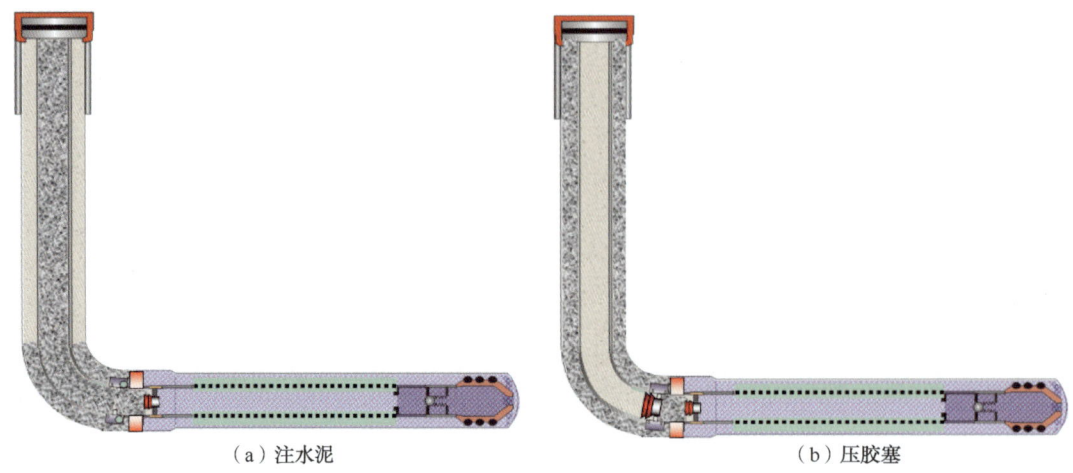

(a)注水泥　　　　　　　　　　　(b)压胶塞

图 6.46　注水泥

（10）压入顶替胶塞，碰压后，继续升压至 18MPa，关闭分级箍。

（11）候凝 48h 后，钻水泥塞（图 6.47）。

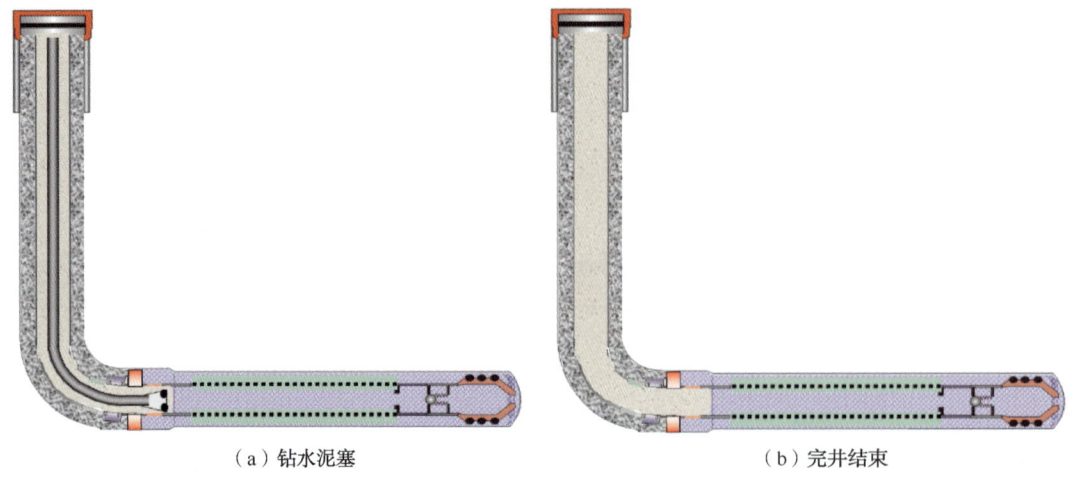

(a)钻水泥塞　　　　　　　　　　(b)完井结束

图 6.47　钻水泥塞及完井结束

6.3.3　水平井半程固井筛管完井技术应用实例

6.3.3.1　水平井半程固井筛管完井规程

（1）施工前准备。

施工作业前，现场服务工程师收集齐全地质分层、井身结构、钻具组合、钻井液性能、实测井眼轨迹及井下工程情况等资料。

完井工具见表 6.7。服务工程师、机械工程师及车间负责人员应对上井工具的外观、最小内径、最大外径、销钉及扣型等进行检验，测量工具的公称尺寸。

完井工具到达井场，要求井队将工具摆放在易吊上钻台的位置，摆放整齐。管外封隔器和分级注水泥器等工具在入井前应禁止打开;工具入井前再次检查其完好性,复核工具数据,见表6.7。

表6.7 完井施工工具清单

序号	名称	规格型号	连接螺纹	数量
1	滚动引鞋	ϕ210mm	ϕ139.7mmLTC	1
2	单流阀	ϕ154mm	ϕ139.7mmLTC	2
3	密封接头	ϕ154mm	ϕ139.7mmLTC	1
4	管外封隔器	ϕ200mm	ϕ139.7mmLTC	2
5	注水泥器	ϕ193mm	ϕ139.7LTC	1
6	内管悬挂器	ϕ154mm	ϕ139.7LTC	1
7	专用回接头	ϕ114mm	ϕ73mmTBG	1
8	胶塞	/	/	2
9	球面引鞋		ϕ73mmTBG	1
10	插入管	ϕ88.9mm	ϕ73mmTBG	1
11	油管	ϕ73mm	ϕ73mmTBG	
12	调长油管	0.2m、0.3m、0.5m、0.75m、1.0m 各1根,2.0m、3.0m各2根		
13	防喷接头	ϕ139.7mm	ϕ139.7+ϕ73mm	
14	刚性扶正器	ϕ210mm		2

准备2⅞in油管钳及油管吊卡;下套管前井场仪表齐全、完好,井场机械设备、动力设备等由岗位人员负责检查;对送井筛管及套管进行编号、丈量、清洗、通径、查钢级、查壁厚、查椭圆度、查外观。使用标准通径规逐根通径;对送井油管进行编号、丈量、通径。

固井车全套(泵车车满足35MPa);准备固井水泥头;水泥头及固井管线满足35MPa要求。按设计要求调整好泥浆性能;如果遇到划眼井段或岩屑较多的情况,要充分利用固控设备,清除钻井液中的岩屑和泥砂。

(2)完井管柱结构。

① 完井管柱组合。

ϕ210mm滚动引鞋+ϕ154mm单流阀(2个)+ϕ154mm密封接头+ϕ139.7mm调流控水筛管60m+ϕ139.7mm遇油封隔器+ϕ139.7mm调流控水筛管60m+ϕ139.7mm遇油封隔器+ϕ139.7mm调流控水筛管60m(N80×9.17mm)+ϕ139.7mm套管1根(N80×9.17mm)+ϕ139.7mm×ϕ73mm内管悬挂器+ϕ210mm管外封隔器+ϕ193mm分级注水泥器+ϕ139.7mm套管串(N80×9.17mm)+ϕ139.7mm套管串(N80×7.72mm)+ϕ139.7mm联顶节。

② 内冲洗管柱组合。

ϕ73mm插入管+ϕ73mm油管+ϕ73mm配长油管。

③ 回接管柱组合。

ϕ73mm专用回接头+送入油管。

④ 扶正器安置。

注水泥工具组合(管外封隔器1+注水泥器)前后安置滚轮扶正器。

(3)施工程序。

① 井眼准备。

井身质量符合设计要求,要求实际井眼扩大率小于15%;下套管前,筛除泥浆中所有堵漏材料;模拟通井组合根据具体情况而定。

② 下入完井管柱。

按照设计完井管柱结构依次下入筛管串及1根盲管,用吊卡坐于井口,灌满泥浆;下入内冲洗管柱:换好油管钳,把配好的内冲洗管柱按设计依次下入,下至最后2根油管时,缓慢下放,待最后1根油管入井时,记录悬重表读数;试插,遇阻1~2t,将实际下入油管长度与理论计算的油管长度进行对比,若误差很小,说明插入管全部进入密封接头,然后上提内冲洗管1m,即设计位置。

内冲洗管柱下放到设计位置,调整长度,用吊卡坐于 ϕ139.7mm 套管上,内冲洗管柱内灌满泥浆。

将 ϕ210mm 刚性扶正器装在半程固井工具下部,上好顶丝,然后连接半程固井工具(内管悬挂头+管外封隔器+分级注水泥器),先与油管连接,使用油管钳紧扣,然后换好套管钳,再与 ϕ139.7mm 套管连接。

半程固井工具入井后,开始下放套管作业,第一根套管上装1个刚性扶正器(建议5~6根套管装刚性扶正器),上好顶丝。完井管柱进入斜井段之前开泵循环洗井,先小排量顶通,待顶通正常后,按设计排量进行循环洗井。

完井管柱下放至A点循环洗井,先小排量顶通,待顶通正常后,按设计排量进行循环洗井。下套管过程中,套管内若有泥浆返出,可能是由于内冲管悬挂头处定位销提前剪断,洗井时泵压不能超过5MPa。

技术要求:

a. 严格控制下放速度,每根套管下放时间控制在20s以上,每下15~20根套管灌满泥浆1次。

b. 所有入井套管及管串组件必须用相应的通径规通径。

c. 完井工具上钻台时带好护丝,严禁碰撞。带有液缸的工具上扣时,严禁大钳打在液缸上。

d. 在组装和连接完井工具时必须由蓝海公司施工人员现场指导安装,均匀涂抹套管密封脂。在确保无余扣、错扣,工具完好的情况下方可入井。

e. 分级注水泥器及注水泥封隔器入井时,扶正、缓慢下入,注意保护胶筒和液缸。

f. 按照设计要求中途洗井泵压不超过5MPa。

③ 回接内冲洗管柱。

完井管柱送入到设计井深后,循环泥浆,调整泥浆性能,保证井眼稳定;换好油管钳,下入回接管柱;接完最后一根油管,记录悬重,缓慢下放遇阻2~3t,上提油管,观察悬重表变化,如悬重增加4~5t,说明回接成功,上提油管2m,观察悬重表变化,再次确认回接是否成功,如果悬重增加,则再次确认回接成功。

回接成功后,缓慢上提油管,筛管中的油管未全部过一级胶塞座之前,上提速度控制在1根/2min,待筛管中的油管全部过一级胶塞座后,恢复正常上提速度。内冲洗管柱全部提出后,连接循环接头,开泵循环顶通,进行固井作业。

④ 固井。

a. 压入一级憋压胶塞。压入一级胶塞压后,连接水泥头及固井管线,以 $1m^3/min$ 的排量将一级胶塞送至胶塞座,胶塞快到胶塞座时,降低泵排量,直至憋压。

b. 胀封管外封隔器。缓慢升压至9MPa,稳压2min;升压至11MPa,稳压2min;升压至13MPa,稳压2min,胀封管外封隔器。

c. 分级注水泥器开孔。管外封隔器胀封后,缓慢升至14MPa,打开分级注水泥器,建立循环,调整水泥浆性能,保证井眼稳定。

d. 注入水泥浆。分级注水泥器开孔以后,卸掉水泥头上堵头,压入替浆胶塞,开始注水泥浆作业。

e. 替浆、碰压、关孔。水泥浆注完后,打开水泥头挡销,释放顶替胶塞,替浆,碰压后,缓慢升压至25MPa(关孔销钉剪断压力5MPa),关闭分级注水泥器。

f. 放回压。

g. 关井候凝。

6.3.3.2 半程固井筛管完井施工实例

完钻井深1949m,A点1739m。此井采用可循环半程固井方式。完钻井身结构是:二开先采用 ϕ241.3mm 钻头钻至1728m,然后换用 ϕ215.9mm 钻头钻至B点。

(1)井眼准备。

此井设计4趟通井,实际通井3趟。

① 第一趟通井管柱:双扶正器通井管柱。

ϕ215.9mm 钻头+转换接头+ϕ208mm 扶正器+ϕ127mm 加重钻杆×1柱+ϕ208mm 扶正器+ϕ127mm 加重钻杆×1柱+ϕ127mm 斜坡钻杆21柱+ϕ127mm 加重钻杆×14柱+ϕ127mm 钻杆。

② 第二趟通井管柱:单西瓜皮磨鞋通井管柱。

ϕ215.9mm 钻头+转换接头+ϕ208mm 扶正器+ϕ127mm 加重钻杆×1柱+ϕ210mm 西瓜皮磨鞋+ϕ127mm 加重钻杆×1柱+ϕ127mm 斜坡钻杆21柱+ϕ127mm 加重钻杆×14柱+ϕ127mm 钻杆。

9½in 井眼下钻速度是2min/柱,8½in 井眼(水平段)下钻速度10min/柱;下钻至1728m(即9½in 井眼),使用大泵循环洗井一周,排量30L/s,泵压7MPa;下钻至B点,上提2m,用泵车循环洗井。

③ 第三趟通井管柱:双西瓜皮磨鞋通井管柱。

ϕ215.9mm 钻头+转换接头+ϕ210mm 西瓜皮磨鞋+ϕ127mm 加重钻杆×1柱+ϕ210mm 西瓜皮磨鞋+ϕ127mm 加重钻杆×1柱+ϕ127mm 斜坡钻杆21柱+ϕ127mm 加重钻杆×14柱+ϕ127mm 钻杆。

下钻至1400m,用大泵循环洗井1周,排量30L/s,泵压7MPa,循环过程中,无岩屑返出。

下钻至1700m,循环洗井1周,排量35L/s,泵压9MPa,有少量岩屑返出。

下钻至 B 点，用泵车打入 4m³ 泥浆，井口返出泥浆，排量 6L/s，泵压 2MPa，共打入 20m³。

循环结束后，开始起钻，起钻至 A 点，用大泵泵入 20m³ 雷特超级清洁纤维，循环洗井 60min，排量 32L/s，泵压 9MPa，有少量岩屑及堵漏材料返出。

（2）下管柱作业。

完井管柱结构：ϕ210mm 滚动引鞋 + ϕ154mm 单流阀（2 个）+ ϕ154mm 密封接头 + ϕ139.7mm 调流控水筛管 60m + ϕ139.7mm 遇油封隔器 + ϕ139.7mm 调流控水筛管 60m + ϕ139.7mm 遇油封隔器 + ϕ139.7mm 调流控水筛管 60m（N80×9.17mm）+ ϕ139.7mm 套管 5 根（N80×9.17mm）+ ϕ139.7mm×ϕ73mm 内管悬挂器 + ϕ210mm 管外封隔器 + ϕ193mm 分级注水泥器 + ϕ139.7mm 套管串（N80×9.17mm）+ ϕ139.7mm 套管串（N80×7.72mm）+ ϕ139.7mm 联顶节。

① 下部结构、控水筛管、遇油封隔器及 5 根盲管入井后，用吊卡坐于井口，筛管内灌满泥浆。

② 下内冲洗管柱：下放至最后 1 根油管，缓慢下放，直至遇阻，即插入管顶在单流阀上，然后上提 0.6m，到达设计位置。

③ 连接半程固井工具，先与 2$\frac{7}{8}$in 油管连接，再与 5$\frac{1}{2}$in 套管连接。

④ 半程固井连接好后，开始下套管作业，每下 20 根套管，灌满泥浆 1 次，每次灌浆时间相同，灌入量相同。

⑤ 滚动引鞋进入斜井段之前进行循环洗井 1 次，先用单阀洗井 10min，泵压 1MPa，然后换用三阀泥浆泵（ϕ170 缸套）循环洗井，泵压上升至 7MPa，去掉一个阀，两阀循环洗井 40min，泵压 3MPa；完井管柱下放至 A 点，开泵循环洗井，并打入 20m³ 雷特超级清洁纤维，先用单阀洗井 10min，泵压 1.5MPa，再换用双阀洗井 60min，泵压 3MPa；完井管柱下放至设计位置后，用泵车循环 30min，排量 1m³/min，泵压 2~3MPa，共打入 20m³ 泥浆。

⑥ 半程固井工具下放至 1728m（9$\frac{1}{2}$in 井眼），连接 4m 短套管，试下，将半程固井工具下放在 8$\frac{1}{2}$in 井眼，套管悬挂器坐于套管头内。

（3）回接内冲洗管柱作业。

下放至最后 2 根油管时，连接防喷接头，用泵车循环顶通，排量 0.8~1.0m³/min，泵压 3MPa，共顶入 21m³。

继续下放油管回接内冲洗管柱，称重 18t，回接时下压 3t，缓慢上提 26t，固定销钉剪断，悬重恢复至 19.5t，上提 2m，悬重仍为 19.5t，确认回接成功，然后起出油管，前 27 根油管以最慢的上提速度提出。

（4）固井作业。

① 油管全部起出后，用泵车顶通，压入一级胶塞，连接固井水泥头，以 1.0m³/min 的排量将一级胶塞送至一级碰压座。

② 胀封管外封隔器：碰压后，缓慢升压至 9MPa，稳压 2min；升压至 11MPa，稳压 2min；升压至 12MPa，稳压 2min；升压至 13MPa，稳压 2min；充分胀封管外封隔器。

③ 开孔：缓慢升压至 16MPa，泵压突然下降为 0，分级注水泥器打开。

④ 循环洗井，先用单阀循环洗井 20min，换用双阀循环洗井 60min，洗井液密度 1.10g/cm^3，漏斗黏度 60s。

⑤ 连接固井水泥头及固井管线，装入替浆胶塞，开始固井作业。

⑥ 注前置液：以 1.0m^3/min 的排量注入 4m^3 清水和 10m^3 清洗液。

⑦ 注水泥浆：以 1.0m^3/min 的排量注入 60m^3 水泥浆。

⑧ 替浆：以 1.0m^3/min 的排量替入 21.5m^3 清水。

⑨ 碰压关孔：碰压 9~24MPa，稳压 1min。

⑩ 放回水：将泵压放为 0，无清水返出，说明分级注水泥器关闭。

第7章　热采水平井分段完井分段注汽技术

新疆油田的稠油资源，由于受热采水平井井筒长度及储层非均质性等因素的影响，特别是在水平井井段较长的情况下，蒸汽注入的不均匀性尤为突出，储层动用程度很差，油井的采收率较低。因此，对新疆油田稠油热采水平井分段注汽完井技术进行研究，对提高新疆油田稠油热采效率具有十分重要的意义。

稠油油藏水平井热采技术已经在现场得到广泛应用。水平井具有采油井段长，控制储量大，单井产量高的特点。然而常规水平井热采存在水平段吸汽不均匀、水平段动用程度低、气窜严重、油汽比低等问题，影响吞吐开发效果。为解决上述问题，改善热采效果，提出水平井分段完井、分段注汽、分段开采的工艺技术。

7.1　完井与注汽方式对吞吐效果的影响规律

在稠油开采过程中，当水平井组穿越岩性非均质性较强的油藏时，注入井蒸汽腔室向油藏的扩展集中在地层吸热性较好的井段，而在吸热性较差的井段，蒸汽腔室的扩展范围较小，如图7.1所示。

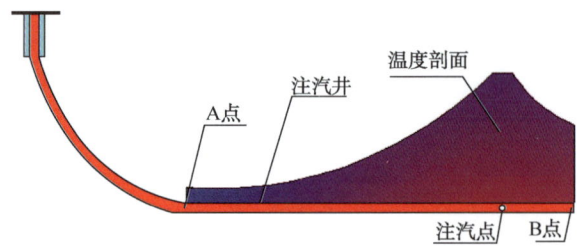

图7.1　水平井蒸汽腔横向扩展示意图

新疆油田稠油热采水平井已完成400余口，监测部分井发现稠油水平井注汽后只有1/3井段吸汽，汽窜现象严重，水平段集中吸汽突出，导致油井产量偏低，影响了水平井的开发效益。为解决水平井吸汽不均匀的问题，需要对稠油热采水平井进行完井方法和注汽工艺技术的改进，以提高注汽效率。

从图7.2可以看出，井筒内温度的分布跟出汽点的选择密切相关，距离出汽点越近，温度越高，相反，离出汽点越远，蒸汽的波及效率相对较低。因此，出汽点是制约目前水平井注汽效率的关键，然而，目前我国的注汽工艺中，单油管仅能实现单点注汽，水平井段仅有一个注汽点，温度分布不均匀在所难免，所以，增加水平井段的注汽点，实现水平井段均匀注汽是解决这一问题的关键。

第7章 热采水平井分段完井分段注汽技术

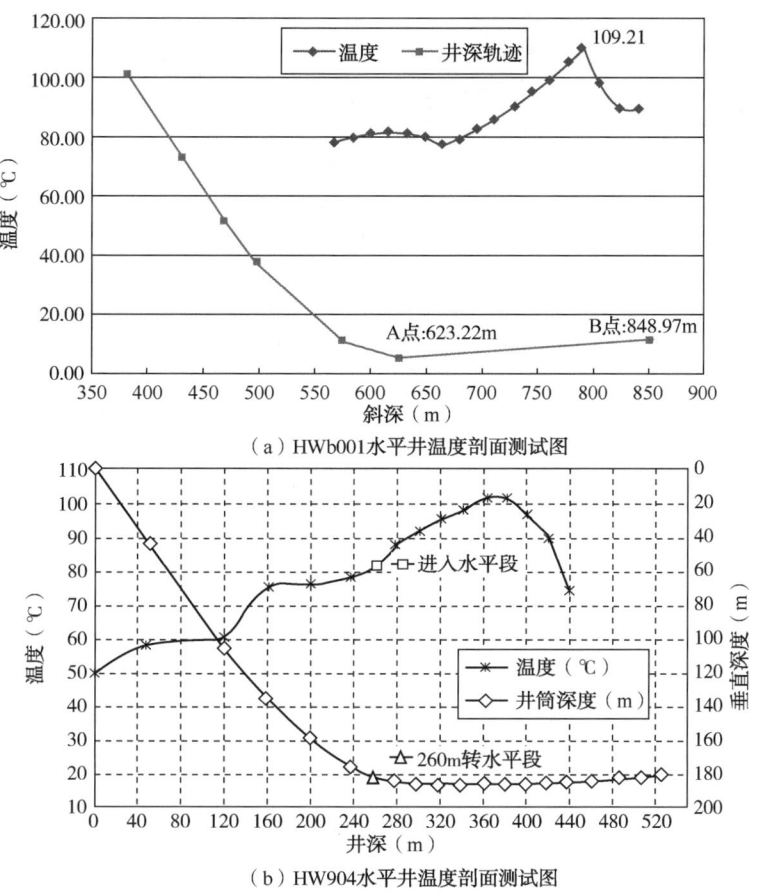

图 7.2 水平井吸汽不均匀示意图

国外在稠油开发的应用实践中，也逐步发现了地层吸汽不均匀的问题，为此采取了多种措施来提高蒸汽腔的扩展范围，从我国新疆油田赴加拿大蒸汽辅助重力泄油项目的考察结果可知，加拿大在提高稠油热采井注汽效果方面，主要有以下两方面的措施(图 7.3)：

(1) 同心油管注汽。即下入同心油管完井管柱，大尺寸管柱(外管)下入至水平段 A 点，蒸汽通过外管和内管的环空在 A 点注汽；小尺寸管柱(内管)下入至水平段 B 点，内管蒸汽在 B 点向地层注汽，这种注汽方式可以实现水平段两端分别注汽。

(2) 双油管注汽。即下入双油管完井管柱，短管下入至水平段 A 点，并在 A 点注汽，长管下入至水平段 B 点，在 B 点注汽，同样可以达到在水平段两端注汽的要求。

从以上两种注汽方式来看，虽然采用了不同类型的完井管柱，但两种注汽方式均实现了在水平井段 A 点和 B 点分别注汽，从而在一定程度上提高了注汽效率，但同时存在以下问题：

(1) 不论下入同心油管还是双油管，都需要打大尺寸井眼，对于稠油水平井而言，大尺寸井眼造斜较困难，部分井需要配备斜直水平井钻机，成本较高，且在钻井过程中，井塌严重。

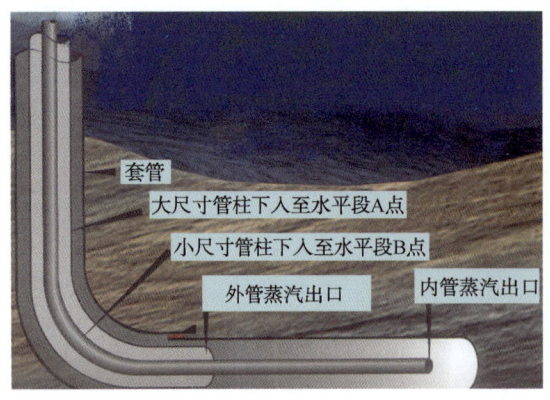 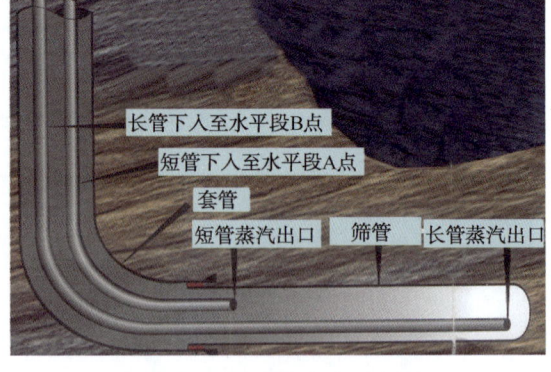

图 7.3　同心油管注汽示意图　　　　图 7.4　双油管注汽示意图

（2）大套管下入难度大，长水平井下入难度更大，加拿大在实施时，钻机上均装有顶驱，完井管柱下入时需要旋转，对套管材质及扣型要求高，风险大。

（3）为满足产量的需要，水平井段长度较长，部分井甚至在 1000m 以上，这样的井即使在 A 点和 B 点分别注汽，但由于中间间隔了较长的距离，水平井中间井段注汽效果依然不理想。而完井管柱中，所能下入的油管数量极为有限，所以，热采水平井中间井段的注汽效果难以提高。

因此，国外的这种改进后的注汽方式仍然不能从根本上解决地层吸汽不均匀的难题。结合新疆油田的具体情况，提出了水平井分段完井技术思路来满足均匀注汽的要求，由于水平井分段完井技术在完井管串中加入了抗高温管外封隔器，对水平井段实现了有效的分隔，由单点出汽改为多点出汽，同时，通过调节蒸汽注入点的流量，有效地解决了储层非均质性所导致的地层吸汽不均匀的难题(图 7.5)，因此，使得沿水平井方向地层的温度剖面均匀的向深处推进(图 7.6)，解决了热采水平井注汽地层在横向上吸汽不均匀的难题，再次扩大了蒸汽的波及范围，有利于将更大范围内的稠油从地层中开采出来。

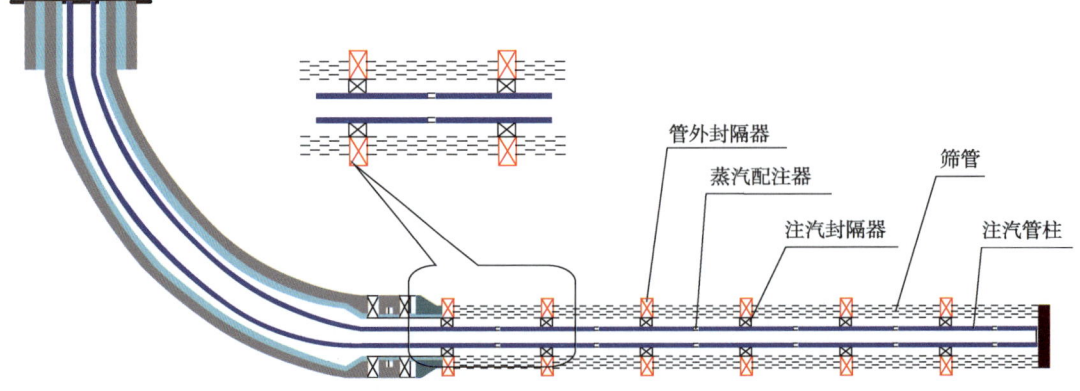

图 7.5　水平井分段完井均匀注汽完井管柱示意图

用水平井进行稠油开发将是提高新疆油田开发效益的重要技术手段，在今后的稠油开发中将会大量使用水平井技术，稠油热采水平井分段注汽完井技术的应用，将会改变目前注汽的效率，进一步提高开发效益。因此，本项目提出的水平井分段完井均匀注汽技术能够大幅

第7章 热采水平井分段完井分段注汽技术

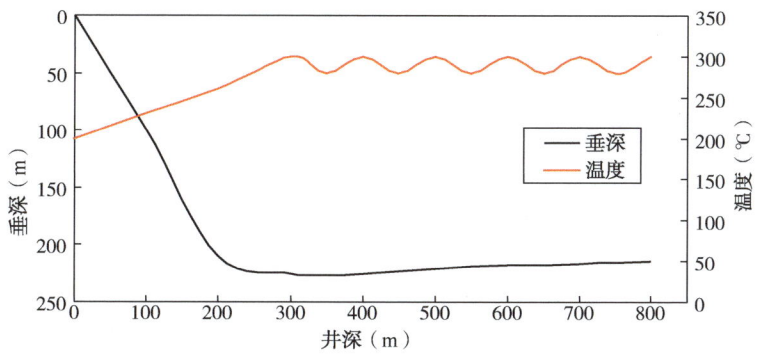

图 7.6 水平井均匀注汽温度剖面图

度的提高稠油热采水平井的产量，带管外封隔器的水平井分段完井均匀注汽技术目前在国内应用极少，研究提高稠油水平井蒸汽驱油效率的完井技术在我国具有广阔的应用前景。

7.2 稠油水平井分段完井分段注汽技术

7.2.1 稠油水平井分段完井技术

新疆油田稠油油藏埋藏深度浅，稠油水平井垂深较小，造斜井段及水平段均较短，井眼曲率大，而热采水平井管外封隔器刚度较大，变形量小，管外封隔器最大外径与最小井眼尺寸间隙仅5.9mm（热采水平井管外封隔器部分关键参数如表7.1所示），在弯曲井眼下入过程中摩阻较大，因此，有必要对热采水平井的井身结构进行优化，使管外封隔器能顺利下入以保证热采水平井下筛管分段完井工艺技术的顺利实施。

表 7.1 热采水平井管外封隔器部分关键参数

名称	公称直径（mm）	最大外径（mm）	最小内径（mm）	有效长度（mm）	胶筒长度（mm）	膨胀材料长度（mm）	适用井径（mm）		套管壁厚（mm）	使用范围
							最小	最大		
热采水平井管外封隔器	178	210	159	5000	400	300	215	280	9.19	8½in 钻头井眼

热采水平井井身结构优化的关键在于优化后的井身结构要与管外封隔器相适应，针对以上特点提出了以下两种有利于热采水平井管外封隔器下入的井身结构设计方案，第一种设计方案如图7.7所示，该方案采用三开完成，采用常规固井技术进行固井，利用内冲管连接完井管柱循环冲砂下入的方法进行完井，适合于水平井垂深小于400m的井身结构设计。

方案一中水平井井身结构层次：

（1）一开：采用 φ444.5mm 钻头至一开目

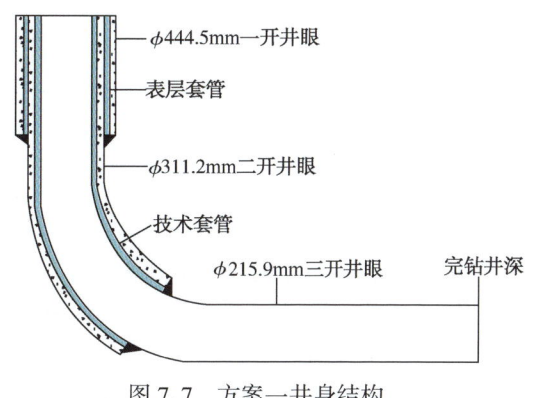

图 7.7 方案一井身结构

标井深,下入 ϕ339.7mm 表层套管,水泥浆返至地面。

(2)二开:采用 ϕ311.2mm 钻头钻至靶窗入口 A 点,下入 ϕ244.5mm 技术套管,水泥浆返至地面。

(3)三开:采用 ϕ215.9mm 钻头钻至靶窗出口 B 点,下入 ϕ168.3mm 筛管完井。

结合方案一中的设计思路,以重 32 井区 FHW12106 水平井为例,对该井身结构方案进行了套管强度校核,如表 7.2 所示。

强度计算模型:双轴应力计算。

轴向拉伸载荷:不考虑浮力。

抗挤计算方法:直井段及斜井段管外按下套管时钻井液密度计算,水平段管外按上覆岩层压力计算,管内按全掏空考虑。

抗内压计算方法:

(1)ϕ339.7mm 表层套管,不考虑井涌问题,内压力按井口试压 6MPa 考虑。

(2)ϕ244.5mm 技术套管,因完钻后作生产套管使用,故按试压压力考虑,井口最大内压力为 20MPa。

表 7.2 水平井套管强度设计表

套管程序	井段(m)	规范 尺寸(mm)	规范 螺纹	长度(m)	钢级	壁厚(mm)	累计重(t)	抗外挤 强度(MPa)	抗外挤 安全系数	抗内压 强度(MPa)	抗内压 安全系数	抗拉 强度(kN)	抗拉 安全系数
表套	0~35	339.7	BCSG	35	J55	9.65	2.84	7.79	20.1	18.8	3.12	4043	—
技套	0~332	244.5	TP-CQ	332	TP90H	10.03	19.8	22.5	7.82	44.5	2.23	4681	34.8
尾管	302~332	168.3	BCSG	30	N80	8.94	10.7	26.4	10.6	43.7	2.56	2607	—
尾管	332~602	168.3	BCSG	270	N80	8.94	9.64	筛管					

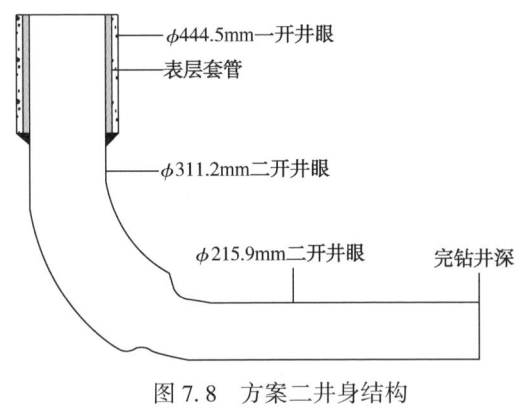

图 7.8 方案二井身结构

第二种设计方案如图 7.8 所示,该方案采用二开完成,二开后采用 ϕ311.2mm + ϕ215.9mm 复合井眼,利用内冲管连接复合完井管柱循环冲砂下入的方法进行完井,采用筛管可循环半程固井不钻胶塞技术进行固井,适合于水平井垂深大于 400m 的井身结构设计。

方案二中水平井井身结构层次:

(1)一开:采用 ϕ444.5mm 钻头至一开目标井深,下入 ϕ339.7mm 表层套管,水泥浆返至地面。

(2)二开:采用 ϕ311.2mm 钻头钻至靶窗入口 A 点,换 ϕ215.9mm 钻头钻至靶窗出口 B 点,下入水平井分段完井复合完井管柱进行完井。

与新疆油田稠油水平井传统的井身结构相比,优化后的稠油热采水平井井身结构在钻井工艺上几乎没有任何改变,有利于现场实施。只是在方案二中采用了二开上部井眼完钻后,不固井继续水平井段的钻进,整个井眼完钻后采用半程固井不钻胶塞技术进行固井,大大缩短了建井周期,减低了综合成本。

7.2.1.1 热采水平井分段完井管柱设计

由于热采水平井管外封隔器与井眼壁面之间的间隙很小,极大地增加了完井管串的下入难度,因此,为了提高完井管柱的下入效率,在稠油热采水平井井身结构优化设计的基础上,对常规的热采水平井完井管柱下入配套工艺进行了改进研究,形成了有利于热采水平井管外封隔器下入的完井管柱。

本研究中改进了目前带封隔器下入的完井管串,在管外封隔器前后两端加滚轮扶正器,在整个完井管柱的前端加滚动引鞋,在完井管柱入井之前下入钻杆+扶正器+钻铤+扶正器+钻杆+钻头组合的通井工具组合进行通井作业,减小了下入过程中管壁对管外封隔器胶筒的磨损,对管外封隔器胶筒起到了一定的保护作用(图7.9~图7.11)。在完井管柱的下入过程中,采用内冲洗管柱与完井管柱相结合循环冲砂下入的方法,减小了完井管柱与套管管壁或井眼壁面的摩擦,有利于整个完井管柱的下入及最终井底的清洗。

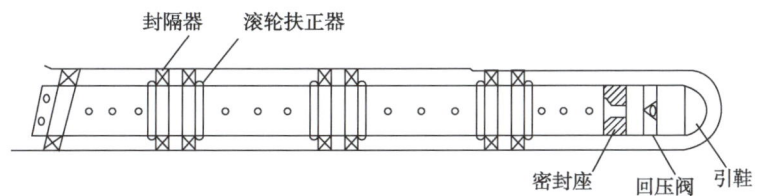

图 7.9 有利于热采水平井管外封隔器下入的完井管柱

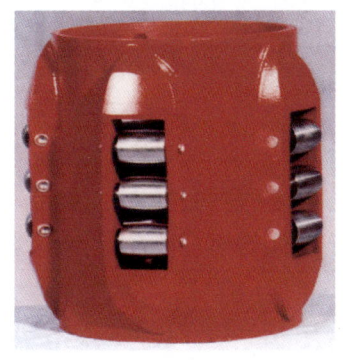

图 7.10 滚轮扶正器实物图

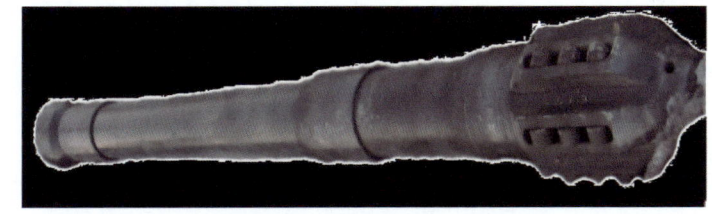

图 7.11 滚动引鞋实物图

7.2.1.2 热采水平井筛管分段完井作业程序

热采水平井管外封隔器工作原理:

(1) 打压胀封(一次胀封)。

把管外封隔器与完井尾管连在一起下到设计位置后,再用内管柱胀封工具对管外封隔器进行打压胀封,当管外封隔器处的内管柱压力高于套管外环空压力设定值时,管外封隔器的推力机构产生一个足够大的轴向推力,推动上下密封件变形,封堵了套管与井眼之间的环形空间,使管外封隔器两端的环形空间完全隔绝,如图7.12所示。

(2) 蒸汽胀封(二次胀封)。

打压胀封结束后,当注入蒸汽时,遇蒸汽膨胀密封材料开始膨胀,其体积可膨胀2~4

倍。由于两端环空被上下密封件完全隔绝，遇蒸汽膨胀密封材料膨胀后被紧密的挤压在上下密封件之间的环空，达到了进一步对所封隔的上下井段环形空间进行封隔，有效地防止了管外封隔器两端蒸汽的相互窜通。

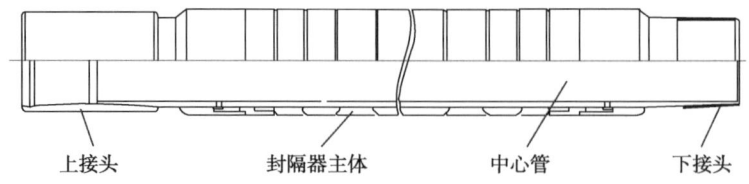

图 7.12　热采水平井管外封隔器结构示意图

两次胀封过程的先后完成，有力地保证了热采水平井分段完井作业对环形空间的封隔，避免了蒸汽互窜，为水平段均匀注蒸汽提供了保障。

根据新疆油田的地质和工程特点，制定以下热采水平井筛管分段完井作业程序：

（1）通井。

热采水平井管外封隔器入井前，必须通井，并要求通井工具组合的最大外径大于管外封隔器的外径，强度要达到能够模拟完井管柱强度的条件。

分别采用单扶和双扶两套钻具组合通井，直至井眼通畅。

通井过程中，钻头不装喷嘴，在井眼安全的前提下采用双泵高排量循环洗井，并调整泥浆性能，使其黏度、切力、失水、pH 值等性能满足井眼净化的要求，进出口泥浆密度差不超过 $0.02g/cm^3$，必要时可用高黏钻井液彻底清洗井底，保证井底清洁，无沉砂，无掉块，对于阻卡井段要反复划眼，保证井眼通畅。

水平段通井过程中，送钻均匀，勤加少送，严禁在同一位置长时间旋转钻具，避免形成"大肚子"井眼，影响管外封隔器坐封后的密封效果。

（2）检查入井管外封隔器及半程固井管串。

热采水平井管外封隔器送至井场后，在各方监督下仔细检查入井管外封隔器，重点在于封隔器密封材料有无擦挂，表面是否完整，未被腐蚀，两端接头无伤痕，能满足密封性的要求。

半程固井涉及的专用工具较多，检查时逐个进行，严格执行钻井工具操作规程，紧扣入井。

（3）下入管外封隔器和其他完井管柱。

按设计完井管柱要求将内冲管连接在带管外封隔器的热采水平井完井管柱内部，下入到设计井段，下入过程中重点注意以下事项：

① 复合完井管柱下入前，整理钻台面，工具摆放整齐，清扫干净，井控工具准备好并能有效使用；

② 吊运热采水平井管外封隔器时，起升平稳，禁止碰撞，绳套牢固并固定良好，由熟练操作人员进行作业；

③ 封隔器上扣时，按规定上扣扭矩进行上扣，严禁钳头夹持封隔器密封件，除封隔器两端外，其余部位禁止与本体产生相对转动；

④ 内冲管与完井管柱连接时操作要缓慢，插入管不能与单流阀接触。

⑤ 复合完井管柱下井时井筒内充满完井液，双方现场监督下入管串，确保封隔器及其他完井管串正确无误；

⑥ 筛管内壁保持干净，下入过程中，注意灌满完井液；

⑦ 复合完井管柱下入时速度控制在3min一柱左右，严禁猛刹，禁止旋转，下到BOP时放慢速度让管外封隔器安全通过BOP；

⑧ 下入过程中密切监视悬重变化，如遇阻卡，上提3~5m，再次下放；

⑨ 复合完井管柱下入到设计位置时，校核、记录好入井管串总长。

(4) 实施半程固井不钻胶塞作业。

① 安装固井井口和皮碗封隔器；

② 替换油层保护液；

③ 下入半程固井不钻胶塞用固井管串；

④ 胀封固井管串下部管外封隔器；

⑤ 实施半程固井作业；

⑥ 胀封固井管串上部管外封隔器；

⑦ 循环洗出多余水泥；

⑧ 起出半程固井不钻胶塞用固井管柱，施工完成。

完成以上作业程序后，上部ϕ311.2mm井眼固井完成，而下部ϕ215.9mm井眼内则是实施分段完井作业带高温管外封隔器的筛管串。

7.2.2 热采水平井分段注汽技术

7.2.2.1 热采水平井注汽管柱选型

为满足热采水平井均匀注汽的要求，水平井段下入了分段完井管柱，即在常规筛管串的基础上，根据水平井段在横向吸汽不均匀方面的地质特点，完井管串中加入了满足热采井高温注蒸汽要求的管外封隔器，实现对热采井裸眼环空的有效封隔。由于管外封隔器的坐封机构在结构方面为热敏膨胀式，因此，需要在分段注汽之前通过注入高温蒸汽使管外封隔器坐封，从而达到封隔环空的目的。为了满足这一要求，设计了一套旨在使管外封隔器坐封和调节地层注汽量的热采水平井注汽管柱，注汽管柱中带注汽封隔器和热力补偿器，能分别满足热采水平井均匀注汽对于分段完井的要求。

热采水平井注汽管柱结构为：滚动引鞋+单流阀+注汽管柱+注汽封隔器+热力补偿器+注汽管柱(调整注汽管柱的数据以适应井身长度)。

如图7.13、图7.14所示，按照管外封隔器下入时记录的管串长度，将注汽管柱下入至设计井深，并使注汽管柱中的注汽封隔器处于两段筛管之间，设计在盲管的中部位置为宜，当注汽温度大约在200℃、时间到达2h时，稠油热采井注汽封隔器胀封及管外封隔器胀封，从而将水平井段有效分隔成了两个独立的井段，在井口通过蒸汽分配器将一定量的蒸汽分别从主副管柱注入不同油层段，被注入的高温蒸汽也均匀的向油层深部推进，从而实现了油层段的均匀注汽。停注后，温度下降到130℃，注汽封隔器解封，地层原油由主管采出地面。注汽封隔器结构图如图7.15所示。分段注汽管柱的参数如表7.3所示。

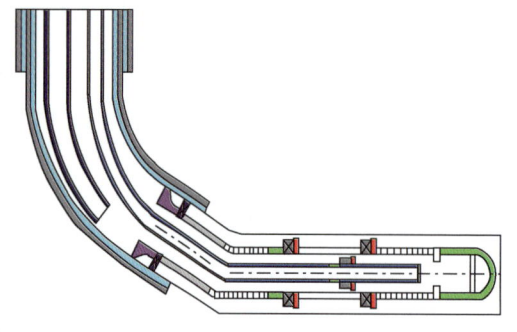 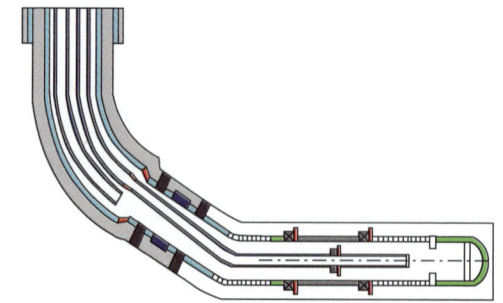

图 7.13　方案一中均匀注汽管柱示意图　　　图 7.14　方案二中均匀注汽管柱示意图

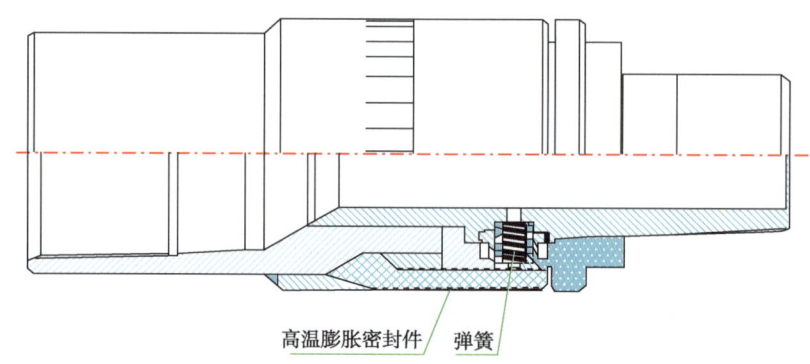

图 7.15　注汽封隔器结构图

表 7.3　分段注汽管柱参数

型号	公称直径 d(mm)	最大外径 D(mm)	最小内径 d_o(mm)	有效长度 L(mm)	胶筒长度 L_o(mm)	适用井径 (mm)	壁厚 (mm)	胶筒启动温度 (℃)	许用载荷 (kN)
RZG-114	73	114	60	>3900	>160	124	7.82	200	880
RZG-142	73	142	60	>3900	>160	151	7.82	200	880
RZG-152	73	152	60	>3900	>160	161	7.82	200	880

7.2.2.2　热采水平井分段完井注汽下筛管作业程序

热采水平井下筛管分段完井作业的最终目的是为了均匀注汽，而在常规注汽工艺中，单点注汽是不能满足这一要求的。因此，需要将注汽管柱中的单点注汽改为多点注汽，利用管外封隔器将水平段进行有效的分隔，均衡的控制各注汽点的注汽量，从而克服了由于地层非均质性和注汽不均匀性所带来的地层吸汽不均匀的问题。

在热采水平井下筛管分段完井作业结束后，需要下入特殊的带有注汽封隔器的注汽管柱进行注汽作业，从而建立起过热蒸汽与储层稠油的热接触关系。具体的下入注汽管柱施工步骤及随后的注汽开发方案如下。

(1) 井眼准备。

① 通井。

对全井筒进行通井，保证注汽封隔器能够顺利下入至设计井深。通径规参数见表 7.4。

第7章 热采水平井分段完井分段注汽技术

表7.4 通径规参数表

套管尺寸(mm)	通径规外径(mm)	通径规长度(mm)	连接螺纹
245	210	1500	410钻杆螺纹
178	152	1500	310钻杆螺纹
140	114	1500	210钻杆螺纹
127	100	1500	φ73平式油管螺纹

② 刮管。

对全井筒进行刮管，保证注汽封隔器下入过程中不被刮坏。刮管器参数见表7.5。

表7.5 刮管器参数表

套管尺寸(mm)	刮管器外径(mm)	刮管器长度(mm)	连接螺纹
245	210	1100	410钻杆螺纹
178	152	1000	310钻杆螺纹
140	114	1000	210钻杆螺纹
127	100	1000	φ73平式油管螺纹

（2）下入注汽管柱和采油管柱。

将隔热管与注汽封隔器、热力补偿器组合的注汽管柱送至设计井深处，并保证注汽封隔器处于两段筛管的中部，即盲管的中部。

下入副管过程中，操作人员密切注意悬重变化情况。当过悬挂器喇叭口位置井段时，缓慢下放，防止损坏注汽封隔器。

下入主管时控制好下放速度，操作缓慢，减小与套管和副管的摩擦。

油管及附件必须使用液压大钳严格按照API规范扭矩上扣。下管柱时操作要平稳，防止中途遇阻。

（3）注蒸汽顶替管柱内及油层段液体。

蒸汽注入平稳，注入量足够将井内完井液驱替干净，直到井口无液体返出。

（4）胀封注汽封隔器和管外封隔器。

① 胀封注汽封隔器。

从井口蒸汽发生装置缓慢注入蒸汽，当注入蒸汽温度达到200℃左右时，注汽封隔器弹簧遇热膨胀，推动密封件膨胀，封隔盲管与注汽管柱之间的环形空间。

② 胀封管外封隔器。

当注入蒸汽温度达到200℃左右时，管外封隔器热敏性膨胀材料受热膨胀，推动活塞移动，活塞推动高温密封件和遇热膨胀密封件膨胀，密封了筛管和井眼之间的环形空间，当注汽时间超过4h，两端的遇热膨胀密封件进一步膨胀，体积膨胀至2~4倍，完全充填管外封隔器中间的环形空间，达到进一步封隔的目的，使密封更加紧密，最终形成了两个独立的蒸汽压力腔室。

（5）注汽开发方案设计。

针对稠油热采水平井特殊的分段完井方法制定了以下三种注汽开发方案。

图 7.16 为下入注汽管柱后的井身结构图,此时注汽封隔器和管外封隔器均为未坐封状态,等注汽高温蒸汽后,注汽封隔器及高温封隔器先后一次坐封,实现封隔。

方案一:分段注汽,分段抽油管柱采油。

在该方案中,下入的注汽管柱(主注汽管柱)中连接了反馈泵,用于进行分段注汽,分段采油过程中水平段 B 端的采油作业。方案一注汽作业施工设计步骤为:

① 下入带反馈泵的注汽管柱,如图 7.17 所示。

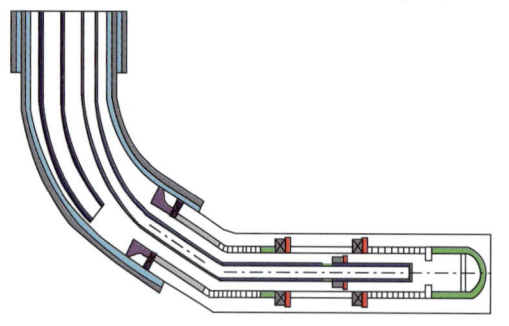 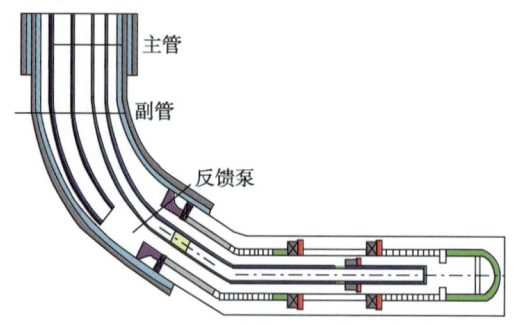

图 7.16 下入注汽管柱后井身结构示意图　　图 7.17 下入带泵注汽管柱后井身结构示意图

② 从主注汽管柱注入蒸汽,蒸汽从水平段 B 端进入储层激励地层中稠油,如图 7.18 所示。

③ 焖井后从主注汽管柱中采出原油,如图 7.19 所示。

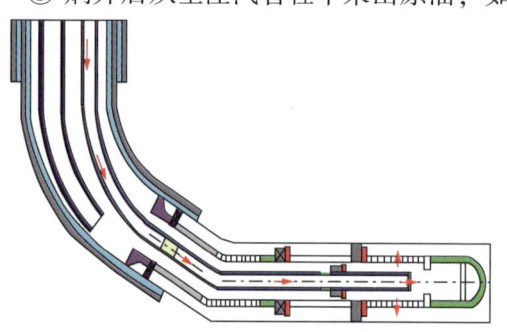 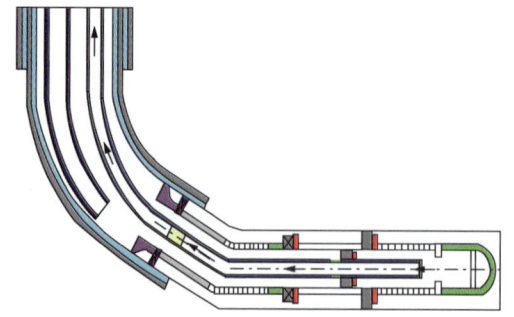

图 7.18 从主注汽管注入蒸汽过程　　图 7.19 焖井后采出原油过程

④ 从副注汽管柱注入蒸汽,蒸汽从水平段 A 端进入储层激励地层中稠油,如图 7.20 所示。

⑤ 焖井后从副注汽管柱中采出原油,如图 7.21 所示。

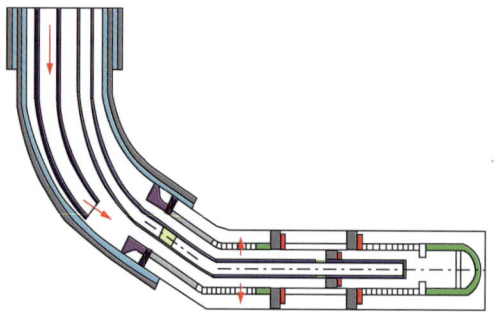 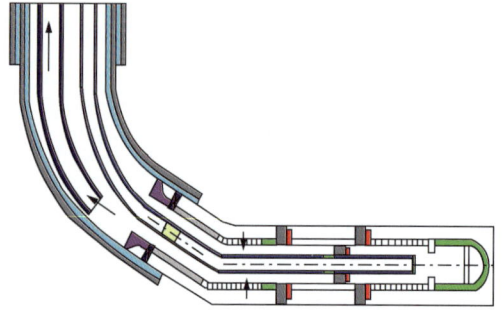

图 7.20 从副注汽管注入蒸汽过程　　图 7.21 焖井后采出原油过程

方案二：分段注汽，自喷管柱一次性采油。

与方案一不同，方案二中没有在主注汽管柱中加入反馈泵，采用的是分段注汽后自喷管柱一次性采出原油的设计。

① 下入未带反馈泵的注汽管柱，如图7.22所示。

② 从主注汽管柱注入蒸汽，蒸汽从水平段B端进入储层激励地层中稠油，如图7.23所示。

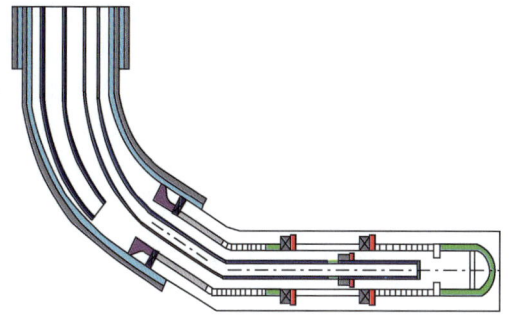 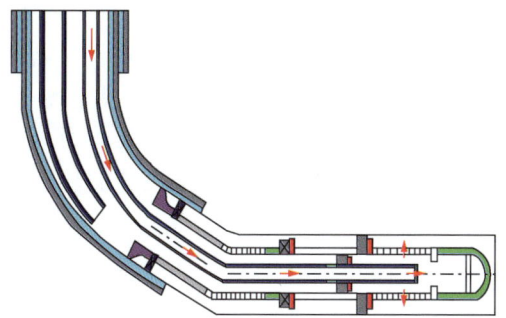

图7.22　下入未带泵注汽管柱后井身结构示意图　　　图7.23　从主注汽管注入蒸汽过程

③ 从副注汽管柱注入蒸汽，蒸汽从水平段A端进入储层激励地层中稠油，如图7.24所示。

④ 焖井后从副注汽管柱中采出原油，如图7.25所示。

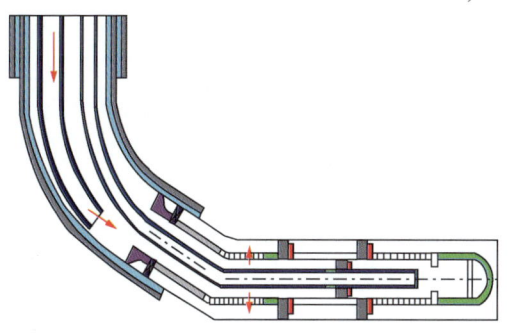 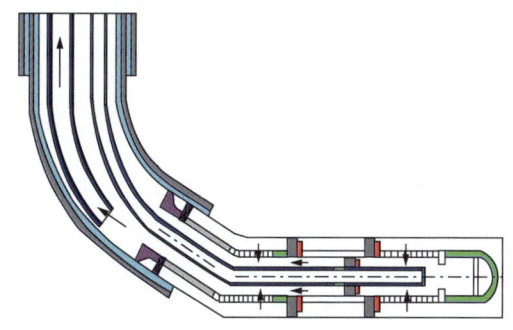

图7.24　从副注汽管注入蒸汽过程　　　图7.25　焖井后采出原油过程

方案三：笼统注汽，笼统采油(常规水平井注汽开发工艺)。

方案三采用了常规的水平井注汽开发工艺技术，注汽管串上没有采用封隔器进行分隔，注入的蒸汽笼统的进入储层对稠油进行激励，在此就不再进行详细说明了。

7.3　抗高温裸眼封隔器设计

分段注汽完井技术为何没能在我国广泛应用，其原因在于水平井均匀注汽分段完井工艺技术需要在各段注汽的分界面之间用管外封隔器进行封隔(图7.26)，从而防止压力失衡而造成蒸汽互窜。

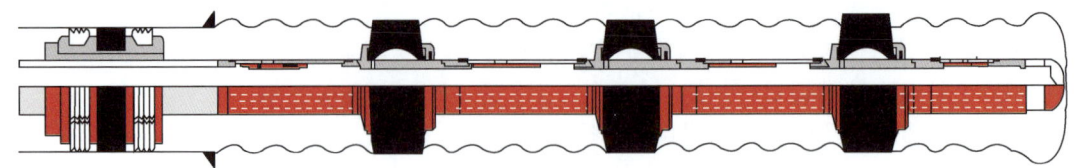

图 7.26　水平井分段完井示意图

而通过对现有管外封隔器的调研发现：由于稠油热采水平井中注汽温度高达 300℃，目前封隔器密封件通常使用的高分子封隔材料丁腈橡胶的最高工作温度仅为 150℃，不能满足稠油热采水平井中环境温度的要求，且现有管外封隔器在坐封方式方面存在可靠性和简便性的难题，主要体现在以下几方面：

（1）密封件材料如何满足在稠油热采水平井井下温度条件下对于密封件材料力学性能的要求。

（2）注蒸汽条件下对于管外封隔器坐封方式的设计，如何突破现有封隔器水力胀封的限制。

（3）如何选择性的打开完井管串中的蒸汽出口，实现分段均匀注汽。

所以，在稠油热采水平井中，管外封隔器的研究成为重中之重，优选一套满足稠油热采水平井的高温封隔器，对于试验、应用稠油水平井分段完井均匀注汽技术，提高热采水平井中稠油的采收率，有着重要的现实意义。

7.3.1　热采水平井管外封隔器工作原理及工作流程

7.3.1.1　工作原理

为解决新疆油田稠油水平井注汽后地层在横向上吸汽不均匀的难题，项目提出了稠油水平井分段完井均匀注汽技术，由目前 SAGD 和稠油热采水平井中水平井段的单点出汽改为多点出汽，并且根据地层构造特点和岩性调节不同井段的蒸汽注入量，以形成均匀稳定的蒸汽腔室，扩大"蒸汽捕获"，从根本上大幅度提高稠油热采水平井的原油采收率。而稠油水平井分段完井均匀注汽技术的关键在于如何实现水平井段多点均匀注汽，封隔器是解决这一难题的关键。

当根据地层性质合理设计完井管柱后，将带热采水平井管外封隔器的完井管柱下入到预定井深，如图 7.27 所示，注入高温蒸汽，项目优选的管外封隔器在高温蒸汽的作用下，热敏性膨胀材料体积膨胀并实现封隔器的自动坐封，封隔器坐封后将水平井分隔成了不同长度的井段。同时，筛管内与注汽管柱相连的注汽封隔器在高温蒸汽作用下也自动胀封，然后分别通过注汽管柱和采油管柱对地层注汽，由于蒸汽流量及注入时间可调，因此，可以实现地层的均匀吸汽。而热采水平井管外封隔器密封性能的好坏决定了蒸汽能否按照设计稳定的向地层深处推进。

7.3.1.2　工作流程

稠油水平井分段完井均匀注汽技术中，根据地层特性，在水平井完井管柱中适当位置加入管外封隔器，利用管外封隔器对水平井段实现有效封隔，保证蒸汽注入时向地层深处均匀扩散。由于热采水平井的高温环境和作业方式，其工作原理也与普通的管外封隔器有所不同。

第7章 热采水平井分段完井分段注汽技术

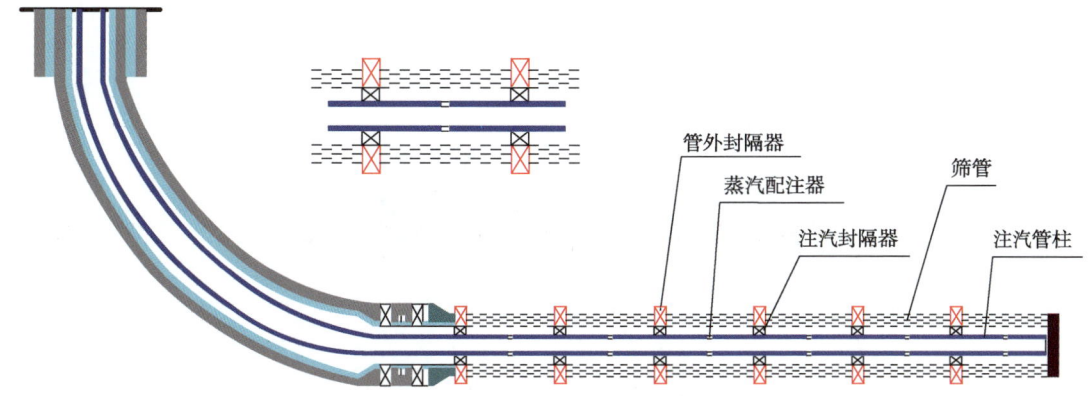

图 7.27 稠油水平井分段完井均匀注汽示意图

下入过程：从图 7.27 稠油热采水平井分段完井示意图可以看出，管外封隔器是随着完井管串一起下入到井下的，而从管外封隔器的尺寸来说，其总长度约 2m，密封材料的长度也达到了 0.32m，且在下入过程中，密封材料一直与裸眼井壁相接触，尤其在水平井的造斜井段，密封件为高分子材料，与井壁摩擦作用后，对密封件几何结构的改变和损坏较为严重，因此，有必要在完井管串下入时，在管外封隔器的两端加滚轮扶正器，如图 7.28 所示，以在一定程度上对密封材料起到保护的作用，同时，管串居中也更有利于完井管串下入至稠油水平井设计井深。

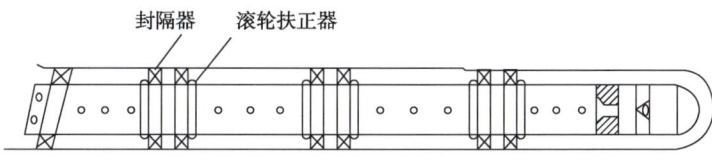

图 7.28 有利于管外封隔器下入完井管串示意图（坐封后）

坐封过程：常规压缩式封隔器的密封是靠管柱压重或借助水力载荷压缩胶筒来实现的，而套管外封隔器是把流体挤到管外封隔器内，在流体膨胀压力的作用下使橡胶筒外壁膨胀至裸眼井壁，显然这两种封隔器在坐封时，需要在管内憋压，利用管内的高压液体与封隔器的活塞等部件相作用，从而达到坐封的目的。与常规封隔器坐封时完井管串不同的是，由于在稠油热采水平井完井管串中管外封隔器之间设计有供蒸汽流通的孔道，因此，管内憋压坐封管外封隔器的方案已不再适用。为了解决这个技术难题，在稠油热采水平井管外封隔器坐封时引入了热敏性可膨胀材料，当管外封隔器下入至稠油热采水平井的设计井深时，注入高温蒸汽，当注汽温度达到热敏性可膨胀材料的敏感温度时，维持注汽温度一定时间，此时，液缸内的热敏性可膨胀材料体积急剧膨胀，如图 7.29 所示，并推动活塞与锥套向下运动压缩密封材料，同时在锥套向下运动压缩密封材料时，锥套尾部的锯齿和锁环的锯齿扣相啮合，当热敏性可膨胀材料的体积膨胀达到最大限度时，活塞也向下运动至极限位置，管外封隔器的密封材料也膨胀至最大幅度，待注汽温度降低时，由于锥套和锁环中的锯齿扣相啮合，因此相互锁紧，从而完成坐封动作。

密封过程：由于在 SAGD 中，流体介质主要是高温蒸汽，并无液体存在，而高温蒸汽通过封隔器之间的蒸汽流通通道进入地层，依靠高温蒸汽的潜热将稠油转化为液态，并沿着蒸汽腔室的边缘向下流动至生产井中,因此,压力并不高,管外封隔器密封材料上下之间的压力基本处于平衡状态,密封材料本身所受外界蒸汽压力较小,不影响其密封性能,保证管外封隔器在蒸汽注入过程中始终处于完好的密封状态。

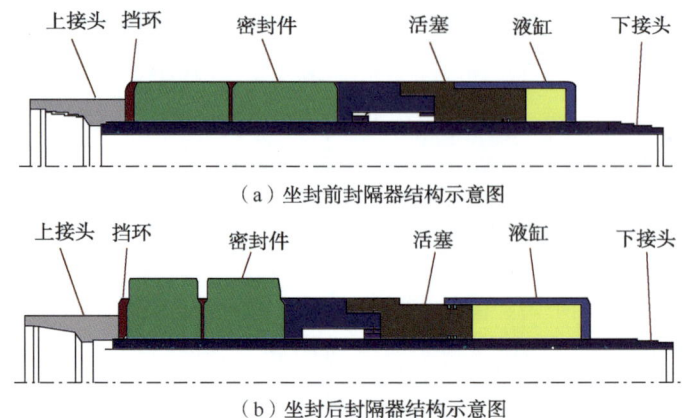

图 7.29 管外封隔器坐封过程示意图

7.3.2 热采水平井管外封隔器基本结构

7.3.2.1 坐封机构

坐封机构是使管外封隔器坐于目的层段后保持工作状态的机构,包括坐封活塞、液缸、热敏性可膨胀材料、密封圈、锥套、挡环、隔环等部件,如图 7.30 所示。坐封机构工作时,主要分两个步骤:

(1) 当高温蒸汽持续通过井口注入至井下时,稳定一段时间(一般 10~30min),待高温蒸汽通过中心管将热能传递至热敏性可膨胀材料并达到其材料的膨胀温度时,热敏性可膨胀材料体积开始膨胀,随着热能的进一步传递,热敏性可膨胀材料的体积进一步膨胀,并产生向两端的压力,由于上端液缸的作用,压力将推动活塞向下运动,进而产生压缩密封件的动力。由于在活塞与液缸之间分别安装了适应于不同温度的密封圈,因此保证了在热敏性可膨胀材料体积膨胀推动活塞运动时,热敏性可膨胀材料不会泄露,能够产生足够的压缩密封件的动力。

(2) 当热敏性可膨胀材料体积膨胀产生的动力推动活塞向下运动时,活塞推动锥套压缩密封件,由于在管外封隔器的底部有挡环,密封件被压缩至与裸眼井壁接触,实现管外封隔器的密封性能。

图 7.30 管外封隔器坐封机构三维视图

坐封机构各部件的结构及功能如下:

液缸：如图 7.31 所示，与中心管固定连接，提供热敏性可膨胀材料的密闭储存空间，当热敏性可膨胀材料膨胀时，提供膨胀力的反作用力，驱动活塞向下运动，压缩密封件。

活塞：如图 7.32 所示，上部通过密封圈与液缸连接，下部与锥套相连，当热敏性可膨胀材料体积膨胀时，受到热敏性可膨胀材料的膨胀作用力，并向下运动，推动锥套压缩密封件。

 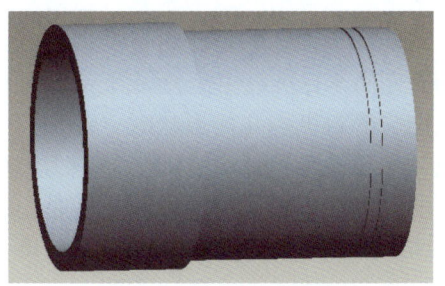

图 7.31　液缸结构图　　　　　　　　图 7.32　活塞结构图

热敏性可膨胀材料：是高分子材料领域最新发展的一种智能材料，可对环境温度的变化作出响应，在特定温度时的微弱波动，这些热敏性材料能够发生相态变化，体积出现不连续的变化。这种材料由于其分子链中的阴阳离子之间既存在静电缔合作用，又存在静电排斥作用，随着温度的变化，占据主导地位的作用力不同，导致体积发生不同。低温时主要是分子内的静电缔合作用，体积缩小，温度升高，高分子解缔合，分子链开始伸展，带有相同电荷的离子基团相互排斥，导致体积迅速增大。

密封圈：如图 7.33 所示，两个适应于不同温度的密封圈，安装在液缸和活塞之间，保证两者不论何种情况之下均处于密封状态，尤其在高温状态下，当热敏性可膨胀材料膨胀时，合理的密封可以为活塞提供足够的作用力。

锥套：如图 7.34 所示，安装在活塞与密封件之间，当热敏性可膨胀材料体积膨胀时，活塞向下运动的作用力传递至锥套上，锥套压缩密封件使其变形，达到密封裸眼环空的目的。在锥套靠近中心管的内侧，设计有锯齿，与挡环上的锯齿相互啮合，保证锥套的单向运动，坐封完成后，锥套不会滑移。

挡环：如图 7.35 所示，位于密封件的下方，上接头的下方，是密封件的下承托部件，当密封件受到锥套的压缩力作用后，由于挡环受到上接头的支撑力，其位置固定，因此，可以为密封件的压缩提供一端的固定作用。

 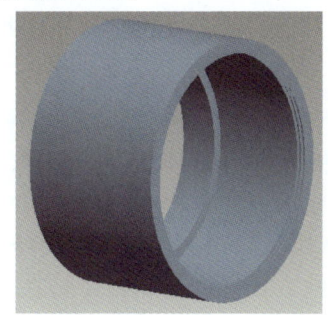 

图 7.33　密封圈结构图　　　图 7.34　锥套结构图　　　图 7.35　挡环结构图

7.3.2.2 密封机构

对于封隔器本身来说,最关键的部件莫过于密封机构,犹如封隔器的心脏,因为它在很大程度上影响甚至决定着封隔器系统井下工作的成败。而密封机构总体来说,可以分为三种形式:压缩式、填料式和金属密封式。金属密封式对材料要求较高,成本较高,不宜选用。填料式从应用的效果来看,密封效果难以得到保证。因此,比较合适的型式应为压缩式,需进一步确定的是密封件的材料选择问题。国内外对于压缩式封隔器,尤其是密封机构的研究由来已久,并且形成了部分共识,如采用防"肩突"现象的胶筒结构等。

在优选密封机构几何形状时,首先要考虑的是,密封元件在承载变形时,要求应力分布均匀,尽量避免和减少胶筒上的应力集中现象。大量的室内试验表明,出现裂痕和残余变形主要发生在边缘应力集中区,这是由端面形状不合适造成的。经反复试验发现,采用外斜角30°~45°的胶筒最好,不仅应力集中小,且不易发生"突出"现象。同时,胶筒的侧面形状也必须有所考虑,实践表明,"桶形"胶筒的寿命一般要比普通圆柱形胶筒长一倍。这是因为胶筒变形时,中间部分先接触套管,边缘部分受强弹性变形,但因总体积不变,故压紧时,整个胶筒仍为弹性变形,且不超过弹性范围。稠油热采水平井管外封隔器的密封机构如图7.36所示。

 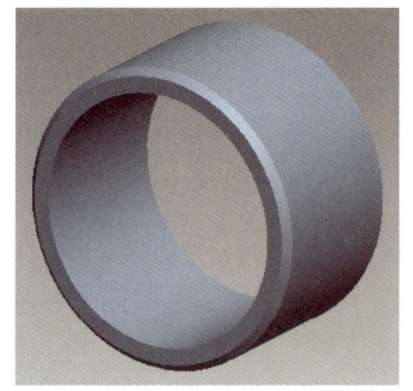

(a) 上密封件　　　　　　　　(b) 下密封件

图7.36 管外封隔器密封机构

对于稠油热采水平井管外封隔器密封机构密封性能的影响因素,除了密封机构的结构及组合方式外,最根本的影响因素还在于密封机构的材料对于稠油热采水平井中井下环境的适应性,这也直接决定了管外封隔器能否在稠油热采水平井中发挥其应有密封效果。

7.3.2.3 锁紧机构

锁紧机构是管外封隔器的关键部件,直接影响稠油热采水平井管外封隔器的密封效果,尤其在稠油热采水平井较为恶劣的井下环境中,合理的锁紧方式,将直接决定管外封隔器应用的成败,因此,需要高度重视锁紧机构的设计。由前文所述的坐封机构可知,项目优选的管外封隔器,如图7.37所示,坐封方式采用高温蒸汽潜热能驱动热敏性可膨胀材料体积膨胀,从而压缩密封件的方式来进行坐封,且在高温下,密封件的形变较大,锥套的运动位移也相应较大,同时,为了保证管外封隔器的密封效果,要求密封件在各种温度条件下均与裸眼井壁具有较高的接触压力,所以,密封件在处于弹性状态条件下,其对锥套的反作用力也相应较大,要保持锥套对密封件强有力的压缩,需要外界对锥套提供足够的动力。而此时,热敏性可膨胀材料的体积已膨胀达到极限,随着时间的推移,其动力也将逐渐消失,此时,锁紧机构成为唯一提供锥套动力的部件。

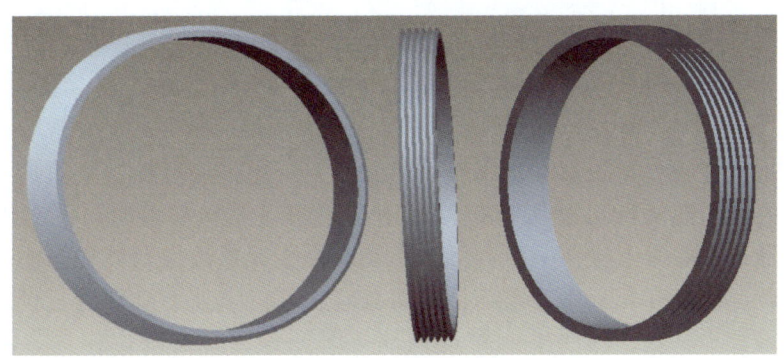

图 7.37　管外封隔器锁紧机构

稠油热采水平井管外封隔器的锁紧机构与中心管固定连接,采用上倾锯齿状的外形,与锥套内部的锯齿相啮合,当锥套上行至最大行程时,锥套内部的锯齿与锁紧机构的锯齿相互啮合,固定了锥套的位置,从而提供了锥套向上的作用力,如图 7.38 所示。

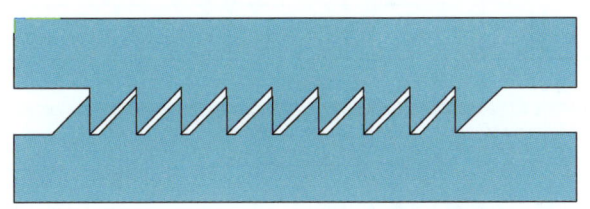

图 7.38　锁紧机构与锥套啮合示意图

以上关注的只是稠油热采水平井管外封隔器各关键机构的主要部件,要使这个管外封隔器具有坐封、密封、锁紧等功能,还需要一些辅助结构和工具,如上接头(图 7.39)、下接头、中心管(图 7.40)。

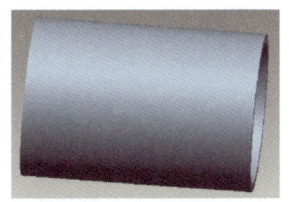

图 7.39　上接头实体图　　　　　图 7.40　中心管实体图

7.3.2.4　管外封隔器主体结构

稠油热采水平井管外封隔器主要由三大主要的机构组装而成,即坐封机构、密封机构和锁紧机构。三个机构分别组装在中心管上,再配以上接头和下接头与其他完井管串相连接,从而形成一套整体的井下密封装置,实现对井下不同井段的有效封隔,如图 7.41 所示。

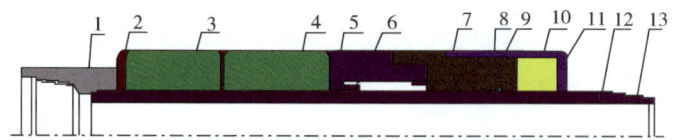

图 7.41 稠油热采水平井管外封隔器主体结构示意图

1—上接头；2—挡环；3—隔环；4—密封件；5—锥套；6—锁环；7—活塞；8—常温密封圈；
9—高温密封圈；10—热敏性可膨胀材料；11—液缸；12—中心管；13—下接头

稠油热采水平井管外封隔器在进行整体组装时，首先将液缸和锁紧机构与中心管固定连接，在液缸内装上热敏性可膨胀材料，利用高温密封圈和常温密封圈对液缸内实现密封，再将锥套通过中心管上接头一端与活塞组装，由于锁紧机构是预先与中心管固定连接在一起的，因此，锥套在套上中心管与活塞组装时，须依靠外力旋转跨过锁环，而在坐封过程中，由于锥套不旋转，因而不能跨过锁环，保证坐封时的限位作用。锥套组装完成后，按同样的步骤将密封件从上到下与锥套相连接，再将挡环安装在密封件的上部，此时，挡环靠近中心管上接头处，为了实现管外封隔器各机构的紧密组装，须利用上接头对以上各机构实行预应力组装，待上接头与中心管通过螺纹连接后，热采水平井管外封隔器系统各工作机构整体组装完成，整体组装完成的管外封隔器装配图如图 7.42 所示。

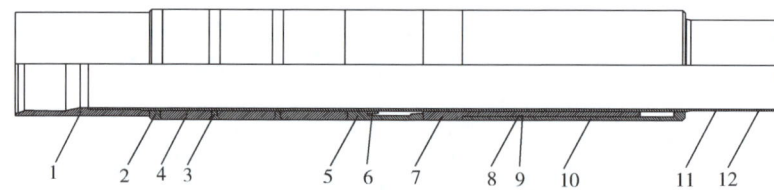

图 7.42 稠油热采水平井管外封隔器主体结构装配图（替换为新的设计图）

1—上接头；2—挡环；3—隔环；4—密封件；5—锥套；6—锁环；7—活塞；
8—常温密封圈；9—高温密封圈；10—液缸；11—中心管；12—下接头

系统在进行主体结构组装时，还必须同时兼顾管外封隔器各机构之间工作时的相互配合和下入时井眼对封隔器的限制，为此，将坐封机构、密封机构的外径设计为相同尺寸大小，上接头外径略小于整体的外形尺寸，以满足力学性能要求。中心管上接头和下接头尺寸应按照石油钻杆接头标准进行设计，方便稠油热采水平井管外封隔器与其他工具的相互配合。

7.3.3 管外封隔器密封材料性能要求、优选及改进

7.3.3.1 管外封隔器密封材料性能要求

稠油热采水平井中，不论是蒸汽吞吐方式开采，还是 SAGD，都需要向井内连续注入一定数量的高温蒸汽，而从目前国内外普遍的生产情况来看，注蒸汽温度高达 250~300℃，在这样一个连续、长期的高温蒸汽注入过程中，用于稠油热采水平井的管外封隔器，其密封性能的好坏，直接决定了分段注汽工艺的成败。稠油热采水平井管外封隔器各部件中，密封件为橡胶材料，由于其本身分子结构方面的内在因素，耐高温能力较差，所以，成为了制约稠油热采水平井管外封隔器密封性能好坏的关键。

据塔里木油田塔中62井一次对裸眼井封隔器的测试发现，φ311.1mm裸眼井中累计掉3个胶筒(90kg)，井下封隔器的密封性能大打折扣，而该井区井下温度仅120℃左右，由此可见，常规管外封隔器的密封材料在井下高温环境下的力学性能较为薄弱。

对稠油开采而言，黏度是影响采收率的主要因素，因此，需要通过外界作用改变稠油的黏度，进而提高采收率。SAGD则是以蒸汽作为热源加热油层，使高黏原油获得较好的流动性，利用气体和液体由于密度不同而产生的垂向分异作用，靠油的重力开采，同时，由于蒸汽源源不断的被注入油层，因此，垂向上的原油可以获得更佳的潜热，黏度不再成为影响采收率的主要因素，在较高的黏度下仍然可以获得理想的采收率，这是蒸汽吞吐所不能解决的。SAGD成功与否的关键在于蒸汽腔在油藏中的形成和扩展，而蒸汽腔又与井底的蒸汽压力、温度和干度密切相关，因此，为了提高SAGD的应用效果，作业者往往尽量提高注入蒸汽在井底的压力、温度和干度，以期获得较好的采收率。

以新疆克拉玛依油田百重7井区的一口井为例，井口注汽温度为305℃，注汽压力9.237MPa，注汽干度为80%，经过计算，获得了蒸汽在井底的参数。

图7.43是注汽阶段稳定状态下的蒸汽温度沿井深的分布曲线。从该图可知，蒸汽温度沿井深依次降低，从井口的305.0℃降低到井底的300℃，呈现出线性关系，因此，管外封隔器密封件的在耐温性能方面须达到300℃。

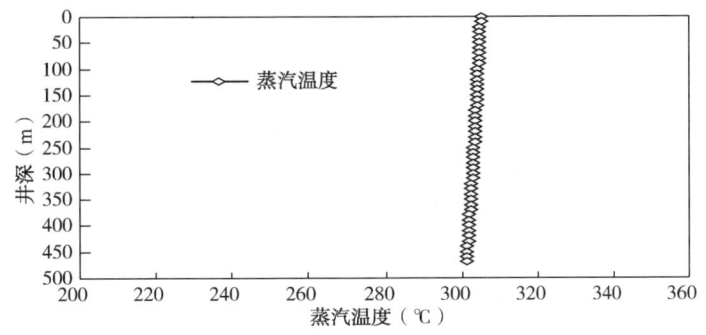

图7.43 蒸汽温度随井深分布图

图7.44是注汽阶段稳定状态下的蒸汽干度沿井深分布图，饱和状态的蒸汽干度代表其携带的热量大小，蒸汽干度越大，其携带的热量就越多，反之越少。由图可知，蒸汽干

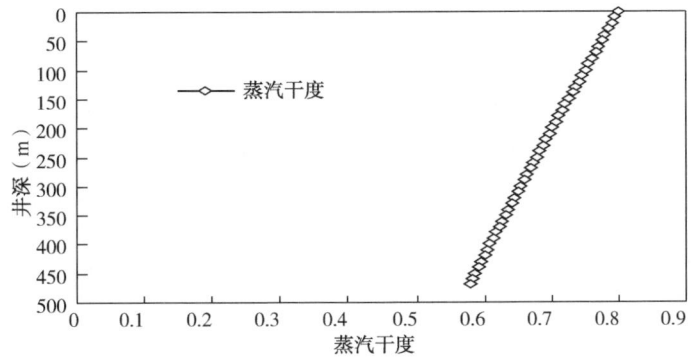

图7.44 蒸汽干度随井深分布图

度从井口到井底依次降低,呈现出线性关系,井口蒸汽干度为 0.8,井底的蒸汽干度为 0.578。从注蒸汽开采稠油的角度而言,井底蒸汽干度越大进入油层的热量就越多,所以要尽量提高井底的蒸汽干度,从管外封隔器的角度而言,由于蒸汽注入过程较长,橡胶密封件须在此干度蒸汽的环境中具有一定的稳定性,保证管外封隔器密封件的密封性。

因此,为确保封隔器密封件质量良好,满足热采注汽的密封性能,要求所选的密封件材料必须达到以下技术指标:

(1) 耐热、耐压性优良。热采注汽时因注入蒸汽压力很高,在 15MPa 左右,密封件密封的介质温度最高可达 300℃,密封材料必须满足上述耐热耐压要求。

(2) 压缩回弹性高。该值越高,表明密封件受压后,在介质压力波动或紧固松动时,自动回弹补偿性越好,即密封性好,所以要求密封件既要耐压,还要有良好的回弹性。

(3) 不渗透性好。密封件是由各种材料在一定结构下组合而成,为了防止密封件组成材料本身的组织孔洞渗透,影响密封性能,故要求咋材料选择结构组合时都要考虑密封件本身的致密均匀,不渗透性好。

(4) 机械强度大。在实际使用中,由于井壁的刮碰,可能破坏密封件的表面,使密封性能降低,因此,密封材料还要保证一定的机械强度。

在密封件材料的选择中,还必须考虑另一重要因素——密封件上的应力松弛现象。封隔器的密封性能主要取决于接触应力,如果这个接触应力足以形成密封且能长时间保持不变,则封隔器的井下工作寿命就长。然而,实际情况并非那么理想,处在井下工作条件的胶筒往往要发生一种应力松弛现象,这是由于随着工作时间的延长,胶筒塑性变形增加,弹性变形相应较少,因而导致接触应力减少,这种现象随着环境温度的升高更趋严重,所以,在材料选择时,要求密封材料在高温下的这种应力松弛现象尽量减少或延后。

除此以外,稠油热采水平井中还存在酸性等腐蚀性的物质,对于管外封隔器密封件的密封性能也有一定的影响,所选择的橡胶密封材料同样需要在这种环境中具有较佳的稳定性,保证管外封隔器密封件的弹性,满足稠油热采水平井分段注汽对于管外封隔器密封性能的要求。

7.3.3.2 密封材料优选及改进

封隔器在井下工作的可靠性,取决于密封元件合理的结构设计,同时也与密封元件的材料是否得当密切相关。

第一代密封元件材料是非橡胶的,采用牛、羊皮(后来又采用特制帆布)制成,其形状如袋子,袋内装以亚麻种子,这种亚麻种子有遇水膨胀的特性。

第二代密封元件是以橡胶为主要材料。橡胶的引用使封隔器的发展产生了一个大的飞跃,1867 年以后,开始出现橡胶式封隔器,1880 年,首次出现单胶筒封隔器,此后,各种类型的胶筒相继出现。起初,主要采用天然橡胶,后来也逐步采用添加各种填料的改性橡胶,用以提高封隔器的工作指标。

第三代密封元件是各种高分子材料,如合成橡胶、热塑性塑料和热固性塑料。直到 20 世纪 60 年代,至少有两种主要的弹性材料——丙烯橡胶和氟碳橡胶问世。1975 年,Kalrez (全氟橡胶)这一新型的弹性体投入工业性生产,用它制作的"V"形密封元件用于内密封,使密封腔容座式封隔器作为一种新型的完井工具适用于各种极端条件下的完井工艺。

用于井下封隔器的密封材料(包括内密封和外密封),种类繁多,常有的有橡胶、塑料、石棉—石墨、金属(铅、铜、铝等)及其他材料,随着各种类型井完井的需要和合成材料的发展,密封材料日趋多样化,性能也不断提高。通常认为,合成橡胶在恶劣条件下单独使用,不是可靠的密封材料,这是由于原油、天然气、热水或硫化氢等腐蚀剂的影响,使橡胶性能变脆、变软或膨胀,或者由于高温作用而造成橡胶继续发生交联和硬化作用,再者,压差会促使已变脆弱或者保护不当的橡胶件很快破坏。为了弥补上述不足,往往要将热塑性和一般塑料与橡胶配合使用,用作密封保护圈,以便对橡胶起到补强和保护作用。

衡量油田所用合成弹性材料性质的指标,主要有硬度、热膨胀性(井下环境温度条件下)、塑性模量(单位变形所要求的负荷)、拉伸强度、伸长率、抗撕裂强度或耐磨性、化学稳定性、在产液中的膨胀性和气侵阻力等。为了改进合成材料的性质,对大部分密封材料都需要采用一些密封剂,常用的有石棉、玻璃纤维或二硫化钼粉等,掺入这些填充剂可以提高材料的耐热性和抗挤强度等。油田常用弹性材料见表7.6。

表7.6 油田常用弹性材料

通用名称	A.S.T.M代号	英文化学名称	中文化学名称	商品名称(公司名称)
Natural rubber	NR	Natural rubber	天然橡胶	
Neoprene	CR	Chloroprene	氯丁二烯橡胶	Neoprene(DU)(PT)
Nitrile	NBR	Nitrile-butadiene	丁腈橡胶	Chemgum(GT);Hycar(GC);Krynac(P);Nyayn(C);Paracil(US)
TRW9203				TRW9203(TRW)
EPRubber	EPDM	Ethylene propylenediene terpolymer	三聚乙烯丙烯橡胶	EPcar(GC);EPsyn(C);Nordcl(DU);Royalcne(US);Vistalon(E)
Viton	FKM	Fluoroelastomer	氟碳橡胶	Viton(DU);Fluorel(M)
Kairez		Perfluoroelastomer	全氟橡胶	Kalrez(DU);
PTFE		Polytetrafluoroethylene	聚四氟乙烯	Teflon(DU);
Ryton		Ployphenylene sulfide resin	聚丙撑硫树脂	Ryton(PP)

封隔器密封元件常用的材料包括以下几类:

(1)橡胶类。

① 丁腈橡胶(包括氢化橡胶)。这是一种丁二烯和丙烯的共聚物,加有碳黑、增塑剂及填充剂,以便得到在一定温度、压力下为形成可靠密封和一定抗流变性所必需的柔韧性。这种橡胶广泛用于不十分恶劣的环境,优点较多,具有很好的抗油性和柔韧性,在高压下还具有良好的抗挤性能,在油气井中能适应常见的大部分液体和气体,保持足够的柔韧性,因而解封时能缩回原状易于起出。不过这种橡胶也有一定局限性,即不断硬化,在150℃以上更为严重,因而,这种材料的应用是有一定温度限制的。

② 氯丁橡胶。这种材料是由氯丁二烯聚合而成,能抵抗芳香的低温油田,但在热水(蒸汽)中,会很快失去强度,用石棉填充的氯丁胶"V"形密封圈,以酚醛树脂作为支撑

体,可以用于 176℃ 以下的环境中,但在高温下会泡胀而造成滞塞。

③ 乙丙橡胶。其主要原料是乙烯和丙烯,可分二元乙丙橡胶和二聚乙丙橡胶,能经受 246℃ 高温的蒸汽条件,在 148℃ 以下时,它对含硫气体有良好的抗力,但在热油中很快损坏,这就意味着这种橡胶不能应用于与油密切接触的条件,同时这种橡胶还有一个缺点,即很难和金属件硫化。

美工程师 S.O. 哈奇森,为了寻求用于高温高压热采水平井皮碗封隔器的密封材料,曾开展过一系列试验。在室内对 18 种材料进行了模拟井下条件(温度 232~246℃,压力 4.36~4.57MPa)的注蒸汽试验,试验表明:丙撑乙烯橡胶(EPDM)橡胶材料是唯一具有恢复弹性的橡胶材料,在长达 18 个月的连续试验中,始终保持弹性,而其他各类胶料,在蒸汽作用下,经过 48h 即完全损坏。

哈奇森还将氢化橡胶、氯丁橡胶和丙撑乙烯三类橡胶用热原油和冷油进行浸泡试验,后来又用热芳香性溶剂和冷芳香性溶剂进行试验,均未出现明显变化。如在 73℃ 的原油中浸泡 50h 后,再在大气温度的原油中浸泡 64h,丙撑乙烯橡胶可产生 10% 的溶胀现象,仍然具有良好的弹性,而氯丁橡胶只出现轻微的溶胀现象,且略有软化,但具有相当好的弹性;至于氢化橡胶,则并无任何影响。然后,将丙撑乙烯橡胶掷于 73.89℃ 的原油中 8h 之后,再放入大气温度条件下的高芳香性溶剂中 64h,则出现 25% 的溶胀现象,但其弹性或强度并无明显损失。氢化橡胶则只有轻微的软化现象,并未出现溶胀或严重的强度损失现象。丙撑乙烯橡胶对金属不会发生硫化作用,而氢化橡胶和氯化橡胶可与金属发生硫化作用,由于这一特性,也就限制了丙撑乙烯橡胶的应用范围,因为这类材料的理想用途,就是要硫化在金属物上,制作成若干井下工具。

④ 氟碳橡胶(如 Viton 等)。这种橡胶广泛应用于中等恶劣环境,石棉填充的 Viton 用于深气井并颇为流行。Viton 短时间用于 148℃ 的硫化氢环境勉强可行,但用于长时间的高温条件,则不太令人满意。

⑤ TRW9203 橡胶化合物。此种橡胶用在恶劣环境,被认为优于氟碳橡胶和丁腈橡胶。应用中发现:它在油中比在气体中损坏更为严重,但能耐高达 148℃ 的高压含硫化氢的井液的浸蚀,用于 232℃ 的高温时,明显软化。因此用于高温条件时,要求采用紧配合或者间隙为零的"防突"止挡件。

⑥ 卡尔雷兹——全氟橡胶。这是一种最新型的,也是目前用于恶劣环境最好的材料,它是聚四氟乙烯及氟碳橡胶的结合物,对含硫化氢的井液表现惰性,不过硫的浸蚀可使其强度有所降低,但试验表明,仍有良好的抗硫性。这种材料通常用玻璃纤维填充剂来改善其抗挤能力,也有的靠加进 Nomex 纤维填充剂来提高强度。卡尔雷兹是一种极好的耐热材料,耐温达到 288~316℃ 复配而成,其化学抗力类似于聚四氟乙烯。

(2) 塑料类。

① 聚四氟乙烯。作为中等强度的密封材料,它在高压井中特别有用,它还是一种很好的用于密封腔的低摩擦及防腐的涂层材料。未加填充物的聚四氟乙烯,化学上显惰性,但在高温下会很快变脆弱,因此通常用玻璃纤维来提高强度,它可以用在一个被保护的密封设计中靠机械挤压形成一种"弹性密封"。

② 聚苯撑硫树脂。这种材料在 315.5℃ 条件下会蒸发,是比聚四氟乙烯更硬一些的另

一种热塑性塑料,具有良好的化学抗力,可用玻璃纤维提高强度。

（3）石棉—石墨材料。

除耐热橡胶、塑料可用于高温条件之处,还研制出了石棉—石墨一类的耐热密封材料。美国贝克公司还研制出了一种锁座式耐热封隔器,这种封隔器虽然没有采用石棉材料一类的弹性密封元件,但却能耐温357℃。

（4）金属类。

对地层温度130℃、地层压力30MPa的密封元件,目前普遍采用的密封材料有胶皮、石棉—石墨、塑料、氟塑料等,这些材料往往因强度和可塑性不够而不能保证可靠密封,为了克服上述不足,苏联试验了塑性高又耐磨的铅密封元件,铅表面涂有阻蚀薄膜,具有耐高温（327℃）、耐酸、可塑性高的特点,可用作机械式封隔器的密封元件,原苏联曾设计了一种可洗井,并可重复使用的铅封隔器,该密封元件在345℃高温下浇铸而成,内表涂有石墨润滑脂,由于这种封隔器在高温深井中密封可靠,并节省了作业时间和费用,因而获得了明显的经济效益。

除了用铅作为密封材料以外,还可以用铜或铝合金。这种封隔器用作桥塞代替水泥塞试油,其密封部件包括有可钻材料制成的壳体,壳体借助端部元件与高塑性金属材料（软铜、铝合金）制成的密封元件紧压在一起,这种封隔器是专门为用于深井而设计的,基本上不受温度的限制,封隔器工作时,借助回压阀保持住封隔器下面的压力,由于封隔器是靠水力坐封的,因而优于靠电缆通电引爆坐封的爆炸封隔器。

在以上各种材料性能及应用的基础上,优选了适合于稠油热采水平井管外封隔器的新型密封材料,通过对这种新型密封材料的试验研究,筛选出了最优的材料配方,并根据稠油热采水平井的环境条件对这种材料的骨架结构及浇铸方式进行了改良,使这种材料的耐温性达到了300℃,能够满足稠油热采水平井的需求。

7.3.4 热采水平井管外封隔器特点

项目优选的稠油热采水平井管外封隔器具有以下主要特点:

（1）系统自动坐封。

常规封隔器在坐封时,需要从油管内憋压,来液经过内中心管孔眼和下中心管孔眼分别作用于上下活塞,推动上活塞及上活塞套上行。当油压达到一定值时,剪切销钉被剪断,下活塞上行,从而推动上活塞及下胶筒座上行压缩胶筒,外中心管也推动卡爪套上行,到达一定距离时,卡爪套的锯齿扣和锁簧的锯齿扣相啮合,泄压后,锥体将锁簧撑开,锁簧与卡爪套相互锁紧,完成坐封过程。而此类封隔器在实际应用过程中常出现以下问题:

① 中途坐封。由于下井过程中工具与套管壁摩擦碰撞或管柱低端受到井液水击作用,导致产生的瞬时压差达到封隔器的启动坐封压差,从而产生坐封。

② 错封。下井前了解井下工况不够,封隔器适应能力较差所致。

③ 不坐封。主要是由于来液经过中心管孔眼作用于上下活塞时封隔器由于密封不严泄露所致,危害较大,不得不重新起出完井管串,往往导致管串及封隔器损坏,为了避免此种情况,需要在工具入井前,仔细检查封隔器各机构的密封性。

同时，由于常规封隔器在坐封时动作较多，也增加了坐封的不确定性，所以有必要在稠油热采水平井管外封隔器的坐封方式上修改方案。

为了最大限度避免以上由于封隔器本身结构所导致的井下事故，需要对封隔器的坐封方式进行优化，为此，在优选稠油热采水平井管外封隔器时，选用了热敏性可膨胀材料，由于材料仅对温度较为敏感，因此，包括压力在内的其他因素不会对起坐封机构产生影响，管外封隔器不会提前坐封，当向井下注入高温蒸汽时，封隔器能够准确坐封。同时，为了保证热敏性可膨胀材料体积膨胀时液缸的密封性，采用了常温和高温两种性能的密封圈，使得液缸的密封性有了保证，确保了稠油热采水平井管外封隔器的有效坐封。

（2）耐高温密封件。

稠油热采水平井中管外封隔器优选的核心是如何选出耐高温密封材料，以满足稠油热采水平井中特殊的井下环境。目前常用封隔器的密封材料为丁腈橡胶，其耐温性仅为150℃，而稠油井中为了满足热采要求，井下温度较高，甚至达到了300℃，在如此高的温度条件下，丁腈橡胶的性能已不能满足井下工况，容易发生"蠕变"及碎裂失效，从而失去密封性，所以，耐高温的密封材料成为稠油热采水平井管外封隔器的关键。

通过对目前现有适合于封隔器的橡胶材料进行了大量的调研，从调研结果来看，耐高温的橡胶材料类型较少，且大多从国外进口，因而价格极为昂贵，选用此类橡胶材料用作封隔器室内试验，其成本比常规材料高出几十倍甚至几百倍，用于稠油热采水平井，根本不可行，因此，需要在油田成本允许的范围内，优选最佳的耐高温密封材料。通过对大量橡胶材料性能的对比，优选了一种新型耐高温密封材料，并对其组分进行了改良，使得其耐高温性能有了大幅度提高，同时满足稠油热采水平井管外封隔器密封性能的要求，通过高温力学性能试验，获取了其基本的力学性能参数，为在稠油热采水平井中合理应用这种新型密封材料，提供了重要的理论依据。

7.4 高温管外封隔器密封材料及样机评价试验

热采水平井管外封隔器密封件的力学性能是影响封隔器密封性能的关键因素。在热采水平井管外封隔器结构方案设计的基础上，分析了热采水平井的井下环境条件，优选了满足热采水平井要求的新型密封材料，由于普通橡胶类材料在300℃高温环境下稳定性较差，经改良后耐温性能提高，需要经过高温（300℃）力学性能评价试验进行验证。同时这种高分子材料是高度非线性复合材料，其几何非线性及材料非线性使得其力学行为比金属材料复杂，通过试验的方法评价密封材料的力学行为及相关的性能参数显得十分必要。

7.4.1 管外封隔器密封材料性能室内试验

7.4.1.1 试验目的及意义

管外封隔器密封材料的力学性能在很大程度上决定了密封性能，有必要通过对封隔器密封材料的标准试样在不同压力和不同温度条件下的性能进行试验，获取密封材料的应力—应变关系及压缩模量、弹性模量等值，观察密封材料在不同温度下的受压变形特性及回弹特征，为合理选用、使用密封材料提供试验依据，并提供封隔器有限元分析计算所需数据。

所选的封隔器密封材料是一种不可压缩的高分子材料,从材料类型来看,属于超弹性材料,其本构模型一般用 Mooney-Rivilin 应变能密度函数形式来描述。对于封隔器中的密封件而言,在坐封过程中,密封件始终受到锥套的单向压缩作用,而无其他类型的力学行为,因此,项目将通过单轴压缩试验方法来对这种新型密封材料进行力学行为的分析。

7.4.1.2 试验原理及内容

(1) 试验标准。

封隔器密封件力学性能试验根据国标 GB/T 7757—2006《硫化橡胶或塑性橡胶压缩应力应变性能的测定》标准进行测定。该标准中规定了两种测定方法,即:一种是施加压缩力的金属板经润滑剂润滑;另一种是施加压缩力的金属板与试样粘接在一起。可根据试验条件不同选择不同的测定方法,一般选用第一种方法,采用该种方法,若试验件和金属板达到充分润滑,则试验结果仅与橡胶的模量有关,而与试样的形状无关。

本次试验按照第一种测定方法,即:施加压缩力的金属板经润滑剂润滑。

引用标准:GB 2941—2006《橡胶物理试验方法试样制备和调节通用程序》。

(2) 试验术语及定义。

压缩应力:使试样在施加力向上产生形变时,施加的应力,以垂直于施加力方向横截面的初始面积去除施加力来表示。

压缩应变:在压缩力的作用下,试样在受力方向产生的尺寸变化与该方向原始尺寸之比。通常用百分率表示。

压缩模量:压缩应力与压缩应变之比值。

(3) 试验装置。

该试验是在 PWS-100C 型电液伺服动静万能试验机上进行的,试验机工作原理如图 7.45 所示,试验器主要性能参数见表 7.7。此外,试验中还用到以下设备:变压器、电阻加热器、K 型热电偶、温度巡检仪、外径千分尺、压力传感器等。

图 7.45 PWS-100C 型电液伺服动静万能试验机

表7.7 PWS-100C型电液伺服动静万能试验机主要性能参数表

参数名称		技术参数
最大试验力(kN)	静态	100
	动态	±80
试验力准确度		优于示值的±1%
工作频率范围(Hz)		0.01~70
活塞行程(mm)		±70
框架形式		双立柱
立柱间距(mm)		600
试验空间		750
作动器安装形式		下置式

(4)试验原理。

试验原理如图7.46所示。

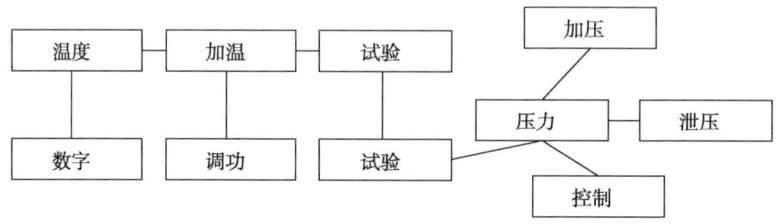

图7.46 试验原理图

① 试验件。

试样直径为29.0±0.5mm,高度为12.5±0.5mm的圆柱体,试样表面应平整、光滑,且上下表面平行(同一试件不同方向测量时,其误差不能超过0.1mm),以试验时的实际测量值为依据。

② 试验环境调节。

对于裁切试样,样品经过一定必要准备后,应使其在裁切成试样前,于标准温度下至少调节3h。

若试样需要打磨,则打磨与试验间的时间间隔不应超过72h。

模制试样应在标准温度下至少调节3h方可进行测量与试验。

对于非标准温度下进行的试验,试验前应参照GB9868,将试样在试验温度下调节足够长的时间直到试样达到试验温度为止。

(5)试验步骤。

① 试样分组:将经过试样检验合格的试样分为两大组,每一大组按试验温度分为七小组,每一小组五件试验件。

② 温度分组:试验温度分为如下七档:常温(25℃)、50℃、100℃(前三项误差为±1℃)、150℃、200℃、250℃、300℃(后四项误差为±2℃)。

③ 试样的测量:测量试样的直径和高度,每个试样的每个值测3个点,取平均值作为

测量值,并记录。

④ 将试件上、下圆面涂润滑油后,安装在试验机上。

⑤ 将试件加温,稳定 3~5min,即可开始试验。

⑥ 控制载荷增量,每一增量完成时需稳定后再记录其变形量。

⑦ 加载速度为 10mm/min,最大载荷以试件达到 25%~30% 的变形为最大值,第一件最大载荷为 60000kN。

对每一试件按下列加载(卸载)量对试件进行加载。试验加载曲线如图 7.47 所示。

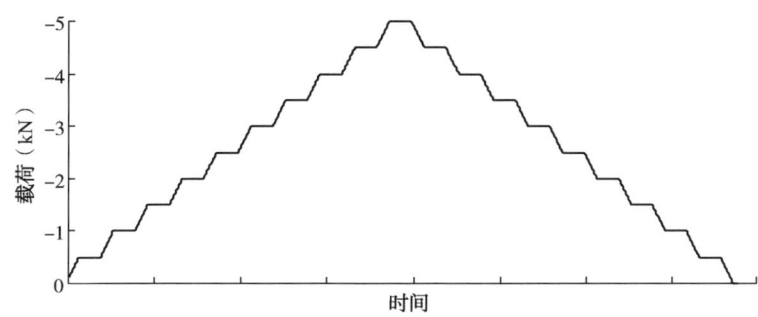

图 7.47　试件加载(卸载)曲线图(加载时间随温度变化)

在试验中若发现某一试验件结果异常,应补充新试件在相同条件下重做一次。卸载过程采用直接卸载的方式,卸载量同加载量。

(6)试验内容。

试验时,将试验件固定在 PWS-100C 型电液伺服动静万能试验机上、下夹头之间的油池中,通过控制调功器调节加温器的加温温度来控制油池中试验件的温度;通过控制加压、卸压泵改变试验机上、下夹头的位移来控制对试验件施加的载荷,载荷变化时,试验机记录并保存试验件变形量及加载历史,待试验完成后,输出试验数据。

具体内容包括:

① 分别测定胶筒材料在常温(25℃)、50℃、100℃、150℃、200℃、250℃、300℃下的应力应变关系。

② 观察胶筒材料试件在极限载荷下的变形特性,是否发生碎裂、出现裂缝,极限加载后,胶筒材料的回弹能力。

③ 观察试件在轴向受压后侧面的变形特征,为封隔器中合理优选胶筒提供参考依据。

④ 根据试验结果参考 GB/T 7757—1993《硫化橡胶或塑性橡胶压缩应力应变性能的测定》国家标准计算出胶筒材料的压缩模量及弹性模量等参数。

7.4.1.3　试验数据记录及处理

(1)试验数据记录。

不同温度密封材料应力—应变关系见图 7.48。

(2)部分试验照片。

密封件材料试验件见图 7.49,极限加载后试件变形对比见图 7.50,高温下试验见图 7.51。

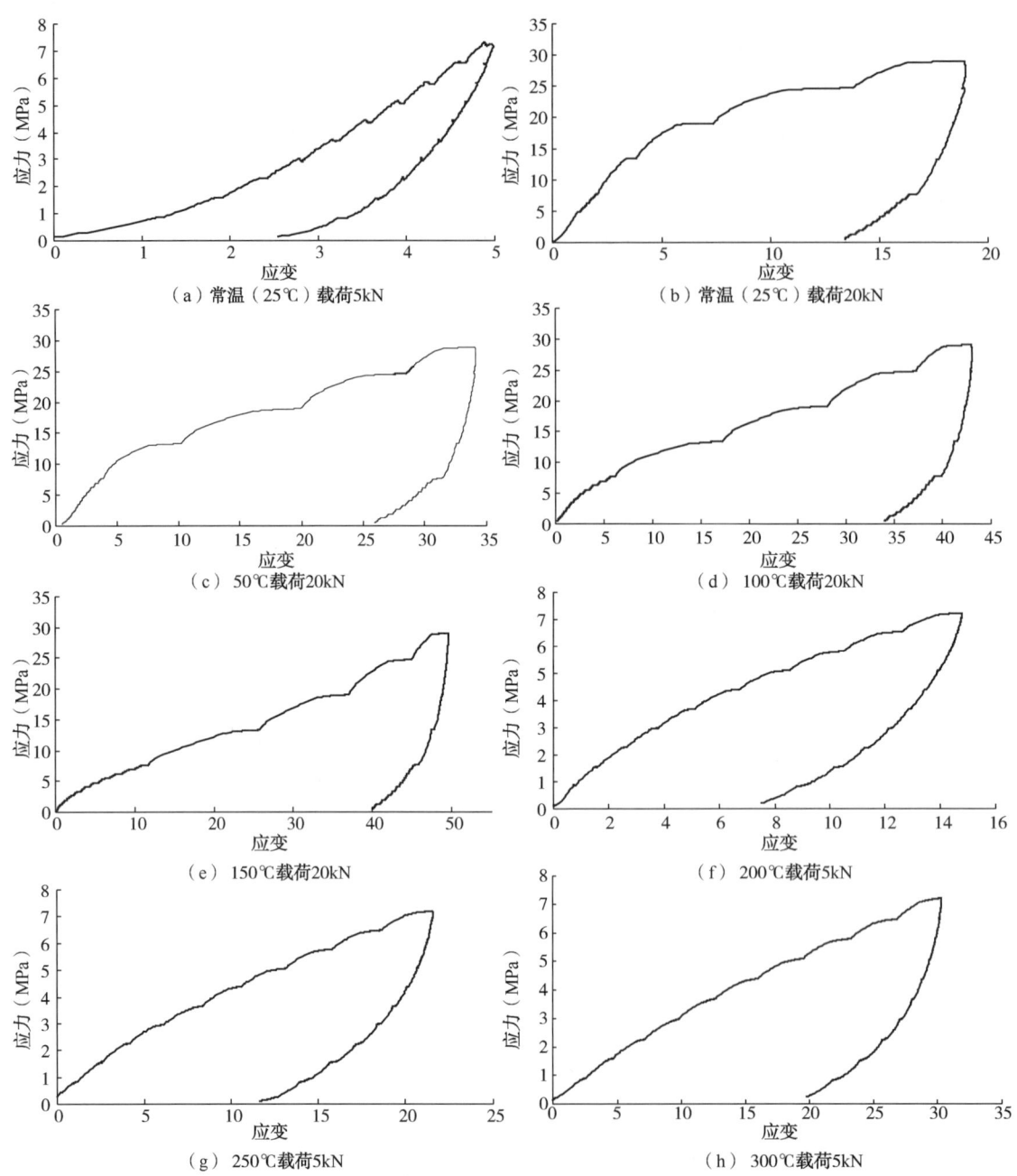

图 7.48 不同温度密封材料应力—应变关系

(3) 数据处理方法。

为保证每个温度下试验结果的准确性, 每次试验的试验件数量不少于 3 个, 试验结果可从试验机记录的力—变形数据中获得, 试验结果应报告所有试样压缩应变在 10% 和 20% 时的中位数与单值。

压缩模量由以下公式计算:

图 7.49　密封件材料试验件(未加载前)

图 7.50　极限加载后试件变形对比图

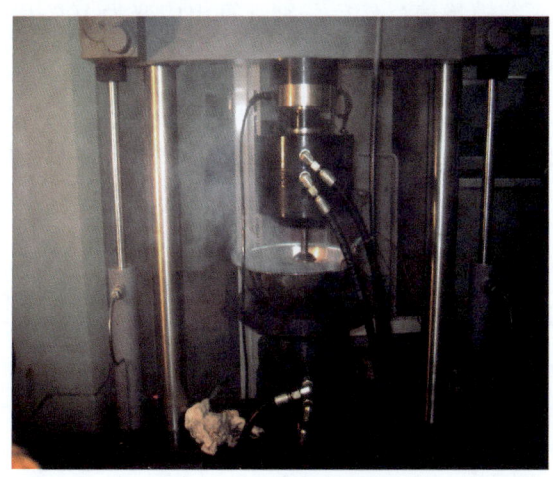

图 7.51　高温下试验图

$$E_c = \frac{F}{A\varepsilon} \tag{7.1}$$

式中：E_c 为压缩模量，MPa；F 为压缩力，N；A 为试样初始横截面积，mm^2；ε 为压缩应变。

在原始数据的基础上，对数据进行处理，计算出橡胶在不同温度下的应力和应变，并拟合成应力应变变化曲线，取出每个试样压缩应变在 10% 和 20% 时的中位数。同时按照

GB/T 7757—1993 标准对试验数据进行处理。

橡胶具有非常高的体积弹性模量,就绝大多数用途来说,视为不可压缩的,因此有:$E_0=3G$。在润滑条件下,假定完全润滑,则压缩均匀,应力应变关系预测见式(7.2):

$$\sigma = G(\lambda^{-2}-\lambda) = \frac{E_0(\lambda^{-2}-\lambda)}{3} \quad (7.2)$$

对于不大于5%的小应变量,ε 的二次幂和高次幂可以省略,得到近似式:

$$\sigma = E_0\varepsilon \quad (7.3)$$

对于不大于30%的较高应变量,ε 的三次幂和高次幂可以省略得到近似式:

$$\sigma = E_0\varepsilon/(1-\varepsilon) = 3G(\lambda^{-1}-1) \quad (7.4)$$

压缩模量:

$$E_c = \frac{G}{\varepsilon} \quad (7.5)$$

对于润滑试样,弹性模量的计算公式为:

$$E_0 = E_c(1-\varepsilon) \quad (7.6)$$

式中:E_0 为弹性模量,MPa;E_c 为压缩模量,MPa;ε 为压缩应变;G 为剪切模量,MPa;λ 为压缩比,$\lambda=1-\varepsilon$;σ 为压缩应力,MPa。

对于本次试验,不同温度下进行试验的试件为5个,根据试验得出的力与变形的大小计算出每个试件在不同压力下的应力、应变值,做出曲线变化图。对于压缩阶段,在变形不超过30%的情况下,对应力应变曲线进行线性拟合,得到每个橡胶试件的压缩模量,取平均值得出该温度下的压缩模量值,然后分别计算出应变为10%和20%时的弹性模量值。

7.4.1.4 性能试验结果分析

(1)密封材料弹性模量。

由表7.8及图7.52可知,随着温度的升高,胶筒材料的弹性模量降低,且大致呈线性变化趋势,其回归方程为:

$$y = -0.2683x + 100.91 \quad (7.7)$$

表7.8 不同温度下胶筒材料弹性模量值

温度(℃)	25	50	100	150	200	250	300
E_0(MPa)	96.60	87.78	73.47	59.37	43.56	32.85	24.28

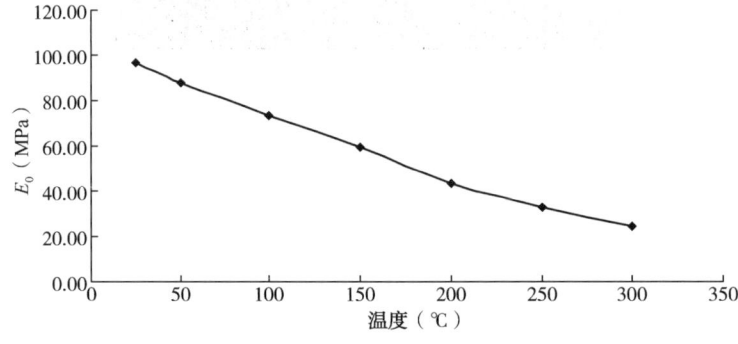

图7.52 不同温度下胶筒材料弹性模量

弹性模量随温度的升高而降低，这主要是随着温度的逐步升高，分子间的结合力逐渐减弱的缘故。高弹性聚合物的弹性模量一般为 0.1~4.0MPa，金属材料的弹性模量一般为 10^3~10^5MPa。而本次试验材料的弹性模量介于高弹性聚合物与金属材料之间，但更接近高弹性聚合物，在 300℃ 环境下，材料的弹性模量接近于普通丁腈橡胶的弹性模量。

在室温环境极限加载下，呈现出"强而硬"的特点，但又不失高分子聚合物的特征，在大变形下未出现裂纹，试件未碎裂，卸载后，试件仍具有较大的回弹能力。在高温（300℃）条件下，试件的弹性模量下降较快，且硬度大大减小，变形能力增大，塑性增强，但未出现裂缝，卸载后，试件在短时间内回弹能力较大，仍具有较强的弹性，更符合井下工况对于胶筒变形特性的要求。

（2）胶筒材料本构关系。

当橡胶压缩变形在 30% 以内，其应力应变基本呈线性关系，与普通金属的本构关系相似，可描述为：

$$\overline{\sigma} = E\overline{\varepsilon} \tag{7.8}$$

材料卸载后回弹的松弛过程，呈非线性关系，可用二次多项式形式描述：

$$\overline{\sigma} = A\overline{\varepsilon} + B\overline{\varepsilon}^2 \tag{7.9}$$

其变形与常规橡胶相似。表 7.9 为胶筒材料在不同温度下的材料本构关系：

表 7.9 胶筒材料在不同温度下的本构关系

温度（℃）	压缩阶段	回弹阶段
常温（25）	$\sigma = 1.9802\varepsilon$	$\sigma = 0.8925\varepsilon^2 - 20.584\varepsilon$
50	$\sigma = 0.7869\varepsilon$	$\sigma = 0.3146\varepsilon^2 - 16.508\varepsilon$
100	$\sigma = 0.6261\varepsilon$	$\sigma = 0.3169\varepsilon^2 - 22.065\varepsilon$
150	$\sigma = 0.5299\varepsilon$	$\sigma = 0.2815\varepsilon^2 - 22.914\varepsilon$
200	$\sigma = 0.466\varepsilon$	$\sigma = 0.1227\varepsilon^2 - 1.9245\varepsilon$
250	$\sigma = 0.3156\varepsilon$	$\sigma = 0.0686\varepsilon^2 - 1.6864\varepsilon$
300	$\sigma = 0.2281\varepsilon$	$\sigma = 0.071\varepsilon^2 - 3.0455\varepsilon$

7.4.2 管外封隔器室内试验

优选了针对 ϕ215.9mm 井眼用的热采水平井管外封隔器，由于工具中包含 13 个零部件，由合金钢、高分子、液态热敏材料等不同类型的材料加工而成，且各部件的用途和性能不同，生产条件及工艺过程也有较大差异。在应用于井下试验之前，需要首先在室内对封隔器的工作性能进行测试，为井下试验提供必备的参数条件，因此有必要对热采水平井管外封隔器的样机加工及室内试验进行研究。

7.4.2.1 热采水平井管外封隔器样机加工

优选的热采水平井管外封隔器封隔器坐封时，除两端的液缸和挡环位置固定外，其余机构均在轴向上产生较大的位移，对封隔器各机构动作的协调一致性要求较高，且各机构与中心管均发生滑动摩擦，液缸除了密封圈的密封作用外，还需要液缸与活塞之间具有较高的配合精度，满足热敏材料的密封性要求。因此，在样机加工方面，对各零部件的加工

须达到精加工所要求的表面粗糙度,具体包含以下三个阶段:

(1)粗加工阶段。其精度在 7 级以下,表面粗糙度 Ra 为 50~12.5。粗加工主要是要高效率的切除零部件的大部分余量,并为精加工准备可靠的定位基准和均匀的余量。

(2)半精加工阶段。其精度达 2~6 级,表面粗糙度 Ra 为 6.3~1.6。半精加工阶段必须保证零件要求的精度。密封件和锥套等部件须达到此阶段的精度。

(3)精加工阶段。其精度达 1~2 级,表面粗糙度 Ra 为 0.8~0.2。精加工主要是为了获得需要的表面粗糙度和精度。如对于锁环和液缸,须达到此阶段的精度和粗糙度。

对于封隔器除密封件外的其他零部件,由于坐封过程中仅发生位移而不发生形变,对强度要求较低,选用普通合金钢即可满足要求。加工时,各零部件单独加工,然后按照要求组装顺序组装即可,组装完成后的热采水平井高温封隔器实物照片见图 7.53。本次加工的热采水平井高温封隔器用于室内试验,由于试验设备对封隔器长度的限制,加工时,在原热采水平井管外封隔器设计方案基础上,总长度缩短为 1000mm,密封件采用单胶筒方式,长度为 200mm,密封件厚度 16mm,样机外径为 200mm。

图 7.53 热采水平井管外封隔器实物图

7.4.2.2 热采水平井管外封隔器室内试验

(1)试验目的及意义。

在完成热采水平井管外封隔器的样机加工后,为获取封隔器的关键性能参数,为井下试验提供参考,需要对加工的热采水平井管外封隔器样机进行室内试验。

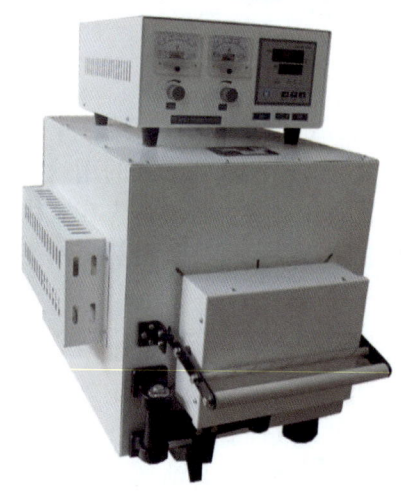

图 7.54 烘箱实物图

(2)试验原理及内容。

目前针对封隔器系统已有几种不同类型的测试系统,但这些封隔器试验系统大多在常温环境下完成,最高试验温度不超过 200℃,不能反映热采水平井高温环境中封隔器的真实性能,需要选择一种新的测试系统才能完成对项目优选的热采水平井管外封隔器的室内试验。而热采水平井环境最大的不同在于井下温度的差异,因此,为了模拟热采水平井的井下高温(300℃)环境,项目采用烘箱模拟热采水平井的井下高温环境,烘箱最高加温可达 800℃,如图 7.54 所示。由于烘箱容积有限,如果按照原有的封隔器设计方案,样机加工后无法放入烘箱内,所以,为了完成室内试验,验证热采水平井管外封隔器结构的合理性，在原有设计方案的基础上，对封隔器各部件的长度进行了适当的缩短，但封隔器的外径及各部件的厚度保持不变。

试验时，将优选的热采水平井管外封隔器放入烘箱内，由于热采水平井管外封隔器坐封的动力源来自热敏材料受热膨胀所产生的动力，所以，当调节烘箱中的温度至一定温度后，封隔器在热敏材料的膨胀作用下将自动实现坐封过程。坐封完成后，由于锁环的限位作用，密封件将保持原有状态不变，此时，将封隔器从烘箱中取出，可以观察坐封后封隔器的变形状态，以此来判断封隔器是否正常工作。

热采水平井管外封隔器能否正常工作的关键在于以下4点：

① 热敏材料能否按照预定设计的温度膨胀，所加入的热敏材料数量能否满足坐封力的要求，顺利实现坐封过程，这在坐封后通过观察封隔器的变形状态可以明确判断。同时，坐封力的大小与所加热敏材料的体积成正比，通过试验，可以大致确定热敏材料体积与坐封力之间的关系。

② 各机构之间的配合是否协调，在轴向大位移下能否紧密配合，径向上不发生变形，尤其是锁环与锥套之间能否在坐封完成后实现对密封件的限位作用，这也可以在试验完成后将封隔器从烘箱中取出后通过观察变形状态及机构拆分来得以判断。

③ 液缸的密封是封隔器能否正常工作的关键，尤其是两个适应于不同温度的密封圈随着活塞发生位移后，密封性的好坏决定了封隔器能否坐封。试验完成后，液缸与活塞间的洁净程度说明了密封性的好坏。

④ 坐封后密封件的径向变形必须超过 $\phi 215.9$ mm，且径向变形越大，封隔器密封性越好。密封件的变形方式及变形量也可以在试验完成后，在密封件温度未大幅度降低之前通过快速测量得到。由于所选用的新型密封材料变形回弹量随温度的变化是一个较长的过程，因此所测得的热采水平井管外封隔器变形量能够较为真实的反应其性能。

(3) 试验结果分析。

图 7.55 是试验后热采水平井管外封隔器样机的实物图。本次试验分别在烘箱加温至 280℃ 和 320℃ 完成，第一组 280℃ 完成后，卸下密封件，装上一个新的密封件，再次放入烘箱内，加温至 320℃ 即可完成第二组试验。从室内试验结果来看，第一组加温至 280℃，加温时间 98min，将封隔器从烘箱内取出，封隔器顺利实现了坐封过程，如图 7.56 所示。坐封后，锁环对锥套的限位作用使得密封件仍然保持坐封完成时的状态，液缸与活塞之间无任何杂质，说明热敏材料在坐封过程中无泄漏，密封圈的密封性能良好。

图 7.55 试验后热采水平井管外封隔器实物图

密封件在坐封过程中由于无井壁限制，因此，径向位移较大，达到了290mm，且以"C"形方式变形，如图7.56所示。封隔器其余各机构之间配合良好，与中心管之间无间隙，除密封件发生大变形外，其余机构均只在轴向上产生较大位移而无形变，说明其强度符合设计要求。

为进一步通过试验分析封隔器密封件在高温下的变形特性，封隔器重新组装后，再次放入烘箱内，加温至320℃，加温时间132min，从烘箱内取出的封隔器样机如图7.57所示，密封件稳定性良好，且仍具有较强的弹性，在无井壁限制条件下密封件外径达到了304mm，其余各机构工作良好，说明在320℃下，封隔器能够正常工作，密封件变形量达到了预期设计要求。

图7.56　280℃密封件变形图

图7.57　320℃密封件变形图

室内试验表明，所优选的热采水平井管外封隔器装配方便，各机构之间在坐封过程中配合良好，密封件变形量满足设计要求，在所模拟的热采水平井高温境中能够稳定变形且具有足够的弹性，能够应用于热采试验井中，满足稠油水平井分段完井均匀注汽对于封隔器的要求。

7.5　稠油水平井分段完井分段注汽现场试验

热采水平井下筛管分段完井作业的最终目的是均匀注汽，而在常规注汽工艺中，单点注汽是不能满足这一要求的。因此，需要将注汽管柱中的单点注汽改为多点注汽，利用管外封隔器将水平段进行有效的分隔，均衡的控制各注汽点的注汽量，从而克服由于地层非均质性和注汽不均匀性所带来的地层吸汽不均匀的问题。

在热采水平井下筛管分段完井作业结束后，需要下入特殊的带有注汽封隔器的注汽管柱进行注汽作业，从而建立起过热蒸汽与储层稠油的热接触关系。具体的下入注汽管柱施工步骤及随后的注汽开发方案如下。

7.5.1　井眼准备

7.5.1.1　通井

对全井筒进行通井，保证注汽封隔器能够顺利下入至设计井深。通径规参数见表7.10。

表 7.10 通径规参数表

套管尺寸(mm)	通径规外径(mm)	通径规长度(mm)	连接螺纹
245	210	1500	410 钻杆螺纹
178	152	1500	310 钻杆螺纹
140	114	1500	210 钻杆螺纹
127	100	1500	φ73 平式油管螺纹

7.5.1.2 刮管

对全井筒进行刮管，保证注汽封隔器下入过程中不被刮坏。刮管器参数见表 7.11。

表 7.11 刮管器参数表

套管尺寸(mm)	刮管器外径(mm)	刮管器长度(mm)	连接螺纹
245	210	1100	410 钻杆螺纹
178	152	1000	310 钻杆螺纹
140	114	1000	210 钻杆螺纹
127	100	1000	φ73 平式油管螺纹

7.5.2 下入注汽管柱和采油管柱

将隔热管与注汽封隔器、热力补偿器组合的注汽管柱送至设计井深处，并保证注汽封隔器处于两段筛管的中部，即盲管的中部。

下入副管过程中，操作人员密切注意悬重变化情况。当过悬挂器喇叭口位置井段时，缓慢下放，防止损坏注汽封隔器。

下入主管时控制好下放速度，操作缓慢，减小与套管和副管的摩擦。

油管及附件必须使用液压大钳严格按照 API 规范扭矩上扣。下管柱时操作要平稳，防止中途遇阻。

7.5.3 注蒸汽顶替管柱内及油层段液体

蒸汽注入平稳，注入量足够将井内完井液驱替干净，直到井口无液体返出。

7.5.4 胀封注汽封隔器和管外封隔器

7.5.4.1 胀封注汽封隔器

从井口蒸汽发生装置缓慢注入蒸汽，当注入蒸汽温度达到200℃左右时，注汽封隔器弹簧遇热膨胀，推动密封件膨胀，封隔盲管与注汽管柱之间的环形空间。

7.5.4.2 胀封管外封隔器

当注入蒸汽温度达到200℃左右时，管外封隔器热敏性膨胀材料受热膨胀，推动活塞移动，活塞推动高温密封件和遇热膨胀密封件膨胀，密封了筛管和井眼之间的环形空间，当注汽时间超过4h，两端的遇热膨胀密封件进一步膨胀，体积膨胀至2~4倍，完全充填管外封隔器中间的环形空间，达到进一步封隔的目的，使密封更加紧密，最终形成了两个独立的蒸汽压力腔室。

7.5.5 注汽开发方案设计

针对稠油热采水平井特殊的分段完井方法制定了以下三种注汽开发方案。

图 7.58 为下入注汽管柱后的井身结构图,此时注汽封隔器和管外封隔器均为未坐封状态,等注汽高温蒸汽后,注汽封隔器及高温封隔器先后一次坐封,实现封隔。

方案一:分段注汽,分段抽油管柱采油。

在该方案中,下入的注汽管柱(主注汽管柱)中连接了反馈泵,用于进行分段注汽,分段采油过程中水平段 B 端的采油作业。方案一注汽作业施工设计步骤为:

(1) 下入带反馈泵的注汽管柱,如图 7.59 所示。

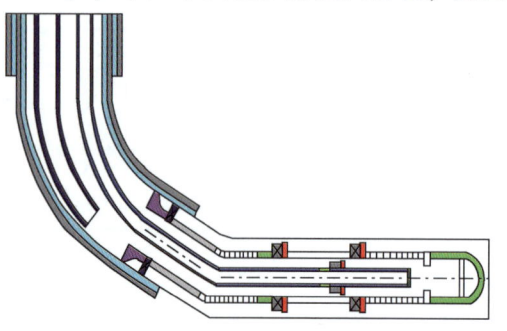
图 7.58 下入注汽管柱后井身结构示意图

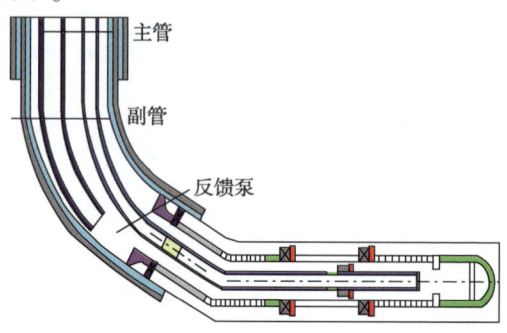
图 7.59 下入带泵注汽管柱后井身结构示意图

(2) 从主注汽管柱注入蒸汽,蒸汽从水平段 B 端进入储层激励地层中稠油,如图 7.60 所示。

(3) 焖井后从主注汽管柱中采出原油,如图 7.61 所示。

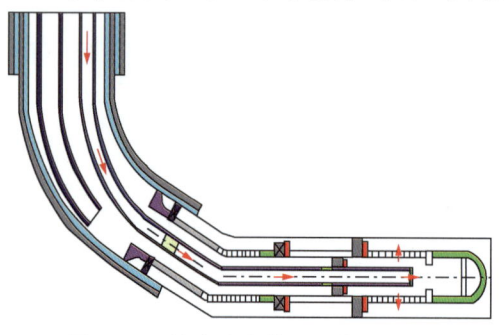
图 7.60 从主注汽管注入蒸汽过程

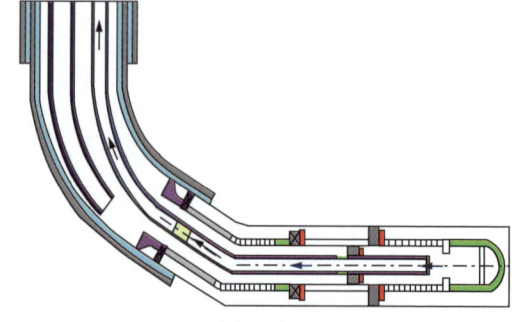
图 7.61 焖井后采出原油过程

(4) 从副注汽管柱注入蒸汽,蒸汽从水平段 A 端进入储层激励地层中稠油,如图 7.62 所示。

(5) 焖井后从副注汽管柱中采出原油,如图 7.63 所示。

方案二:分段注汽,自喷管柱一次性采油。

与方案一不同,方案二中没有在主注汽管柱中加入反馈泵,采用的是分段注汽后自喷管柱一次性采出原油的设计。

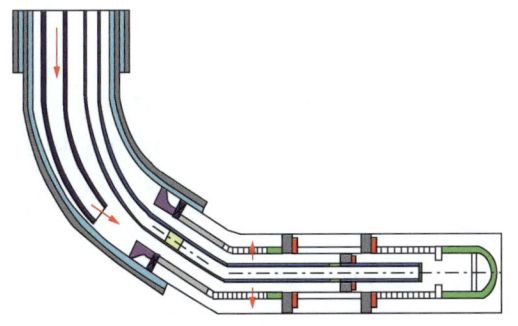

图 7.62 从副注汽管注入蒸汽过程

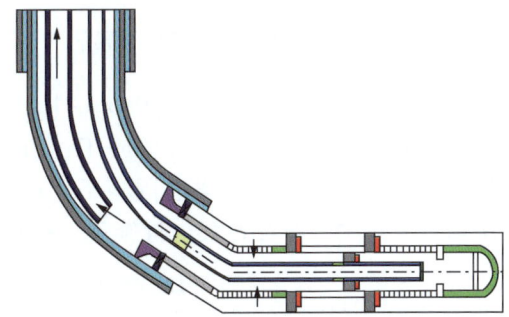

图 7.63 焖井后采出原油过程

(1) 下入未带反馈泵的注汽管柱,如图 7.64 所示。

(2) 从主注汽管柱注入蒸汽,蒸汽从水平段 B 端进入储层激励地层中稠油,如图 7.65 所示。

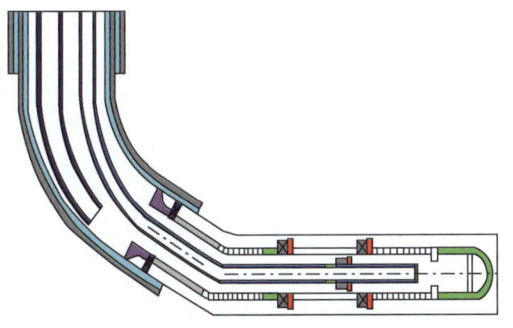

图 7.64 下入未带泵注汽管柱后
井身结构示意图

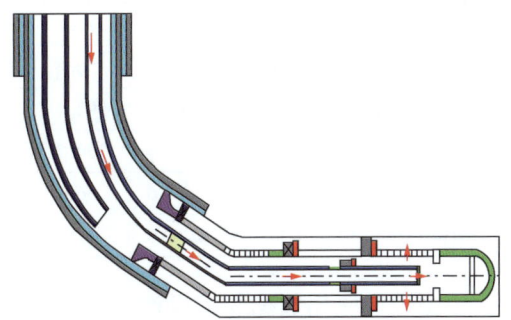

图 7.65 从主注汽管注入蒸汽过程

(3) 从副注汽管柱注入蒸汽,蒸汽从水平段 A 端进入储层激励地层中稠油,如图 7.66 所示。

(4) 焖井后从副注汽管柱中采出原油,如图 7.67 所示。

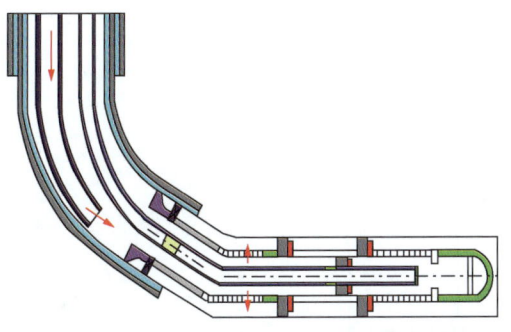

图 7.66 从副注汽管注入蒸汽过程

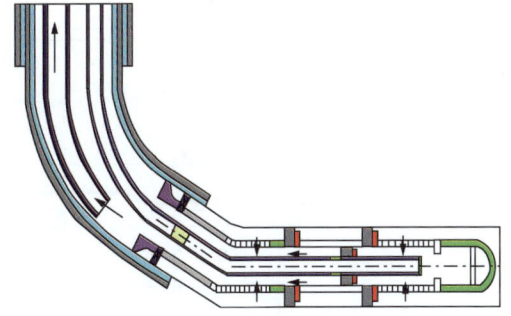

图 7.67 焖井后采出原油过程

方案三:笼统注汽,笼统采油(常规水平井注汽开发工艺)。

方案三采用了常规的水平井注汽开发工艺技术,注汽管串上没有采用封隔器进行分隔,注入的蒸汽笼统的进入储层对稠油进行激励。

7.5.6 现场注汽开发应用情况

新疆风城油田重 32 井区 9 口井中 FHW13161 井、FHW13168 井、FHW13167 井采用了方案一中的注汽开发方案进行施工；FHW13164 井、FHW13170 井、FHW13172 井采用了方案二中的注汽开发方案进行施工；FHW12107 井、FHW12110 井、FHW13146 井采用了方案三种的注汽开发方案进行施工，投产后的应用效果情况如表 7.12 所示。

表 7.12 重 32 井区稠油水平井选择性完井投产效果表

井号	水平段长度（m）	注汽量（m³）	产液量（t）	产油量（t）	生产时间（d）	平均日产油（t）	含水（t）	油汽比	投产方式
FHW 13161	301	2554.6	213.8	52	22.7	2.3	75.7	0.02	分注分采
FHW 13167	179	1201	994.7	734.8	19.9	36.9	26.1	0.61	
FHW 13168	181	1617.5	604	407.7	20.4	20.0	32.5	0.25	
FHW 13164	242	2702.6	372.5	198.2	10.7	18.5	46.8	0.07	分注合采
FHW 13170	180	1981.3	456.8	294.5	9.0	32.7	35.5	0.15	
FHW 13172	180	1912.3	502.5	390.9	9.8	39.9	22.2	0.20	
FHW 12107	181	2252.6	359.2	120.8	16.8	7.2	66.4	0.05	常规工艺
FHW 12110	300	2252.6	566	378.3	16.8	22.5	33.2	0.17	
FHW 13146	179	2252.6	218	81.8	16.8	4.9	62.5	0.04	

由现场应用数据知，投产 10~23d，平均日产油 2.3~36.9t，油汽比 0.02~0.61，除去生产不正常的 FHW13161 井外，与普通水平井工艺井相比，日产油、油汽比优势较明显，但由于生产时间过短，试验效果有待进一步评价。

将运用了分段完井技术多点注汽的 FHW13172 井与邻近的采用常规注汽开发工艺技术的 FHW13174 井的温度测试剖面进行对比分析，FHW13172 井与 FHW13174 井温度测试剖面分别如图 7.68、图 7.69 所示。

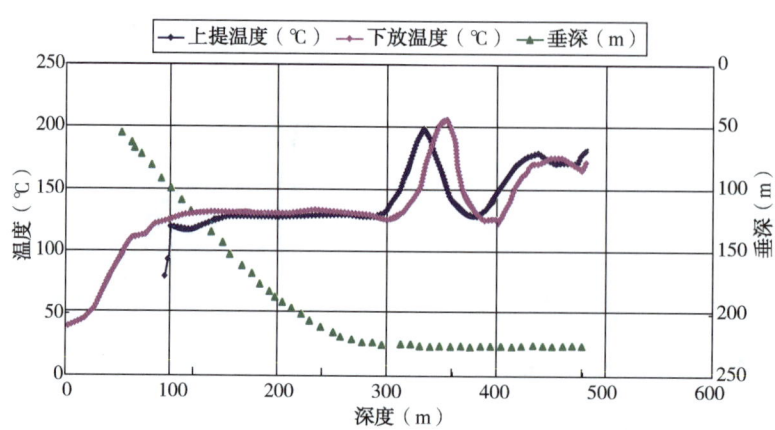

图 7.68 2010 年 11 月 26 日 FHW13172 井温度测试剖面

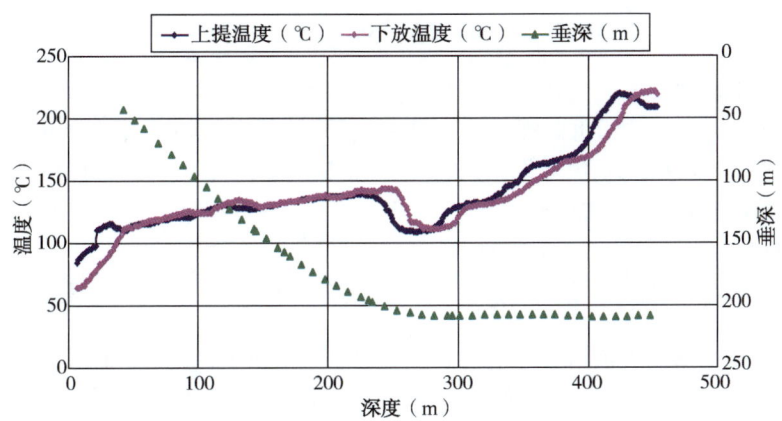

图 7.69　2010 年 10 月 13 日 FHW13174 井温度测试剖面

与邻井焖井期 FHW13174 井温测试数据相比，FHW13172 井蒸汽沿水平段分布更加均匀，吸汽剖面得到明显改善。

参 考 文 献

[1] 于连东. 世界稠油资源的分布及其开采技术的现状与展望[J]. 特种油气藏, 2001(2): 98-103.
[2] 殷晟. 川南地区页岩气水平井井眼轨迹优化设计研究[D]. 成都: 西南石油大学, 2014.
[3] 刘乃震. 定向井井眼轨道的最优化设计方法[J]. 石油钻探技术, 2001(4): 14-16.
[4] 苏义脑, 白家祉. 用纵横弯曲法对弯接头——井下动力钻具组合的三维分析[J]. 石油学报, 1991(3): 110-120.
[5] 唐雪平, 苏义脑, 陈祖锡. 求解中短半径弯螺杆钻具的纵横弯曲法[J]. 力学与实践, 2011, 33(3): 20-24.
[6] 肖建波, 雷宗明. 水平井井底钻压的研究[J]. 天然气工业, 2001(3): 41-44.
[7] 杨明合, 夏宏南, 屈胜元, 等. 磁导向技术在SAGD双水平井轨迹精细控制中的应用[J]. 钻采工艺, 2010, 33(3): 12-14.
[8] 徐云龙, 马凤清, 冯光通. 磁性导向钻井技术现状及发展趋势[J]. 钻采工艺, 2012, 35(2): 35-37.
[9] 陈若铭, 陈勇, 罗维, 等. MGT导向技术在SAGD双水平中的应用及研制[J]. 新疆石油天然气, 2011, 7(3): 25-28.
[10] 孙东奎, 高德利, 刁斌斌, 等. RMRS在稠油/超稠油开发中的应用[J]. 石油机械, 2011, 39(7): 73-76.
[11] 韩志勇. 定向钻井设计与计算[M]. 东营: 中国石油大学出版社, 2007.
[12] 李子丰, 吴德华, 黄跃芳, 等. 套管柱和注汽管柱热弹性力学分析[J]. 石油钻采工艺, 1995(6): 62-68.
[13] 冯少波. 注蒸汽井温度场分布和套管热应力分析[D]. 成都: 西南石油学院, 2002.
[14] 聂海光. 注蒸汽井套管热应力及残余应力理论研究[D]. 成都: 西南石油学院, 2003.
[15] 《蒸汽热力采油手册》编译组. 蒸汽热力采油手册[M]. 北京: 石油工业出版社, 1999.
[16] 郑洪涛, 崔凯华. 稠油开采技术[M]. 北京: 石油工业出版社, 2012.
[17] 徐明海, 任瑛, 王弥康, 等. 水平井注蒸汽传热和传质分析[J]. 石油大学学报(自然科学版), 1993(5): 60-65.
[18] 杨德伟, 黄善波, 马冬岚, 等. 注蒸汽井井筒两相流流动模型的选择[J]. 石油大学学报(自然科学版), 1999(2): 57-59.
[19] 张宗源, 舒郑应. 注蒸汽井井筒热损失和压力降的计算[J]. 石油钻采工艺, 1988(6): 71-78.
[20] HASAN A R, KABIR C S. Heat Transfer during Two-Phase Flow in Wellbores: Part I—Formation Temperature: Society of Petroleum Engineers, 1991.
[21] WILLHITE G P. Over-all Heat Transfer Coefficients in Steam and Hot Water Injection Wells[J]. Journal of Petroleum Technology, 1967, 19(5): 607-615.
[22] MUKHERJEE H, BRILL J P. Pressure Drop Correlations for Inclined Two-phase Flow[J]. Journal of Energy Resources Technology, 1985, 107(4): 549-554.
[23] RAMEY JR H J. Wellbore Heat Transmission[J]. Journal of Petroleum Technology, 1962, 14(4): 427-435.
[24] CHIU K, THAKUR S C. Modeling of Wellbore Heat Losses in Directional Wells Under Changing Injection Conditions. Society of Petroleum Engineers, 1991.
[25] 王弥康. 隔热油管注蒸汽井井筒总传热系数的确定——对胡智勉同志文章的补充与讨论[J]. 石油钻采工艺, 1985(6).
[26] 眭满仓, 程维兰, 张达. 热采管柱的应力分析[J]. 江汉石油学院学报, 2000(2).

[27] 徐芝纶. 弹性力学(第三版)[Z]. 北京：人民教育出版社，2002.

[28] 张毅，翟勇，姜泽菊，等. 注汽工艺管柱对热采井套损的影响[J]. 石油机械，2004(2)：26-29.

[29] 胡长总. 稠油开采技术[M]. 北京：石油工业出版社，1998.

[30] 余雷，薄岷. 辽河油田热采井套损防治新技术[J]. 石油勘探与开发，2005，32(1)：2.

[31] 李静，林承焰，杨少春，等. 稠油开发井套管损坏机理与强度设计问题分析[J]. 石油矿场机械，2009(1).

[32] 孔令军，陈义发，牛明兰，等. 河南油田稠油井套管损坏原因分析与措施研究[J]. 河南石油，2004(S1).

[33] 余雷，孙雪冬. 热采井套管损坏机理及防治方法[J]. 石油专用管，1999，1：57.

[34] 周明升. 疏松砂岩超稠油油藏套管损坏防治方法研究及应用[J]. 石油地质与工程，2006(6).

[35] 张万才，马振生，郭立君，等. 热采井套管损坏机理及防治技术——以单家寺油田为例[J]. 油气地质与采收率，2005(4).

[36] 李葆青，张复彦. 基础固井地锚提拉套管预应力技术[J]. 石油钻采工艺，1990(4)：5.

[37] 周三平. 套管柱井口提拉力计算方法[J]. 西安石油学院学报(自然科学版)，1999(3).

[38] 李静，林承焰，杨少春，等. 套管—水泥环—地层耦合系统热应力理论解[J]. 中国石油大学学报(自然科学版)，2009，33(2)：63-69.

[39] 文良凡，高志强，滕新兴，等. 套管与水泥环内压下热弹塑性分析[J]. 钻采工艺，2011，34(6)：68-70.

[40] 毛东凤，崔孝秉，张宏. 热采井首次注蒸汽后井筒应力分析[J]. 石油矿场机械，1998(2)：25-28.

[41] 王兆会，高宝奎，高德利. 注汽井套管热应力计算方法对比分析[J]. 天然气工业，2005(3)：93-95.

[42] 李早元，伍鹏，吴东奎，等. 稠油热采井固井用铝酸盐水泥浆体系的研究及应用[J]. 钻井液与完井液，2014，31(5)：71-74.

[43] 尹璇，吴晋波，李艳芳，等. 提高华北地区调整井固井质量水泥浆体系研究[J]. 化工设计通讯，2017，43(10)：238.

[44] 路飞飞，李斐，田娜娟，等. 复合加砂抗高温防衰退水泥浆体系[J]. 钻井液与完井液，2017，34(4)：85-89.

[45] 陈勇. 油田应用化学[M]. 重庆：重庆大学出版社，2017.